건물자산행정관리론

김 일 효 저

남두도서

남두(南斗) : 남두육성(南斗六星)

은하의 중심인 사수자리에 있는 국자모양의 여섯 개의 별로서, 인간의 탄생을 결정하는 별로 알려져 있다.

머 리 말

1997년 IMF이후 국내부실자산에 대한 투자목적으로 상륙한 외국 선진 건물자산관리회사 투자활동의 영향과 기업부동산 보유기업들의 수익중심의 자산관리 필요성 및 건물자산관리에 대한 인식변화에 따라 수요가 크게 증가되고 있는 건물자산관리는 관리대상 건물자산에 대하여 핵심관리인 경제관리와 기초관리인 기술관리(시설관리)를 통하여 수익가치와 사용가치를 최대로 창출하여 건물자산 최유효 사용수익화를 목적으로 하는 경영관리활동이라 할 수 있다.

이와 같은 건물자산 최유효 사용수익화의 건물자산관리목적은 관리대상 건물자산에 대한 경제관리활동과 기술관리활동만으로는 불가능하다. 왜냐하면 행정관리와 법률관리를 기반으로 하는 사무행정적 지원과 환경관리와 위험관리의 기술기능적 지원 없이는 불가능하기 때문이다.

건물자산행정관리론은 건물자산관리의 핵심가치인 건물자산 최유효 사용수익화 관리에 요구되는 건물자산의 행정개념과 건물자산관리 행정성 업무를 연구대상으로 하는 사무행정적 지원분야로서 건물자산관리학 6개 각론분야 중 행정측면 각론의 지위를 가지고 있다.

건물자산행정관리론의 구성은 12개장으로 편성하고 건물자산관리업무 중 행정성의 업무를 체계적으로 관리하여 건물자산경제관리와 기술관리를 사무행정 측면에서 최대로 지원하여 전체적으로 건물자산관리 효과인 바람직한 경영성과와 관리성과를 가장 경제적 방법으로 안전하게 효율적으로 적합하게 창출하도록 하여 건물자산 최유효 사용수익화에 기여하고 있다.

건물자산행정관리론은 건물자산관리학 개척만 10년만에 건물자산관리학 교과서 개편계획에 힘입어 처음으로 개발하는데 의의를 두고 있으나 자료의 부족과 처음으로 시도되는 관계로 충분한 내용이 수록되지 못한 점이 있을 것으로 사료되는 바 독자제현의 이해와 지도편달을 부탁드린다.

아무쪼록 이 책이 건물자산관리학을 학습하거나 연구하는 독자 여러분에게 다소나마 학문적으로 도움되기를 진심으로 소망해마지 않는다.

끝으로 이 책의 출판을 기꺼히 허락해준 남두도서 남승우 사장님께 감사드리고 언제나 학문연구에 전념하도록 지원을 다하고 있는 가족 모두에게 감사한다.

또한 이 책에 작은 영광이 있다면 저자가 믿고 의지하는 하나님께 모든 영광을 올려드린다.

2009. 8

동원대학 연구실에서

저자 김 일 효 씀

차 례

제1장 • 건물자산행정관리의 기본개념

제2장 • 건물자산관리 조직행정

제3장 • 건물자산관리 인사행정

제4장 • 건물자산관리 구매행정

제5장 • 건물자산관리 사무문서행정

제6장 • 건물자산관리 보험행정

제7장 • 건물자산관리 조세행정

제8장 • 건물자산관리 재무행정

제9장 • 건물자산관리 법무행정

제10장 • 건물자산관리 공무행정

제11장 • 건물시설관리 용역수주행정

제12장 • 건물자산관리 전산행정

제1장

건물자산행정관리의 기본개념

- 제1절 행정의 개념과 건물자산행정관리의 의의
- 제2절 행정관리의 필요성과 목적
- 제3절 행정관리영역과 행정관리업무
- 제4절 건물자산관리와 행정관리 상관관계

제1절 행정의 개념과 건물자산행정관리의 의의

1. 행정의 개념

(1) 행정의 일반개념

행정의 사전적 의미는 공행적 측면에서 국가기관에서 법에 따라 행하는 정무의 의미로 해석하고 있으나 사행적 측면에서는 경영기업이 회사업무를 관리·운용하는 사무적 행위(일)로 이해하고 있다.

행정을 공공사무의 관리로 보는 행정학의 행정관리설에서는 행정이란 사무분야로서 국가의 목적을 달성하기 위한 사람과 물건의 관리로 해석하고 있다.

또한 행정학의 정치기능설에서는 행정은 정책결정으로 설명하고 있으나 행정행태설에서는 행정을 공동 목표를 달성하기 위한 합리적이고 집단적인 협동활동이라 해석하고 있다. 또한 행정학의 발전기능설에 의하면 행정이란 사회를 바람직한 방향으로 발전 변화시키기 위한 활동으로 설명하고 있다.

(2) 건물자산관리학의 행정개념

건물자산의 경제가치 극대화의 원리와 이를 위한 건물자산관리활동의 최유효화 기술을 연구하고 응용하는 건물자산관리학에서는 행정의 개념을 건물자산관리에 대한 경영관리사무의 의미로 인식하고 있다.

왜냐하면 사무란 작업의 상대적 개념으로서 관공서나 기업에서 문서나 장부 등을 다루는 일(업무)로 인식되고 있기 때문이다.

특히, 건물자산관리업무 중 시설관리(Facility Management)측면에서는 기술기능 중심의 기술관리와 사무행정 중심의 행정관리가 양대축을 형성하고 이 둘의 영역을 통하여 시설관리가 일정한 과정을 거쳐 수행되고 있다.

뿐만 아니라 건물자산을 단일개념으로 설명할 수 없는 불가피성때문에 대두된 복합개념에서도 행정개념은 건물자산을 설명하는데 크게 기여하고 있다.

왜냐하면 건물은 인간의 기술과 노동 및 자본의 결합에 의하여 생산된 건설물임에는 분명하나 건물이 착공되고 준공되어 사용하기까지와 유지관리 및 폐기처분될 때까지의 건물 전체 생애과정 동안 행정기관으로부터의 사무행정 즉, 건축허가, 준공검사, 사용승인, 건축물대장, 대수선허가, 멸실신고, 안전진단보고 등 행정기관의 사무를 통하지 않고는 건축물의 착공이나 준공은 물론 사용수익도 상상할 수 없다.

또한 건물에는 기술개념, 법률개념, 환경개념, 위험개념, 경제개념 외에도 행정개념이 존재하고 있을 뿐 아니라 건물자산관리업무에도 복합성업무가 존재하여 기술성, 경제성, 법률성, 환경성, 위험성 외에 사무성격의 행정성업무가 존재하고 있으므로 건물자산의 행정개념과 건물자산관리업무의 행정성 등으로 인하여 건물자산관리학에서도 행정의 개념을 체계적으로 확립할 필요가 있다.

결론적으로 건물자산관리학에서는 행정개념의 의미를 행정학의 행정관리설을 원용하여 기업의 목표를 능률적으로 처리하기 위한 사람과 물건의 사무관리로서 경영층이 결정한 정책이나 의사결정에 대하여 경영층과 관리층이 이를 실천하고 실행하는 경영관리사무로 해석하고 있다.

따라서 건물자산행정관리론에서는 행정개념을 건물자산관리의 경영목표를 달성해가는 데 있어서 요구되는 경영관리사무의 개념으로 인식하고 건물자산관리에 있어서 관리운영, 사무의 성격을 가지고 있는 업무와 행정성의 업무인 조직. 인사노무, 구매, 용역수주, 보험, 공사관리사무, 조세, 재무, 문서관리사무 등에 대하여 행정의 용어를 접미시켜 조직행정, 인사노무행정, 문서사무행정, 구매행정, 재무행정, 공무행정, 용역수주행정 유관기관 행정, 전산행정 등의 내용을 체계화 하여 건물자산의 핵심관리인 경제관리와 기초관리인 기술관리 영역을 사무측면에서 지원하고 있다.

2. 건물자산행정관리의 의의

건물자산행정관리란 건물자산 6대 관리영역 중 행정관리 영역의 업무를 담당하는 것으로 사무행정적 지원분야의 경영관리사무를 의미한다.

행정의 사전적 의미는 전술한 바와 같이 국가기관에서 법에 따라 행하는 정무를 의미하나 건물자산관리에 있어서 행정의 의미는 사무관리나 행정사무의 의미로서 기업조직에서 문서나 장부 등을 다루는 일의 의미와 기업경영에서 경영활동의 합리화를 위한 계획, 통제, 조정하는 경영관리사무의 뜻으로 해석하고 있다.

건물자산관리업무를 업무성격을 기준으로 분류하면 사무행정업무와 기술기능업무로 대별되며 최광의 관리개념과 건물자산의 복합개념에 의한 건물자산관리업무는 경제관리업무, 행정관리업무, 법률관리업무, 기술관리업무, 환경관리업무 그리고 위험관리(안전관리) 업무 등으로 세분된다. 이를 건물자산관리학에서는 건물자산 6대 관리영역이라 하고 이 중 행정관리 영역의 고유업무를 체계적으로 관리하기 위한 이론과 실무가 건물자산행정관리론의 주요 주제가 되고 있다.

결론적으로 건물자산의 행정관리란 건물자산관리 전체 업무 중 행정성의 업무를 체계적으로 관리하여 바람직한 행정관리 효과를 효율적으로 도출하여 행정상의 문제나 행정사고를 미연에 방지하고 사무행정의 효과를 증진함으로써 건물자산 최유효 사용수익화를 지향하는 건물자산관리목적을 사무행정 측면에서 지원하는 경영관리사무이자 사무행정적 활동을 의미한다.

제2절 행정관리의 필요성과 목적

1. 행정관리의 필요성

건물자산관리는 전술한 바와 같이 업무의 성격상 크게 기술기능관리와 사무행정관리로 대별할 수 있다.

건물자산의 기술기능관리는 건물실체에 대한 운전과 정비보수(Building Operation and Maintenance)의 작업관리를 의미하며 사무행정관리는 기술기능적 작업관리에 대한 지원업무 성격의 사무관리를 의미한다.

건물시설관리(Building Facilities Management)는 물적 유지관리업무인 동시에 물건관리의 성격의 관리대상 건물실체에 대하여 건물의 성능과 기능의 유지를 위한 하드웨어적 기술기능적 관리업무이나 이를 가장 경제적 방법으로 안전하게 효율적으로 적합하게 수행하기 위해서는 사무행정적 업무성격의 법률관리와 행정관리의 지원이 무엇보다 필요하다.

따라서 시설관리에 있어서 기초관리에 해당되는 기술관리(시설관리)는 행정관리의 지원없이는 정상적 수행이 불가능하다.

왜냐하면 기술관리 역시 관리조직이 필요하고 관리인력의 채용과 배치가 요구되며 사용자재와 원료 에너지 등의 물적 자원의 구매가 지원되어야 할 뿐 아니라 법정기술자격의 선임과 검사, 신고 등의 행정처리가 사전에 이루어야 하고 필요한 재무적 자원(관리예산)이 적절히 지원될 때 비로소 기술관리가 이루어질 수 있기 때문이다.

따라서 시설관리의 경우 주된 기초관리인 건물시설의 기술관리를 위해서는 행정관리의 지원이 필수적이라 할 수 있다.

2. 행정관리의 목적

행정관리의 목적은 행정관리 자체에 있지 아니하고 기술관리에 필요한 인력, 자재, 자금 등을 적절히 조달하고 지원하여 기초관리인 건물시설의 기술관리를 정상적으로 수행할 수 있도록 사무행정측면에서 지원하는데 있다.

건물자산관리 영역 중 시설관리의 경우에는 건물시설물의 사용성과 사용가치를 극대화하여 최유효 사용화하는데 목적이 있으므로 이에 필요한 인적 자원과 물적 자원, 재무적 자원, 기술적 자원 그리고 정보적 자원을 행정관리를 통하여 적절하게 공급함으로서 관리자원의 상호조합과 작용 및 조화되게 하여 건물시설관리의 목적을 가장 경제적 방법으로 안전하게 효율적으로 적합하게 달성하도록 지원하는 것이 행정관리의 목적이라 할 수 있다.

한편 건물자산관리의 또 다른 축인 건물재산경영에 있어서 핵심관리영역인 경제관리를 통한 건물재산경영의 목적은 건물재산 위험의 최소화와 수익의 극대화(Building Asset Risk Minimum-Return Maximum)에 의한 건물자산 최유효 수익화에 있으므로 행정관리를 통하여 경영자원의 적절한 공급을 통하여 건물재산경영 목적을 가장 경제적 방법으로 안전하게 효율적으로 적합하게 달성하도록 사무행정측면에서 지원하는데 있다.

다시 말하면 행정관리는 사무행정적 측면에서 건물재산경영 목적달성을 담당하는 건물자산 핵심관리 영역인 경제관리를 지원하는데 있다.

결국 행정관리의 목적은 건물자산관리의 양대 축인 시설관리와 재산경영의 목적달성에 필요한 관리자원과 경영자원을 사무행정측면에서 적절히 준비하고 공급하여 시설관리의 목적과 재산경영 목적달성을 최유효 관리방법으로 이룩하도록 지원하는데 있다.

제3절 행정관리영역과 행정관리업무

1. 행정관리영역

건물자산행정관리의 영역은 큰 틀의 건물자산 6대 관리영역 중 사무행정적 지원분야에 위치하고 있으며 건물자산관리업무의 행정성 업무를 가장 능률적으로 처리하기 위한 과제를 안고 있다.

건물자산 6대 관리영역이라 함은 건물자산의 복합개념과 건물자산관리업무의 복합성에 기초한 최광의 관리개념으로 인하여 다음의 [그림 1]과 같이 경제관리영역, 법률관리영역, 행정관리영역, 기술관리영역, 환경관리영역 그리고 위험관리영역 등으로 분류되며 그 내용은 다음과 같다.

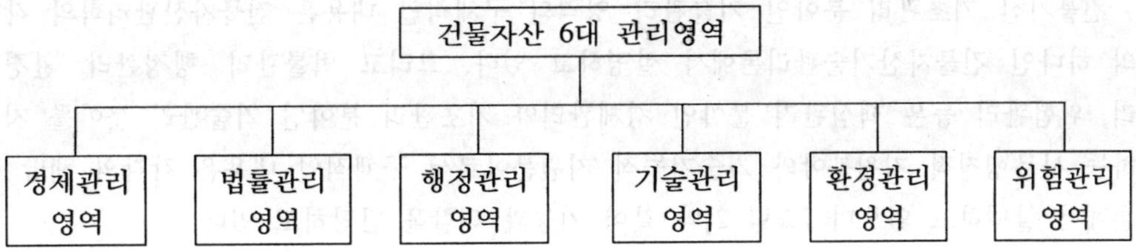

[그림 1] 건물자산 6대 관리영역분류

전술한 건물자산 6대 관리영역 중 행정관리 영역은 건물자산관리에 있어서 사무행정적 지원분야의 위치를 가지고 있으면서 사용가치 극대화와 교환가치 극대화를 추구하는 경제관리와 기술관리를 사무행정 측면에서 지원하는 목적을 가지고 있다.

6대 관리영역 중 경제관리영역은 건물자산관리의 핵심관리분야로서 건물자산의 경제가치를 창출하는 영역이나 기술관리 영역은 건물재화의 관리영역으로서 시설물의 기능과 성능의 정상적 유지와 안전 및 쾌적화와 내구화로 최유효 건물사용화를 목적으로 하는 기초관리 기능과 역할을 하고 있으며 법률관리영역과 행정관리영역은 사무행정적 지원분분야로서 경제관리와 기술관리를 법과 행정 측면에서 지원하고 있다. 또한 환경관리영역과 위험관리영역은 기술기능적 지원분야로서 환경과 안전측면에서 경제관리와 기술관리를 지원하는 기능과 역할을 하고 있다. 이를 그림으로 정리하면 [그림 2]와 같다.

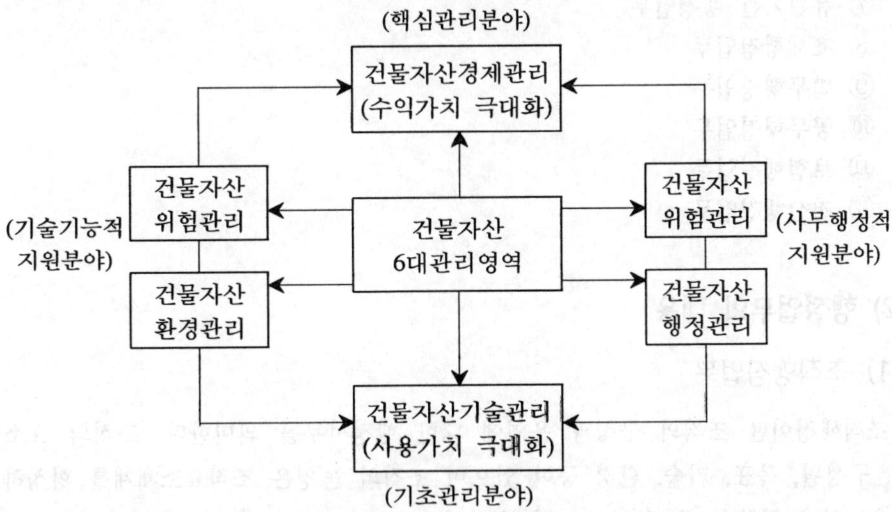

(자료출처 : 김일효, 건물자산임대관리론, 남두도서, 2009. p. 14 [그림 1] 인용)

[그림 2] 건물자산 6대 관리영역의 기능과 역할

건물자산 기초관리 분야인 기술관리 영역의 구체적인 내용은 건물자산관리학의 각론의 하나인 건물자산기술관리론에서 설명하고 있다. 그리고 법률관리, 행정관리, 환경관리, 위험관리 등은 핵심관리 분야인 경제관리와 기초관리 분야인 기술관리 분야를 지원하는 사무행정적 지원분야와 기술기능적 지원분야로서 구체적인 내용은 각각의 해당 각론에서 설명하고 있으며 [그림 2]와 같이 기능과 역할을 담당하고 있다.

2. 행정관리업무

(1) 행정관리 주요 업무

건물자산관리에 있어서 행정관리업무란 건물자산 경영관리를 위한 사무성격의 업무로서 건물자산관리 주요 행정관리업무에는 다음과 같은 행정관리업무가 있다.

① 조직행정업무
② 인사노무행정업무
③ 구매행정업무
④ 사무문서행정업무
⑤ 시설관리용역 수주행정업무
⑥ 재무행정업무
⑦ 유관기관 행정업무
⑧ 조세행정업무
⑨ 법무행정업무
⑩ 공무행정업무
⑪ 보험행정업무
⑫ 전산행정업무

(2) 행정업무의 내용

1) 조직행정업무

조직행정이란 조직의 구성과 운영에 대한 행정사무를 의미한다. 조직의 요소에는 구조, 구성원, 목표, 기술, 환경 등이 있으며 조직의 운영은 조직요소체계를 형성하고 상호작용하거나 영향을 주고받음으로써 운영된다.

또한 건물자산관리는 경영주체와 경영조직 그리고 관리주체와 관리조직에 의하여 경영관리되므로 건물자산관리에 있어서의 경영관리 조직은 필수적 요소로서 조직화되어야 하고 운영관리되어야 한다.

건물자산관리조직에는 다양한 조직형태와 기능이 있으며 조직의 원칙이 있다. 조직행정은 주로 문서나 장부 등을 통하여 이루어지므로 조직행정은 조직사무라고도 한다.

건물자산관리 조직은 조직분류 기준에 따라 분류하면 목표기준의 경우 목표달성 조직에 해당되고 구조측면에서는 실적주의 조직에 해당되며 기술측면에서는 서비스 생산조직에 해당되며 참여측면에서는 규범적 조직에 해당되고 환경측면에서는 서비스 조직 또는 문제해결조직에 해당된다.

조직행정에 대한 구체적인 내용은 제2장 건물자산관리 조직행정편에서 후술키로 한다.

2) 인사노무행정업무

인사행정이란 조직이 목표를 달성하기 이하여 인적 자원으로 활용하기 위한 행정을 의미하며 정부조직의 공행정 인사행정과 기업조직의 사행정 인사행정 등으로 크게 분류된다. 전자는 정부조직의 목표를 달성하기 위한 인사행정을 의미하고 후자는 기업조직의 목표를 달성하기 위한 인사행정을 의미한다.

정부조직의 인적 자원의 효율적 활용은 인사행정이라 하고 기업의 인적 자원의 효율적 활용은 통상 인사관리라 호칭하고 있으나 영미에서는 행정(Administration)과 관리(Management)를 혼용하여 사용하고 있으나 우리나라의 경우에는 이를 행정과 관리로 분리하여 사용되고 있다. 이 책에서 사용되고 있는 행정과 관리의 개념은 서구에서 사용되는 것과 같은 의미로 사용하고 있다.

건물자산관리에 있어서 인사노무행정이라 함은 건물자산관리조직의 목표를 달성하기 위하여 인적 자원의 효율적 활용과 근로자를 기업경영 목적에 가장 적합한 상태에 두기 위한 경영자의 관리, 예컨대 근로자의 능력이나 작업조건의 관리, 인간관계나 노사관계의 관리 등에 대한 행정사무를 의미한다.

인사노무에 관한 구체적인 내용은 제3장 건물자산관리 인사노무행정편에서 후술키로 한다.

3) 구매행정업무

건물자산관리를 위해서는 경영・관리용역과 용품이 필요하다. 왜냐하면 경영・관리용역과 용품 없이는 건물자산관리가 불가능하기 때문이다.

구매행정업무란 건물자산관리 주체가 건물자산관리활동에 필요한 경영・관리용역과 용품을 일정한 대가를 지불하고 취득하거나 빌려 쓰는 것에 대한 사무행정을 의미한다.

또한 구매업무란 건물자산관리활동에 지장이 없도록 자산관리에 필요한 경영・관리용역과 용품을 양호한 거래선(협력사와 거래처)으로부터 적정한 시기에 필요한 경영・용역과 용품을 최소의 비용으로 획득하기 위한 일련의 활동을 의미하며 구매를 계획하고 구매의 절차를 결정하며 조정, 통제, 평가 사후관리하는 일련의 활동을 의미한다.

경영·관리용역과 용품의 구매절차는 상이하며 구체적인 내용은 제4장 건물자산 구매행정편을 참고하기 바란다.

4) 사무문서행정업무

사무관리업무란 건물자산행정관리 분야의 하나의 업무로서 문서에 관련된 업무 또는 그 업무 수행에 관련한 일을 의미한다. 또한 사무관리업무는 문서를 통한 기록행위로서 광의의 사무개념은 인사사무, 문서사무, 회계사무, 세무사무, 노무사무, 보험사무, 조직사무, 구매사무, 계약사무, 유관기관사무 등 행정성 성격의 모든 사무업무를 포함하나 협의 사무개념은 문서에 의한 사무만을 의미하여 이 책에서 설명하는 사무의 개념은 협의의 사무개념을 의미하고 있으며 광의의 사무개념은 행정과 동일한 개념으로 사용하고 있다.

한편 문서행정이란 관리주체 내부 또는 외부에서 발생하거나 유통되는 서면문서, 전자문서, 그림, 도면에 관한 사무행정을 의미하는 것으로 구체적인 내용은 제5장 건물자산관리 사무문서행정편에서 설명할 예정인바 이를 참고하기 바란다.

5) 시설관리용역 수주행정업무

시설관리(시설물관리, 경비보안관리, 청소관리, 위생소독관리, 주차관리, 보수공사관리, 조경시설물관리) 중 직영관리하지 아니하고 전체 시설관리업무를 아웃소싱하여 위탁관리하거나 일부 위탁하는 경우 시설관리 용역입찰 또는 수의계약에 의한 용역계약이 요구되고 있다.

시설관리용역 수주행정업무란 시설관리용역업자가 입찰 또는 수의계약을 통한 수주과정에서 입찰서, 제안서, 계약서 등의 문서의 작성과 제출 등의 사무업무가 발생되는 바 이를 총칭하여 용역수주행정업무라 한다. 용역수주업무는 영업행위로서 마케팅 기술과 수주영업경험이 기반이 되고 있으나 제안서, 견적서, 프리젠테이션, 계약서 등의 문서에 의한 행정업무가 수반되는 행정업무이므로 행정의 지원이 크게 요구되고 있다. 시설관리용역 수주행정업무는 제11장에서 구체적으로 설명하고 있다.

6) 재무행정업무

재무란 사업상 필요한 자금을 조달하고 관리하는 사무행정업무로서 금융, 회계, 세무 등 주로 돈에 관한 관리사무를 의미한다. 구체적인 재무행정업무는 제8장 건물자산관리 재무행정편에서 설명키로 한다.

7) 유관기관 행정업무

건물자산관리 중 시설관리업무는 건물자산의 소유자(경영자)와 총괄관리자(관리소장) 및 감독자 그리고 근무자로 이어지는 협의의 인적 구성체계(협의의 관리조직 구성원)만으로는 전체 시설관리업무를 처리할 수 없다.

왜냐하면 공적 서비스를 제공하는 관리관계기관(예 시·군·구, 소방서, 수도사업소 한정 등)과 사적 서비스를 제공하는 협력기관(예 협력사, 설계사, 시공사, 자재, 원료, 약품 등의 거래처(vendors) 등)의 협력과 협조 없이는 건물시설의 유지관리가 불가능하기 때문이다.

따라서 온전한 시설관리를 완성하기 위하여 관계기관과 협력기관의 공적 서비스와 사적 서비스와 관계되는 행정업무의 관리가 요구되고 있다. 유관기관 행정업무는 지면관계로 생략하였으나 후일 개정판에서 보완하고자 한다.

8) 조세행정업무

조세행정업무란 건물자산의 취득, 보유 그리고 처분(양도)과 관련되는 국세와 지방세에 관한 신고, 납부, 사후관리업무 등을 말한다. 구체적인 조세행정업무는 제7장에서 후술키로 한다.

9) 법무행정업무

건물자산관리에는 관련법에 의한 허가, 신고, 선임, 해임, 등록 등의 법정업무와 관련법에 의한 소송, 조정, 화해 등 법정제도 등이 있으며 이에 관한 사무행정적 업무를 법무행정업무라 하며 구체적인 내용은 제9장 건물자산관리 법무행정편에서 후술키로 한다.

10) 공무행정업무

건물시설관리에 있어 보수공사, 정비공사, 개량공사, 교체공사, 인테리어, 내부칸막이 공사 등 크고 작은 공사가 연중 계속적으로 실시되고 있는 바 이에 관한 계획, 공고, 입찰, 업자선정, 계약체결, 감리, 인수 등 일련의 공사사무를 공무행정이라 하며 구체적인 내용은 제10장 공무행정편에서 후술키로 한다.

11) 보험행정업무

건물시설관리에는 반드시 가입해야 하는 화재보험, 영업배상보험, 사회4대보험 등이 있는 바 이에 대한 사무적 행정업무를 건물보험행정업무라 하며 제6장 건물자산관리 보험행정편에서 후술키로 한다.

12) 전산행정업무

규모있는 건물자산의 경우 건물자산의 경영이나 시설관리는 전산 시스템에 의하여 주로 처리되고 있다. 뿐만 아니라 조달청, 한국전력 등 공공발주처의 입찰 역시 전산 시스템에 의하여 발주되고 관리되고 있다. 이와 같은 전산 시스템을 중심으로 발생되고 처리되는 사무행정적 업무를 전산행정업무라 하며 구체적인 내용은 제12장 건물자산관리 전산행정편에서 후술키로 한다.

제4절 건물자산관리와 행정관리 상관관계

1. 건물자산관리의 개념

건물자산관리란 건물자산의 경제가치를 극대화하여 최유효 사용수익화를 목적으로 하는 경영관리활동을 의미한다. 다시 말하면 건물자산의 취득에서부터 보유, 처분에 이르기까지 전체 건물자산 생애단계 동안 사용가치(사용수익가치)와 교환가치(법률적 처분가치와 물리적 처분가치(사실적 처분가치)를 극대화하여 관리대상 건물자산을 최유효 사용화하고 수익화하는 기술과 원리 및 활동을 의미한다.

이와 같이 건물자산관리활동을 통한 건물자산의 최유효 사용화와 수익화는 건물자산에 대한 하나의 관리개념만의 접목으로는 불가능하다. 왜냐하면 건물자산은 6대 복합개념을 가지고 있는 유형자산인 관계로 건물자산업무 역시 6대 복합성을 가지고 있어 건물자산 전체의 완전한 관리효과(경영성과와 관리성과)를 도출하려면 건물자산의 경제관리와 법률관리, 행정관리, 기술관리, 환경관리, 위험관리 등 6대 복합성 업무 전체를 관리하되 핵심관리분야인 경제관리를 중심으로 기초관리분야인 기술관리를 체계적으로 관리해야 하며, 핵심관리분야와 기초관리분야인 기술관리의 효율적 관리를 위해서는 위험관리와 환경관리를 통한 기술기능적 지원과 함께 법률관리, 행정관리를 통한 사무행정적 지원이 필수적이다.

왜냐하면 건물자산관리의 핵심관리인 경제관리활동을 통한 수익가치 극대화와 기술관리활동을 통한 사용가치 극대화 모두는 사무행정적 지원과 기술기능적 지원 없이는 불가능하기 때문이다. 따라서 건물자산관리와 행정관리는 사무행정적 측면에서 지원받고 지원해야 하는 필수적 관계로서 매우 밀접한 상관관계를 유지하고 있다.

다시 말하면 건물자산관리는 6대관리영역에 위치하고 있는 개별관리영역의 상호작용과 조합 및 조화에 의하여 건물자산관리의 목적인 건물자산 최유효 사용수익화가 달성되도록 구조화되어 있다. 이를 그림으로 정리하면 [그림 3]과 같다.

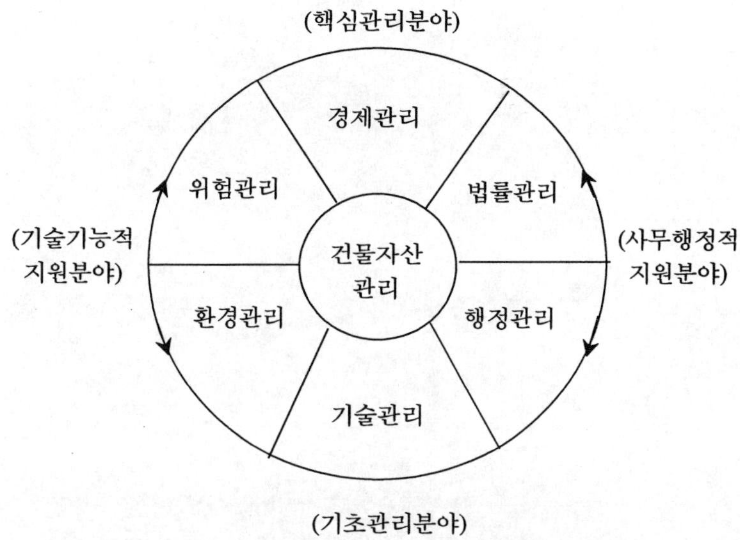

[그림 3] 건물자산관리와 행정관리와의 상관관계

제2장 건물자산관리 조직행정

제1절 건물자산관리조직의 개요

1. 관리조직의 의의

건물자산관리는 건물자산의 경영과 관리의 복합개념이 경영관리주체나 경영관리주체에 의하여 구성 또는 위임된 경영조직과 관리조직에 의해서 경영되고 관리된다.

건물자산관리학에서 말하는 건물자산관리주체는 건물자산의 소유권이나 관계법령, 위임, 대리권의 수여, 고용 등에 의하여 그 지위가 결정되고 관리권한이 주어진다. 건물자산관리는 이와 같은 경영주체와 관리주체에 의하여 경영되고 관리되나, 실제적으로는 경영주체나 관리주체에 의하여 위임 또는 위탁관리계약 등에 의하여 구성된 하부조직, 이른바 경영조직과 관리조직에 의하여 직접 집행 또는 수행된다. 예컨대 투자건물자산의 경영주체는 투자자 또는 소유자이나 실질적 자산운영자는 Asset Manager가 담당하며 집합건물의 경우 관리주체는 관리단이나 실제로는 관리단에 의하여 선임된 관리인이나 관리계약을 체결한 관리회사가 관리업무를 수행하게 된다.

이와 같이 건물자산관리는 법령이나 소유권, 계약, 위임, 고용 등에 의하여 그 지위가 결정되는 경영주체와 경영주체에 의하여 위탁받은 경영조직의 Portfolio Management나 Asset Management 등의 조직에 의하여 경영되고, 관리주체와 그 관리주체에 의하여 구성되었거나 조직된 PM관리조직, FM관리조직이 동일조직의 성격으로 또는 별개의 조직 성격으로 자산관리를 실제 수행하게 된다.

전자가 건물자산관리에 있어서 자산경영조직이라면 후자는 시설관리조직에 해당된다. 일반적으로 건물자산관리조직이라 함은 건물자산의 수익관리를 위한 경영조직과 건물시설의 물리적 기능유지와 보존을 위한 시설관리조직을 합한 조직을 의미한다.

따라서 건물자산관리조직이란 건물자산의 경영주체나 관리주체 또는 소유자 등에 의하여 조직되거나 구성된 인위적·인적 결합체를 의미하다. 다시 말하면, 관리주체가 관리대상건물에 관한 자산관리를 효율적으로 경영·관리하기 위하여 자산경영·관리목표를 설정하고 그 목표를 가장 경제적이며 안전하고 효율적으로 적합하게 달성하기 위한 의도된 복수의 인간 통합체를 의미한다. 본래 조직의 의미를 한마디로 정의하기란 어려운 문제이나 조직의 관련 학설에 따라 조직의 개념을 정의하면 다음과 같다.

관리체계이론의 견해에 의하면 조직이란 의식적으로 조정된 2인 이상의 행동이나 여러 힘의 체계를 의미한다. 즉, 조직이란 일정한 환경하에서 일정한(특정한) 목표를 추구하며 이를 위하여 일정한 구조를 지닌 사회단위를 의미한다.

따라서 조직은 조직의 목표와 조직의 구조(틀) 그리고 조직의 구성원이 함께 존재할 때 성립된다. 또한 조직이 조직다운 조직이 되려면 적어도 기술기능, 영업기능, 회계기능, 재무기능, 안전기능 등이 있어야 한다.

건물자산관리에 있어서 관리조직은 그 명칭이 아직은 공식적으로 정형화되지 못하고 있는 실정이다. 따라서 관리조직의 명칭은 경영관리의 규모와 성격에 따라 자산관리회사, AMC, PMC, 용역관리회사, 관리현장사무소, 관리사무소, 관리실, 관재팀, 시설관리부, 시설과, 관리단, 관리팀, 관리인, 자치관리기구 등으로 호칭되고 있다.

결론적으로 건물자산관리조직이란 소유권, 관계법령, 위임, 대리권수여, 고용, 도급, 계약 등에 의하여 관리권을 보유하고 있거나 관리권을 수여받은 자가 관리대상 건물자산의 경영관리목표를 효과적으로 달성하기 위하여 의도적으로 구성된 복수 이상의 힘의 구조체인 동시에 인적 결합체이자 의도된 복수의 통합체이며 일정한 구조를 지닌 사회단위를 의미한다.

2. 관리조직의 원칙

건물자산관리조직에는 다음과 같은 원칙이 적용되고 지켜져야 한다.

(1) 권한위양의 원칙

건물자산관리조직의 목표달성은 관리권한을 가진 자산관리자에 의하여 관리업무(직무) 수행결과로 나타내며 관리직무의 수행은 3면 등가의 원칙(권한 · 책임 · 의무와 직무가 동일해야 한다는 원칙)이 적용되어야 한다. 그러므로 하부조직 구성원에게 관리상의 직무를 부여할 때는 직무수행을 할 수 있도록 반드시 책임과 의무, 권한을 함께 부여해야 한다.

이와 같은 원칙을 권한위양의 원칙이라 한다. 건물자산관리조직의 업무분장에 있어서도 권한위양의 원칙이 존중되어야 한다.

(2) 명령일원화의 원칙

조직은 지휘나 명령이 일원화될 때 업무의 효율성과 경제성이 확보된다. 따라서 하나의 단위 조직이나 전체 조직의 구성원은 권한 있는 한 사람으로부터 지휘나 명령을 수령해야 한다.

이와 같은 원칙을 명령 일원화의 원칙 또는 지휘 일원화의 원칙이라 한다. 건물자산관리조직에 있어서도 명령일원화의 원칙이 적용되어야 한다.

(3) 감독한계 적정화의 원칙

사람의 지휘감독 능력에는 한계가 있으므로 감독한계를 벗어난 감독범위는 생산성이나 효율성이 떨어진다. 따라서 조직의 생산성이나 효율성에 적합한 범위를 정하고 그 범위 내에서 감독권이 행사되어야 한다.

이와 같은 원칙을 감독한계 적정화의 원칙이라 한다. 건물시설관리조직에 있어서도 감독한계 적정화가 지켜져야 한다.

(4) 전문화의 원칙

조직의 목표는 전문성을 가진 조직구성원에 의하여 수행되어야 한다. 따라서 관리조직은 반드시 전문성을 가진 구성원을 선발 배치하여 조직 자체를 전문조직화해야 한다. 특히 건물재산의 경영활동에 있어서 전문화는 반드시 구축되어야 한다.

(5) 기능화의 원칙

관리조직은 각 단위조직 구성원이 기능적으로 활동해야 생산성이나 효율성이 증대된다. 따라서 관리조직은 기능화해야 한다. 특히 시설관리조직의 경우 기능화의 필요성이 있다.

3. 건물자산관리조직의 기능과 5대 요소

(1) 건물자산관리조직의 기능

건물자산관리는 경영조직과 관리조직에 의한 경영관리활동에 의하여 수행된다.

다시 말하면 건물자산관리에 있어서 최종 목표인 바람직한 경영성과와 관리성과의 창출은 전적으로 경영조직과 관리조직에 의한 경영활동과 관리활동에 의하여 생산되고 공급된다.

따라서 건물자산관리활동에 있어서 건물자산관리조직(경영조직과 관리조직)은 경영관리활동의 중심으로서 매우 중요한 기능을 담당하고 있다. 건물자산관리활동의 중심이 되는 경영조직과 관리조직의 주요 기능을 살펴보면 다음과 같다.

1) 경영조직의 기능

Top Management로 구성되는 건물자산관리 경영조직은 건물자산관리활동의 의사를 결정하거나 정책을 결정하며 투자의 방향이나 대상과 시기 등을 결정하고 직원의 채용, 자금의 조달 등을 확정하는 경영기능을 가지고 있다.

다시 말하면 경영조직은 외부의 경영환경을 조사분석하여 능동적으로 극복하고 내부의 경영지원(재무적 자원, 인적 자원, 물적 자원, 기술적 자원, 정보적 자원)들을 효율적으로 배분활용하여 투자의사결정이나 정책의 결정, 직원의 채용이나 주요 사업의 의사를 직접 결정하는 포괄적이고 거시적이며 정책적 경영기능을 가지고 있다.

2) 관리조직의 기능

관리층으로 구성되는 관리조직은 경영조직이 결정한 사업이나 업무를 관리조직을 중심으로 집행하고 실천하는 미시적이고 기계적이며 실천적 기능을 가지고 있다.

다시 말하면 관리조직은 경영조직이 의사결정한 사업이나 업무를 내부의 관리자원인 인적 자원, 물적 자원, 기술적 자원, 정보적 자원 그리고 재무적 자원을 효과적으로 배분 활용하여 기계적으로 실천하고 집행하는 미시적이고 실천하는 기능을 가지고 있다.

(2) 건물자산관리조직의 5대 요소

건물자산과리조직의 요소에는 일반조직의 요소와 같이 조직의 구조, 구성원, 목표, 기술, 환경 등의 다섯 가지 요소가 있다. 이를 분설하면 다음과 같다.

1) 구 조

조직의 첫 번째 요소에는 구조의 요소가 있다. 조직의 구조에는 규범적 구조와 행태적 구조가 있는바 전자는 조직의 가치, 역할기대 또는 규범과 같은 것을 의미하고 후자는 실제적 행태를 의미한다. 즉, 후자는 협의의 관리조직 또는 광의의 관리조직과 같은 조직의 틀(Organization Structure)을 의미한다.

2) 구성원

조직의 두번째 요소에는 구성원이 있다. 조직의 구성원은 유급, 무급을 막론하고 전문성과 기술 및 기능에 의하여 헌신함으로써 조직의 목표가 달성된다. 따라서 조직의 구성원은 조직요소로서 매우 중요한 의의를 가지고 있다.

3) 목 표

조직의 세번째 요소에는 목표가 있다. 조직의 목표는 그 조직이 행동을 통하여 달성하거나 도달하고자 하는 것을 의미하며 조직의 존속과 번영을 위하여 조직의 목표설정은 필수적이다. 조직의 목표는 구성원 개인의 목표달성과 함수관계를 가지고 있으므로 조직의 목표달성을 위하여 구성원 개인의 목표의 설정과 관리도 중요하다.

4) 기 술

조직의 목표를 효과적으로 달성하기 위해서는 전문성과 기술의 확보가 필요하다. 따라서 기술은 조직의 중요한 요소가 되고 있다.

5) 환 경

조직을 둘러싸고 있는 조직환경은 조직의 목표달성에 직접 영향을 미치는 변수로 작용하고 있다. 따라서 조직환경은 매우 중요하게 다루어야 한다. 특히, 개방체제조직이론에서는 조직환경을 중요한 요소로 인식하고 있다. 왜냐하면 환경을 포함하여 구조, 구성원, 기술, 목표 등 조직의 제요소(諸要素)들이 서로 영향을 주고받으며 작용하고 있기 때문이다.

건물자산관리에 직접 변수로 작용하고 있는 환경은 다음과 같다.

① 자연환경의 비생물적 환경
② 생활환경의 주(住)환경(건축환경)
③ 인위적 환경의 경제환경, 법제도환경, 기술환경, 사회・문화환경 등

4. 건물자산관리조직의 성격

이상에서 설명한 5대 조직요소들을 토대로 건물자산관리조직의 성격을 고찰하면 다음과 같다.

① 건물자산관리조직은 목표측면에서 목표달성조직이자 서비스 조직이라 할 수 있다.
② 구조측면에서는 실적주의적 조직의 성격이 있다.
③ 구성원 측면에서 행정조직과 기술조직의 결합된 복합조직의 성격이 있는 동시에 경영조직과 관리조직의 복합조직의 성격이 있다.
④ 기술측면에서는 경영전문조직이나 엔지니어링조직 또는 기능조직이라 할 수 있다.
⑤ 환경측면에서는 외부환경조건이나 내부환경 등 둘 다 가지고 있는 내외부 환경조직이라 할 수 있다.

5. 건물시설관리조직의 필요기능

건물시설관리조직이 자치관리조직이나 직영관리조직, 위탁관리조직 또는 혼합관리조직이든 간에 건물의 관리업무를 담당하는 관리조직이라면 반드시 다음과 같은 기능을 가지고 있어야 한다. 이를 건물시설관리조직의 필요기능이라 한다.

① 조직목표를 달성하기 위한 권한, 지휘, 책임 기능이 있어야 한다.
② 경영자에 의하여 결정된 정책결정에 따라 그 업무를 집행하기 위하여 계획, 조직, 명령, 조정, 통제 기능이 있어야 한다.
③ 전기설비, 기계설비, 통신설비, 방제설비, 공기급기배기설비, 급수배수설비 및 영선에 필요한 기술 분야를 담당할 수 있는 기술관리 기능이 존재해야 한다.
④ 법률, 세무, 노무, 회계, 임대관리 등 행정사무를 담당할 수 있는 전문사무행정기능이 있어야 한다.
⑤ 청소, 경비, 주차관리, 안내, 순찰 등 전문성과 서비스 성질의 복합된 노무관리 기능이 있어야 한다.
⑥ 각 직종의 구성원들을 정기・부정기적으로 교육과 훈련시킬 수 있는 교육훈련 기능이 있어야 한다.
⑦ 화재, 안전사고, 재해, 절도나 강도, 설비사고 등 안전관리와 안전사고의 예방적 기능과 사고수습 기능이 있어야 한다.
⑧ 입주자, 근무자, 출입인원에 대하여 눈에 보이지 않는 통제를 통하여 질서유지 기능이 있어야 한다.
⑨ 사용자의 민원이나 합리적 요구사항 그리고 건물관련 행정부서의 대관업무에 즉각적으로 대응하여 해결해주는 입주자 민원업무 처리기능이 있어야 한다.
⑩ 관리주체와 각 부서 간, 관리자와 관리직원 간, 관리주체와 용역회사 간, 수직과 수평 간 등 건물관리에 관계되는 정보나 의사 그리고 결정된 정책이나 인지된 사고요인이나 순찰 중에 발견된 위험 시설들의 이상 현상 또는 각종 계기에 나타난 이상 징후나 기기작동의 비정상적인 현상이나 입주자의 사후관리대상의 도산 징후나 기타 급격한 변화, 관리직원의 애로사항 등 어떤 형태든 간에 건물관리에 직접 또는 간접으로 영향을 주는 정보를 전파하고 전파받는 이른바 커뮤니케이션 기능이 항상 존재하고 있어야 한다.
⑪ 비상시 또는 위급상황시에 적절히 대응하여 조기에 수습하고 정상으로 복귀하는 비상위기 대처기능이 있어야 한다.
⑫ 진행업무나 진행될 관리업무에 대하여 정확하게 보고하고 판단하는 기능 즉, 보고, 판단 기능이 있어야 한다.
⑬ 새로운 관리업무를 효율적으로 처리할 수 있는 조사, 분석, 평가, 계획하는 기획 기능이 있어야 한다.

제2절 건물자산관리조직의 분류

1. 국내 건물자산관리조직

국내 건물자산관리조직에는 경영조직과 시설관리조직 통합형과 개별 경영조직 및 시설관리조직이 있다. 또한 건물자산의 소유형태에 따라 개인, 단체, 법인 등의 경영관리조직이 있다. 건물자산경영조직은 자산관리를 위한 의사결정 · 경영정책 결정 · 예산승인 · 인사배치 등을 담당하는 조직 상층부(경영층, Top Management ; 건물자산투자관리조직) 조직을 의미한다.

건물자산관리개념에서 주로 AM(Asset Management, 자산운용)과 PM(Property Management, 건물운영관리) 등의 부동산자산관리개념에서 자산운용과 투자자산의 운영 및 수익창출관리업무를 담당하는 조직을 의미한다. 건물의 경영조직인 Top Management는 주로 투자자나 소유자, 투자자 · 소유자에 의하여 자산운용이나 경영권을 위임받은 자나 자산경영의사를 직접 결정하는 이사회(이사 · 임원)가 이 범주에 해당된다. 경영조직은 거시적이고 포괄적이며 정책적 결정을 담당하며 투자, 자산가치의 보존, 제고나 처분 등 수익극대화를 위한 의사결정을 담당하는 조직을 의미한다.

건물자산경영조직은 국내 건물자산투자시장과 임대시장을 중심으로 살펴보면 개인건물자산경영조직과 법인건물자산경영조직으로 세분된다. 또한 건물자산경영조직은 건물자산을 경영하기 위한 조직을 의미한다. 건물자산 중 국유재산에 속하는 건물이나 특수건물(군사시설 등) 등은 법률의 규정에 의하여 경영조직이 편성되고 운영되나 일반건물 중 수익성건물에 한하여 다음과 같이 건물자산경영조직이 편성 운영된다.

(1) 개인건물자산경영조직과 시설관리조직

개인건물자산경영관리조직이란 개인(자연인)이 1인 소유 또는 개인다수의 공유지분 소유 형태의 건물자산의 경영과 시설을 관리하기 위한 직영조직을 말한다. 개인건물자산경영조직은 건물의 규모와 용도 및 성격, 시설과 설비의 종류 등에 따라 다소 경영조직의 규모와 편제가 달라질 수 있으나 대형건물(20층 이상의 건물)을 기준으로 경영관리조직을 살펴보면 대체로 [그림 4]와 같이 조직되고 운영된다.

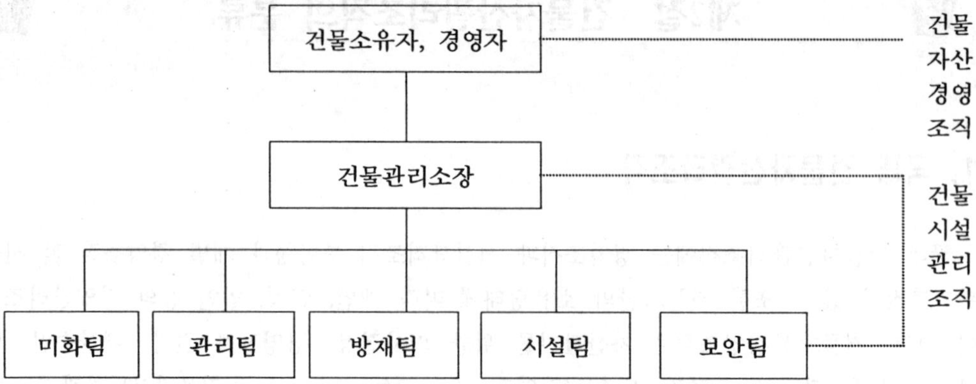

[그림 4] 개인건물자산경영조직과 시설관리조직(예)

(2) 법인건물자산경영조직과 시설관리조직

법인건물자산경영관리조직이란 건물소유자가 법인인 경우 법인의 이름으로 그리고 법인조직으로 경영대상 건물자산에 대하여 경영하고 법인소유건물의 시설을 관리하는 직영형태의 관리조직을 말한다. 법인의 형태가 비영리이든 영리법인이든 그 해당법인의 자산관리 편제(관재시스템)에 의하여 경영관리되므로 반드시 동일한 경영관리조직은 아니나 대체로 [그림 5]와 같은 법인건물자산경영관리조직을 유지, 운영하고 있다.

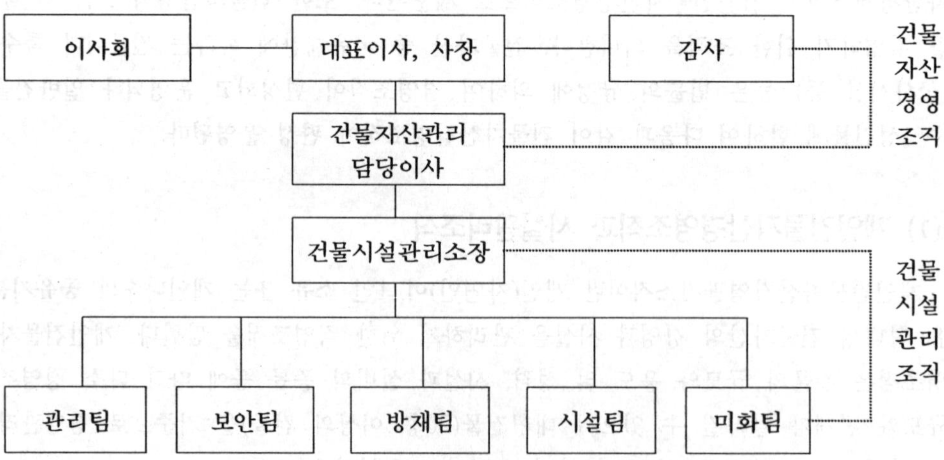

[그림 5] 법인건물자산경영조직과 시설관리조직(예)

2. 외국계 건물자산관리조직

(1) 외국계 건물자산투자개발회사의 경영관리조직

외국계 부동산투자회사의 건물(자산)경영관리조직이란 외국계 건물자산투자개발회사(투자모집기관)가 투자계획에 따라 투자대상국에 명의사(투자대상 건물자산의 매입 또는 건축 및 운영관리를 위한 현지법인)를 설립하고 투자대상목적물을 조사, 타당성 검토 후 매입(또는 건축)하고 이를 명의사(현지법인)[1] 또는 AMC를 선임하여 자산운용을 위탁하고 AMC로 하여금 PMC를 선임하여 투자자산운영과 PMC가 자산운영(임대 등)과 시설관리를 직접 관리하거나 FMC를 고용하여 FMC로 하여금 시설관리를 동시에 하는 위탁관리조직을 말한다.

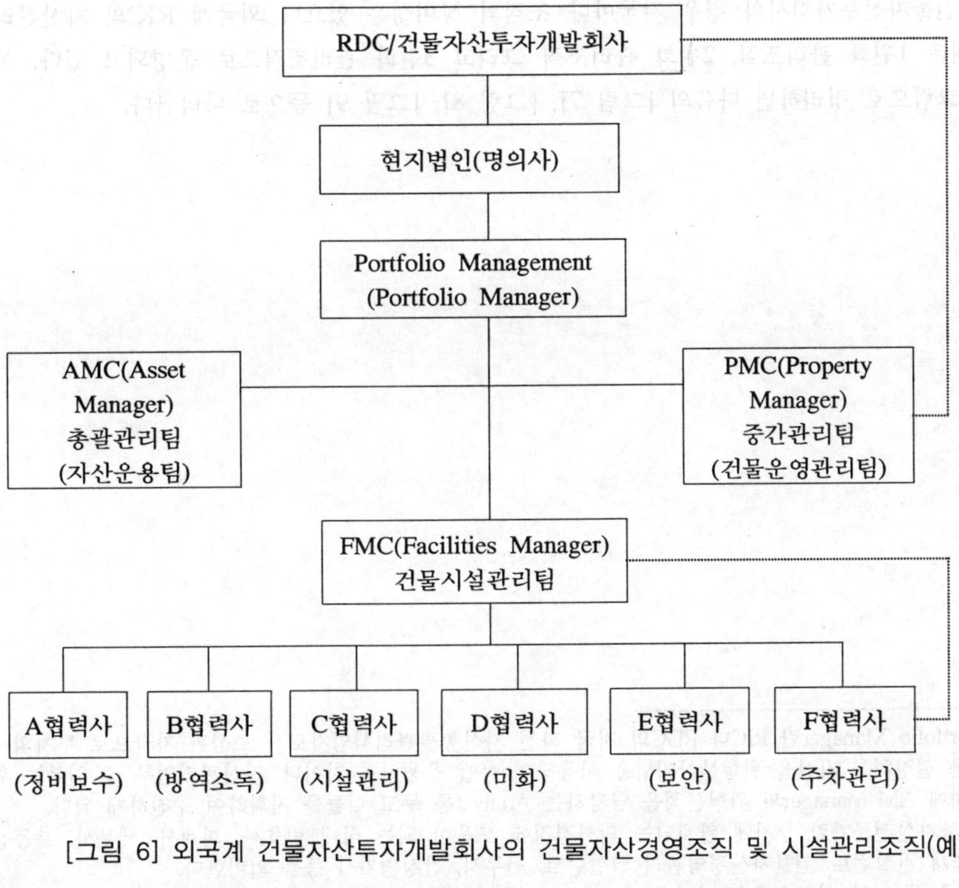

[그림 6] 외국계 건물자산투자개발회사의 건물자산경영조직 및 시설관리조직(예)

1) 명의사는 CR-REITs의 특성상 명의만으로 존재하는 법인으로서 실체 조직이 없는 상법상의 회사로서 이름만의 회사를 의미한다. 그러나 법인으로 등기되며 부동산의 권리주체가 될 수 있고 소송상의 당사자 자격과 능력이 인정된다.

미국을 중심으로 싱가포르, 중국, 일본, 영국 등의 경우 외국계부동산 투자 또는 개발을 목적으로 RIC(Real Estate Investment Company)를 설립하고 투자금을 공모하여 조성한 거대 투자자본을 우리나라 국내에 상륙시켜 국내법에 의한 명의사를 설립하고 Portfolio Manager[2]를 파견하여 그 휘하에 Asset Manager를 두고 투자대상 건물자산 투자를 위한 시장조사, 자산실사, 거래선 개발, 일상의 자산관리를 담당케 하고 대상 건물자산이 선정되면 이를 외국에 있는 본사에 보고하여 본사로 하여금 투자의사결정, 금융자산관리 문제 등을 결정하며 변호사, 회계사, 부동산 컨설턴트 등 전문가[3]의 자문을 거쳐 매입한 후 국내 PM사 또는 외국계 PM사를 선정하고 투자계획에 따라 건물자산의 임대(운영)를 담당하게 하여 Cash Flow[4]의 순이익금을 극대화하고 자산을 경제적 방법으로 개량[5]하여 자산의 경제적 가치를 높인 후 타이밍이 맞는 매각시점을 잡아 전략적으로 매각함으로써 양도차익을 실현하여 투자자들에게 약정 이익금을 배당하는 외국계 건물자산투자회사의 경우 각국마다 조직의 상이성은 있으나 외국계 RIC의 자산관리 조직은 1원화 관리조직, 2원화 관리조직 그리고 3원화 관리조직으로 운영되고 있다. 이를 그림으로 정리하면 다음의 [그림 7], [그림 8], [그림 9] 등으로 나타난다.

---

2) Portfolio Manager란 RIC나 RDC의 자국 파견 자산총괄관리책임자로서 조성된 자금으로 투자의사를 결정하고 자산을 위험분산기법을 사용하여 총괄 운용하는 자이다. 자산관리업무 중 일부는 휘하에 AM Manager와 위험분석을 담당하는 Analyst를 두고 이들을 지휘하여 추진하게 된다.

3) 건물자산전문가란 투자에 관계되는 의사결정에 도움이 되는 국내 변호사, 회계사, 세무사, 부동산 중개 컨설턴트, 건물자산경영관리 컨설턴트, 법무사, 감정평가사 등을 의미한다.

4) Cash Flow란 현금흐름을 의미하는 것으로 취득한 자산을 효과적으로 운영(임대와 시설관리)하고 양도차익을 실현하여 순이익금을 나타내는 재무정보를 의미한다.

5) 건물의 개량(Improvement)에는 기술적 개량 외 경제적 개량, 법률적 개량, 환경적 개량 등이 있다. 여기서 말하는 개량은 경제적 개량으로서 관리대상 건물자산의 경제가치를 제고하는 개량을 의미한다.

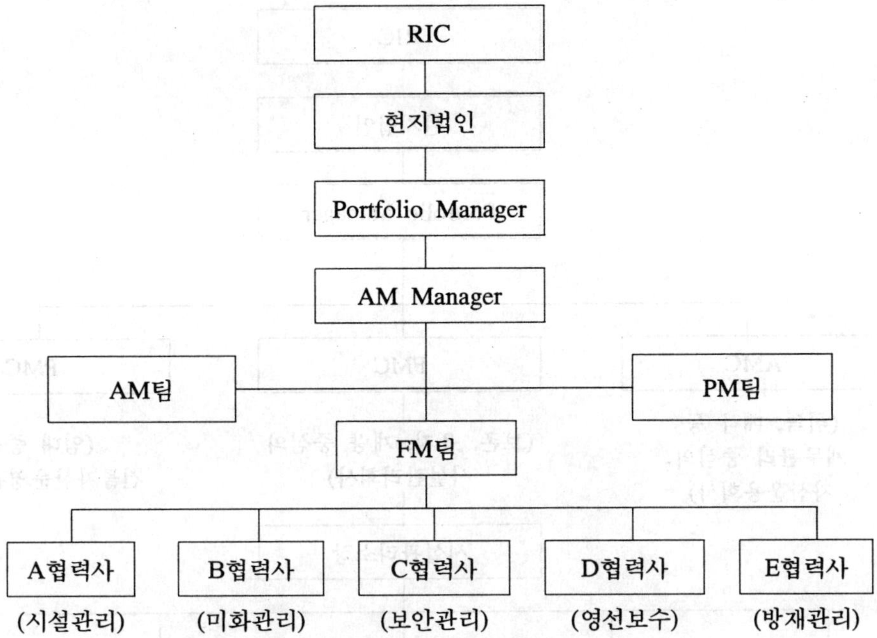

[그림 7] 외국계 RIC 1원화 건물자산관리조직(예)

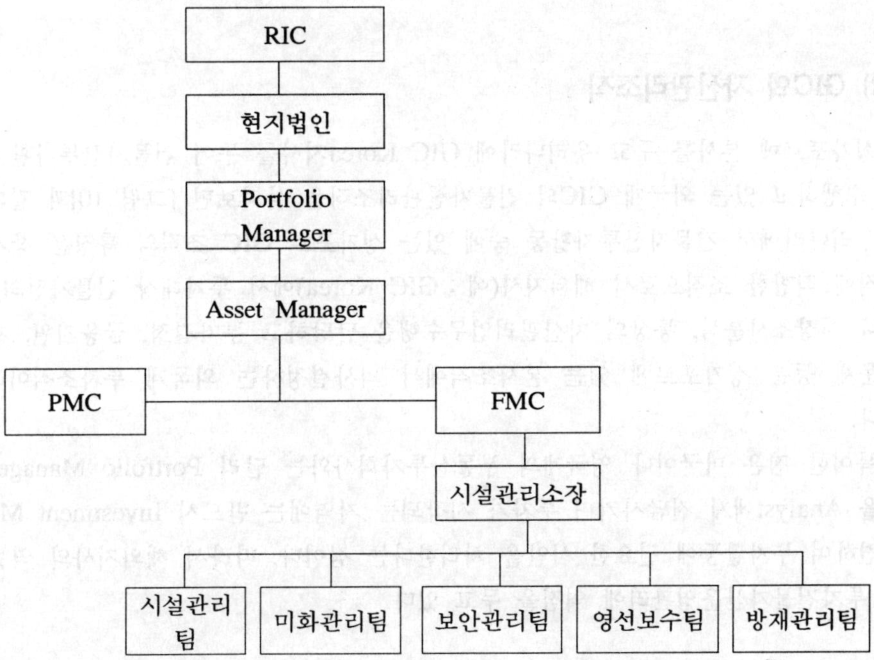

[그림 8] 외국계 RIC 2원화 건물자산관리조직(예)

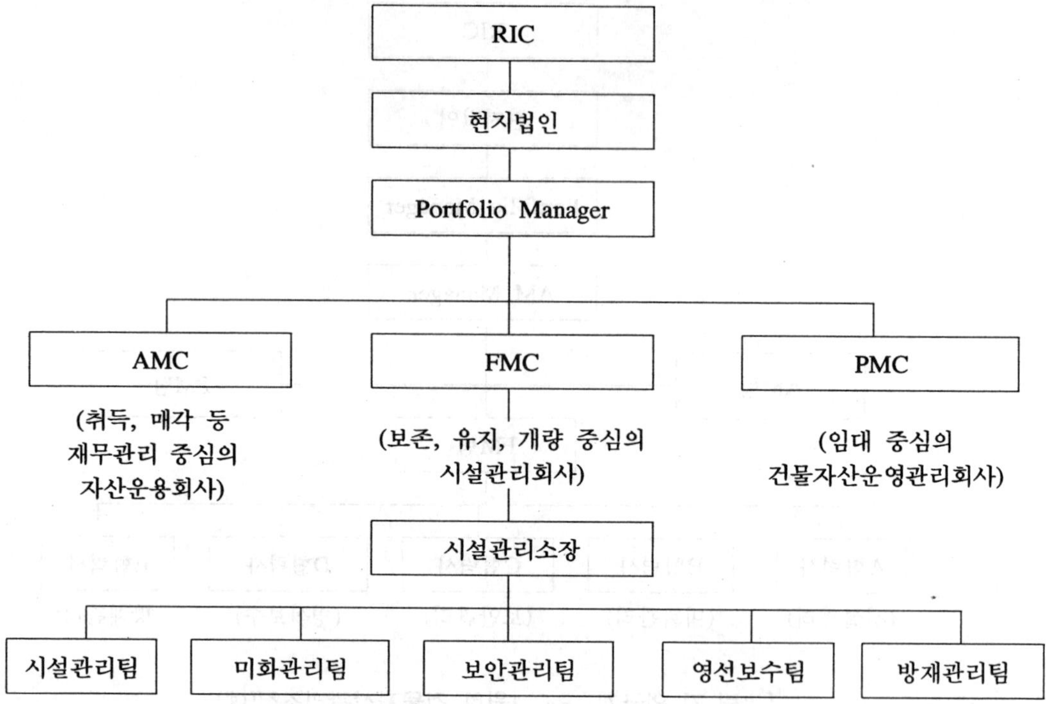

[그림 9] 외국계 RIC 3원화 건물자산관리조직(예)

(2) GIC의 자산관리조직

싱가포르에 본사를 두고 우리나라에 GIC Korea지사를 두어 건물자산투자활동을 활발히 수행하고 있는 외국계 GIC의 건물자산관리조직을 살펴보면 [그림 10]과 같다.

우리나라에서 건물자산투자활동 중에 있는 싱가포르 GIC 조직의 특징은 장기성 투자조직에 적합한 조직으로서 해외지사(예 : GIC Korea)에서 투자대상 건물자산의 거래 소스나 시장조사분석, 통상의 자산관리업무수행을 담당하고 투자결정, 금융지원, 자산의 중요문제 등은 싱가포르에 있는 본사조직에서 의사결정하는 외국계 투자조직이라 할 수 있다.

특이한 점은 미국이나 영국계의 부동산투자회사와는 달리 Portfolio Management 기능을 Analyst에게 전담시키며 투자가 시작되는 지역에는 반드시 Investment Manager를 파견하여 투자활동에 필요한 사안을 처리한다는 점이다. 따라서 해외지사의 역할은 취득된 투자건물자산운영관리에 역점을 두고 있다.

(자료출처 : 한국생산성본부, 기업부동산자산관리실무, 2006, p.17 인용)

[그림 10] GIC의 자산관리조직(예)

(3) 국내 CR-REITs 건물자산관리조직

우리나라의 경우, 1997년 IMF 외환위기여파로 다수의 기업이 도산하고 부실화하여 건물자산이 금융기관 또는 국세청 등에 의하여 강제 매각하는 사태가 발생되자 정부주도로 부동산투자관리법을 통과시켜 REITs시장을 신설하고 REITs의 한 형태인 부실구조조정 부동산 자산투자만을 목적으로 CR-REITs를 설립케 하여 자금을 공모 또는 사모하여 모집된 자금을 실체가 없는 CR-REITs의 특성상 필연적으로 필요로 하는 AMC를 Fee를 주는 조건으로 선임하고 선임된 AMC로 하여금 조성된 자금을 운용하여 구조조정 부동산에만 투자하게 하여 취득된 자산을 관리하는 시스템으로서 CR-REITs 역시 1원화, 2원화 그리고 3원화의 자산관리조직체계로 [그림 11], [그림 12] 그리고 [그림 13]과 같이 구성하고 운영하고 있다.

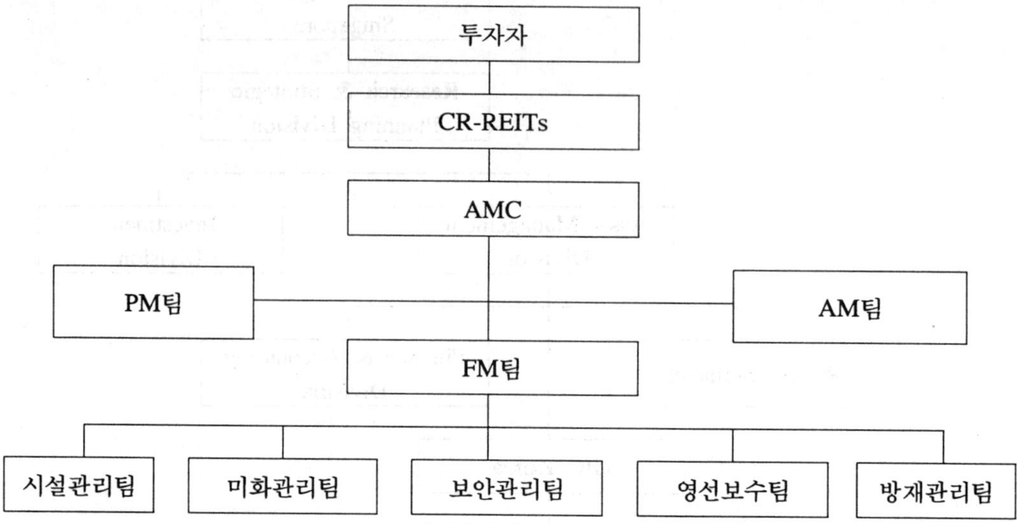

[그림 11] 국내 CR-REITs 1원화 건물자산관리조직(예)

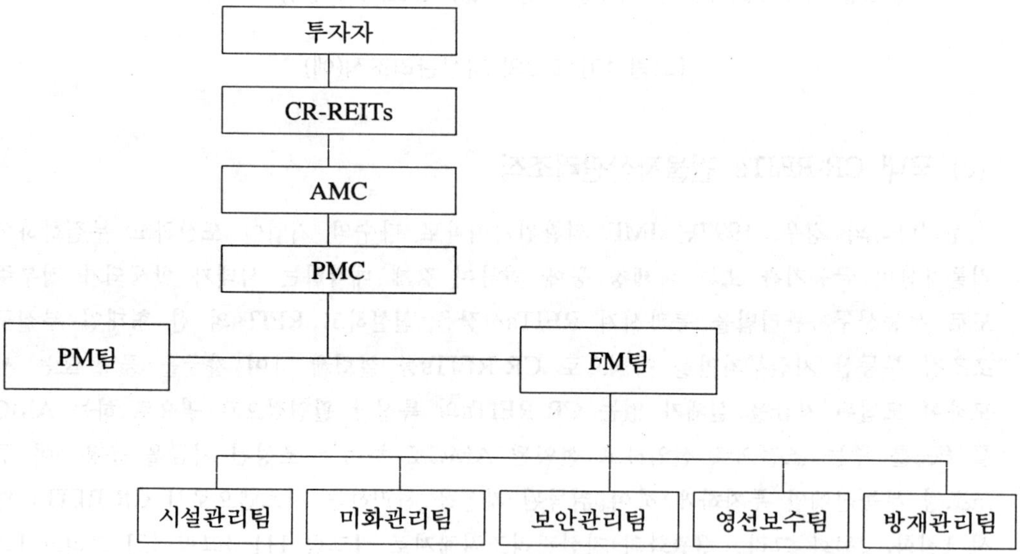

[그림 12] 국내 CR-REITs 2원화 건물자산관리조직(예)

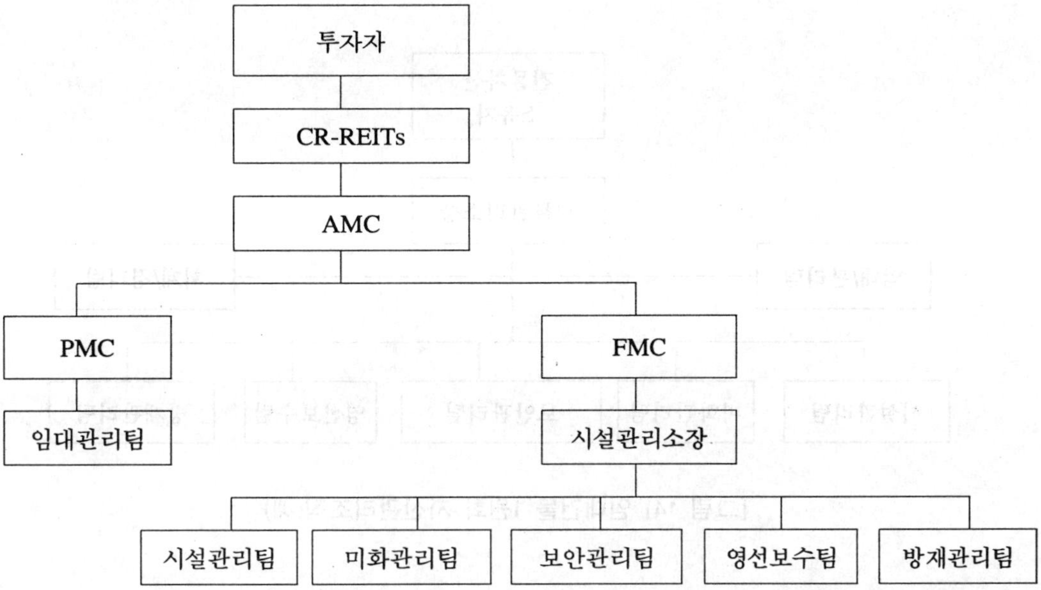

[그림 13] 국내 CR-REITs 3원화 건물자산관리조직(예)

3. 임대건물자산관리조직

개인 또는 법인의 자금으로 투자하여 취득한 건물자산 소유자의 책임과 비용으로 경영조직을 두거나 PMC 또는 FMC를 선임하여 자산을 관리하게 되는 경영관리조직체계로서 1원화, 2원화, 3원화 자산관리조직체계의 형태를 가지고 있으며, 다음의 [그림 14], [그림 15], [그림 16], [그림 17] 등으로 나타난다. 특이한 것은 2원화 조직체계 중 AMC(또는 소유자)가 고용하는 관리회사가 PMC의 경우 P형 2원화 조직체계가 되고 FMC를 고용하는 경우는 F형 2원화 조직체계가 된다는 점이다. F형 2원화 조직체계에서는 건물관리소장이 임대업무를 담당하게 된다.

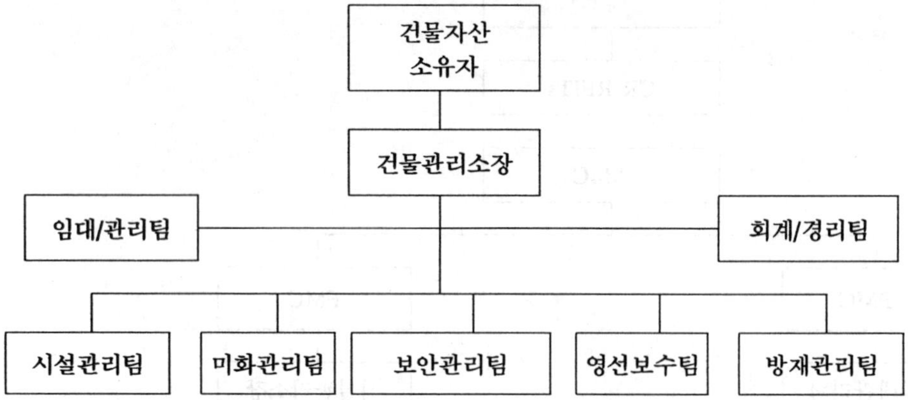

[그림 14] 임대건물 1원화 자산관리조직(예)

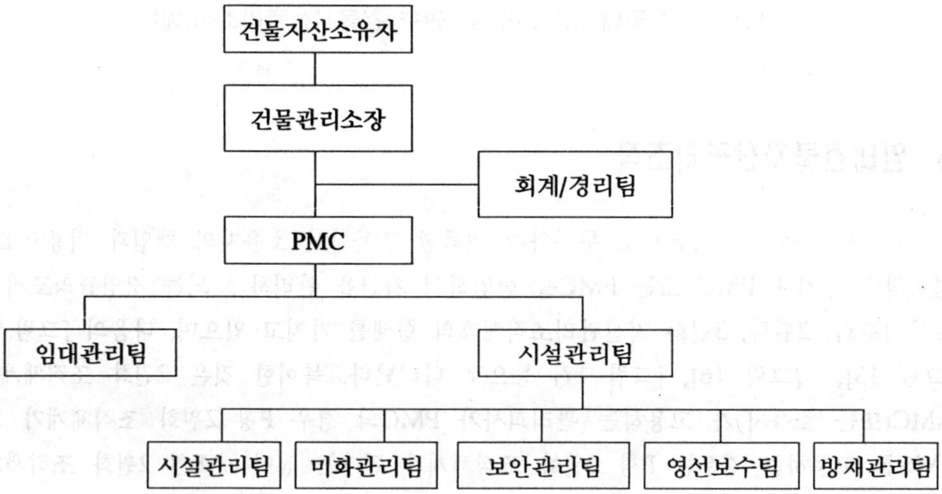

[그림 15] 임대건물 P형 2원화 자산관리조직(예)

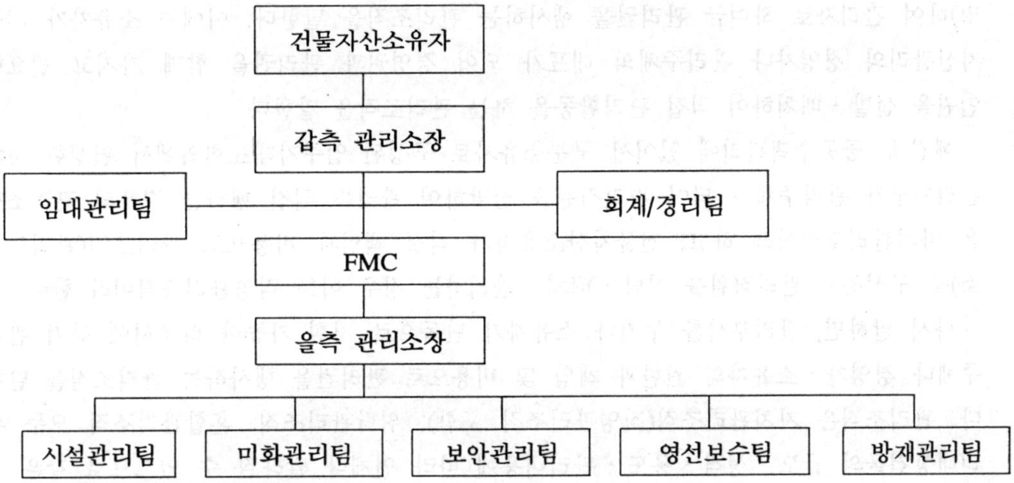

[그림 16] 임대건물 F형 2원화 자산관리조직(예)

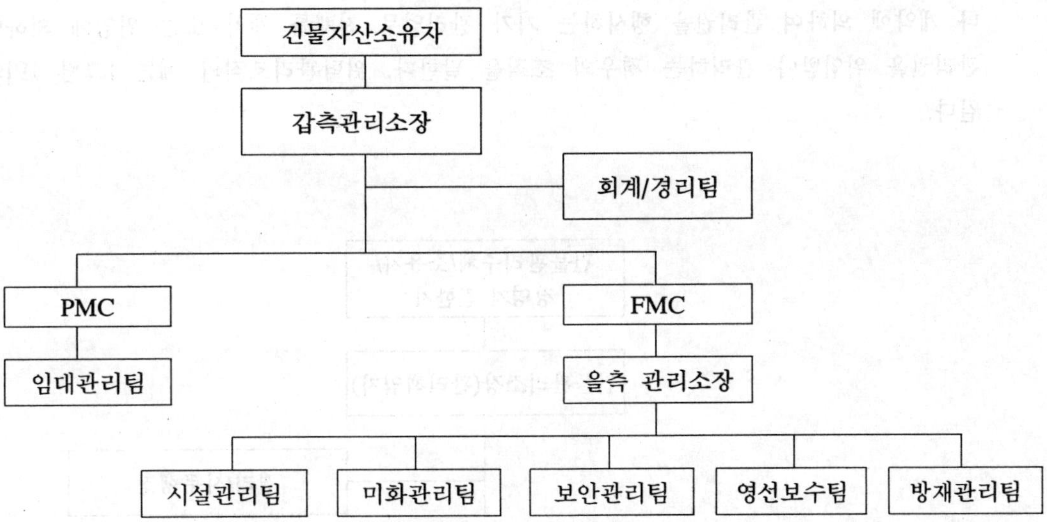

[그림 17] 임대건물 3원화 자산관리조직(예)

4. 자치관리조직과 직영관리조직

자치관리조직과 직영관리조직이란 건물직영관리방식이나 건물자치관리방식에 따라서 소유자나 관리주체가 스스로의 책임과 비용으로 관리조직을 편성하고 관리자를 선임(임명)하여 관리자로 하여금 관리권을 행사하는 관리조직을 말한다. 이에는 소유자가 건물자산관리의 경영자나 관리주체의 대표가 되어 경영권과 관리권을 함께 가지고 필요한 인원을 선발·배치하여 직접 관리활동을 하는 관리조직을 말한다.

예컨대, 공동주택관리에 있어서 구분소유자로 구성된 입주자대표회의에서 편성한 자치관리기구가 관리주체가 되어 관리직원을 선발하여 관리를 직접 행하는 경우의 관리조직을 자치관리조직이라 하고, 건물자산소유자가 직접 책임과 비용으로 관리조직(관리사무소)을 구성하고 관리직원을 선발·배치·관리하는 경우 이를 직영관리조직이라 한다.

다시 말하면, 관리부서를 두거나 소유자가 단독으로 지휘 가능한 타부서에 맡겨 관리주체나 경영자·소유자의 권한과 책임 및 비용으로 관리권을 행사하는 관리조직을 말한다. 관리조직은 자치관리조직(직영관리조직 포함), 위탁관리조직, 혼합관리조직 모두 관리대상건물의 규모·성격·용도·관리내용에 따라 언제나 달라질 수 있으므로 같은 조직이라도 항상 동일하지 않을 수 있음을 참고하기 바란다.

자치(직영)관리조직의 예는 [그림 18]과 같다.

건물자산관리에 있어서 위탁관리조직이란 건물소유자 또는 법률의 규정 또는 위임이나 계약에 의하여 관리권을 행사하는 자가 관리업무 전체를 계약 또는 위임에 의하여 관리권을 위임받아 관리하는 경우의 조직을 말한다. 위탁관리조직의 예는 [그림 19]와 같다.

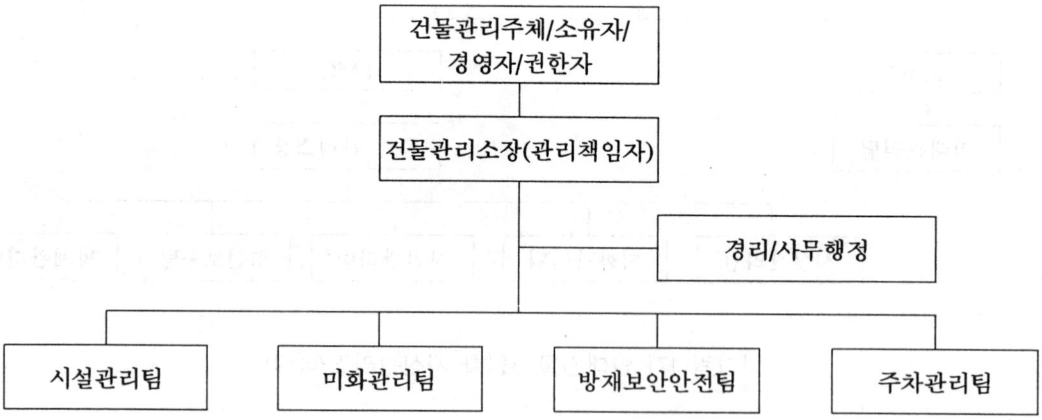

[그림 18] 자치(직영)관리조직(예)

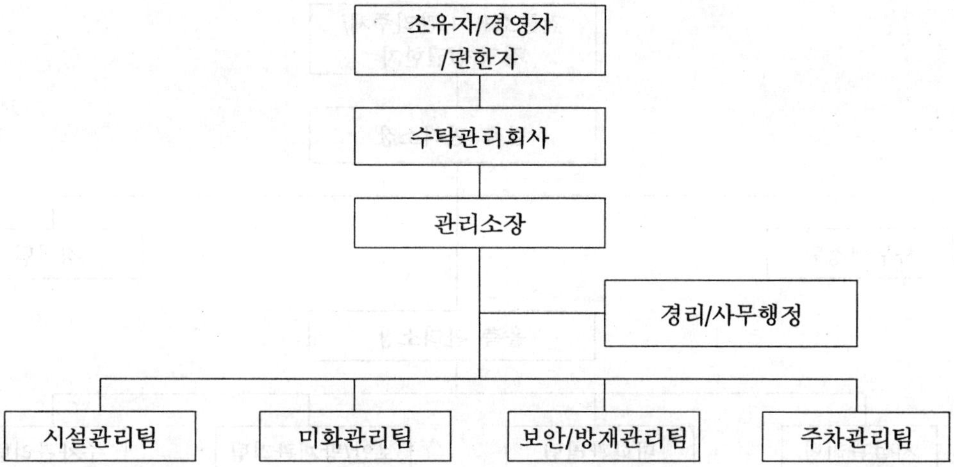

[그림 19] 위탁관리조직(예)

5. 혼합관리조직

혼합관리조직이란 관리주체의 직영 또는 자치관리조직과 일부 용역관리회사의 직원 또는 관리조직이 결합하여 성립된 조직을 말한다. 즉, 자치관리조직(직영관리조직)과 위탁관리조직이 혼합된 관리조직을 혼합관리조직이라 한다.

즉, 관리주체 갑측의 관리소장하에 타관리회사의 직원 또는 단위조직(예 시설관리소장, 청소관리소장, 경비관리소장[반장, 대장]) 또는 팀장 등 2개의 관리조직단위가 결합하여 성립된 하나의 관리조직을 혼합관리조직이라 한다.

혼합관리조직은 [그림 20]과 같다. 건물시설관리조직은 관리주체, 관리회사, 관리대상 빌딩의 성격 · 용도 · 규모 · 내용 · 설비의 종류 등에 따라 다소 차이가 있으므로 반드시 동일한 건물관리조직(B/D Management Organization)을 유지할 필요는 없다.

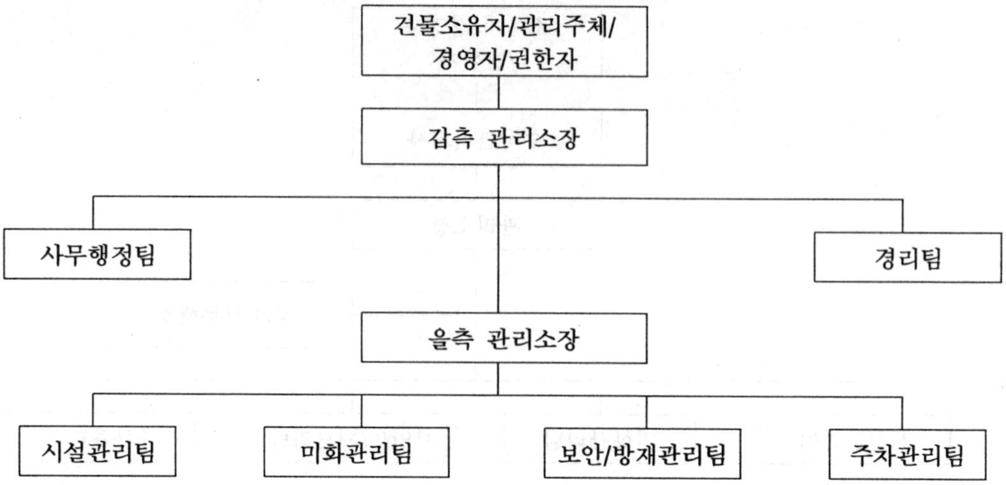

[그림 20] 혼합관리조직(예)

제3절 건물자산관리조직의 법적 성질과 목표

1. 건물자산관리조직의 법적 성질

건물자산관리업무를 담당하는 관리조직의 법률적 성질은 관리주체로부터 그 권한을 위임받은 대리제도와 유사한 성질을 가지고 있다. 민법에서 말하는 대리제도의 대리행위는 특정 법률관계를 처리할 수 있는 권한을 특별히 수권하지 않는 경우, 그 대리인은 본인(건물자산소유자)을 위하여 관리행위만 할 수 있는 자이므로 건물자산을 보존하고 개량·이용하는 관리활동밖에 할 수 없다.

따라서 건물자산관리조직은 건물소유자나 법률의 규정에 의하여 권한을 수여받은 자로부터 관리업무를 위임한 경우이므로 민법에서 말하는 대리제도와 유사한 성질을 가지고 있다. 특히 위임받은 자가 집행한 업무가 적법한 것인 경우에는 관리주체가 책임을 지나, 관리조직의 구성원이 불법한 업무집행을 하는 경우 관리주체가 책임지지 아니하고 행위자가 책임을 져야 하므로 이런 점에서도 민법의 대리제도와 유사한 성질을 가지고 있다.

그러나 법인제도에 있어서 법인과 그 기관인 이사 간의 위임사항과는 다르다. 왜냐하면, 법인의 이사는 그의 고유권한으로 대외적으로 그 법인을 대표하고, 대내적으로는 업무집행 권한이 있으며, 법인의 업무에 관하여 적법이나 불법한 행위를 하여도 법인과 이사가 불순정 연대로 책임져야 하는 관계이므로 건물자산관리조직의 성격과는 다른 점이 있다. 결론적으로 건물자산의 관리조직의 법적 성질은 위임과 유사한 대리의 성질을 가지고 있다 하겠다.

2. 건물자산관리조직의 목표

건물자산관리조직에는 전술한 바와 같이 경영조직과 관리조직이 있다. 따라서 건물자산관리조직의 목표에는 경영목표와 관리목표가 있다. 건물자산관리업무를 수행하기 위하여 제일 먼저 선행되어야 할 업무는 관리주체에 의한 관리조직을 위한 관리조직의 관리목표설정 문제이다.

① 건물시설관리조직의 1차적 관리목표는 완공된 건물시설 또는 취득한 건물시설을 경제적이고 안전하게, 그리고 가장 효율적인 방법으로 적합하게 관리하여 건물의 정상적 유지보존과 조기노후방지 및 안전성을 높이고 양질의 관리효과를 창출, 건물의 사용가치를 높여 최유효 사용화하여 건물이해당사자(고객)들로 하여금 최유효 건물 사용수익을 지원하는데 있다. 즉, 관리행위를 통하여 건물소유자에게 최유효 사용, 수익, 처분의 목적달성을, 건물사용자에게는 최유효 사용과 수익의 목적을 달성할 수 있도록 편리성과 안전성, 쾌적성 등을 제공하여 만족하도록 건물의 정상적인 성능과 기능을 제공하는 데 있다.

또한 일시적으로 건물을 이용하는 건물이용자에게는 건물의 편리성・안전성・쾌적성 등을 제공하여 최유효 이용이 이루어지도록 해야 한다. 건물시설관리조직의 2차적 목표는 건물의 유익을 최유효 관리법으로 창출하고 인간에게 제공하여 그들의 삶과 생활과 일이 성공적으로 수행되도록 주(住)의 문제를 해결하거나 개선하여 주(住)측면에서 그들의 생존을 지원하는 데 있다.

② 건물자산의 경영목표는 합리적인 자산운용활동을 통하여 적정건물자산(최적건물자산)을 취득하고 효율적 건물자산보유 및 운영관리를 통한 운영이익 최대화와 전략적 매각을 통한 양도차익의 실현 등으로 자산가치를 보존유지하고 극대화하여 경제적 가치를 최대화하는데 있다.

다시 말하면, 건물자산경영조직의 경영목표는 건물자산의 취득・보유・처분 전 과정을 합리적으로 경영하여 건물자산투자자나 소유자의 목적을 효과적으로 달성하고 건물자산경제가치의 극대화와 건물자산소유자의 경제적 이익을 최대화하는데 있다.

제4절 건물시설관리조직의 구성체계

건물자산관리조직의 구성체계라 함은 관리업무 담당과 지휘체계에 따라 필요인원이 선발되고 배치되는 조직의 틀 또는 조직의 시스템을 건물자산관리 조직 구성체계라 한다. 건물시설관리조직 구성체계는 협의의 시설관리조직 구성체계와 광의의 시설관리조직 구성체계로 대별된다.

1. 협의의 시설관리조직 구성체계

전술한 바와 같이 건물시설관리조직 구성체계는 협의의 시설관리조직 구성체계(직계시설관리조직체계)와 광의의 시설관리조직 구성체계(방계시설관리조직체계)로 분류된다.

협의의 시설관리조직체계는 수익성 임대건물의 경우 건물경영자, 건물관리자(관리소장), 관리감독자 및 관리근무자 등으로 구성된다. 다시 말하면 협의의 시설관리조직 구성체는 직계시설관리조직체계(라인형 조직체계)를 의미한다. 이를 그림으로 나타내면 [그림 21]과 같다.

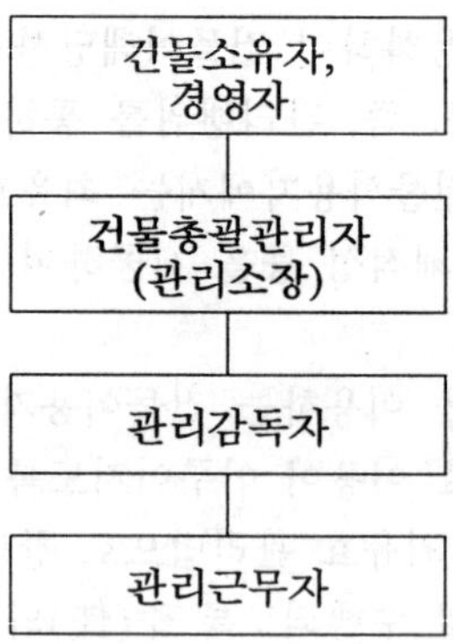

[그림 21] 협의의 시설관리조직 구성체계

2. 광의의 시설관리조직 구성체계

광의의 시설관리조직 구성체계란 협의의 시설관리조직 구성체계의 구성원을 포함하여 관리관계자와 관리협력자를 포함한 방계시설관리조직체계를 의미한다. 방계시설관리조직의 구성원은 공식조직 구성원이 아니면서 스태프형 조직과 유사하나 지휘관계가 아닌 협력·협조 관계조직에 불과하다. 그러나 건물자산관리에 있어서 없어서는 안 될 중요한 역할과 기능을 담당하고 있다. 왜냐하면 관리관계자(예 : 수도사업소, 보건소, 소방서 등)는 공적 서비스 제공을 통하여 협의의 시설관리조직을 지원하며 관리협력자(예 : 보수정비업자, 자재원료 납품업자 등)는 사적 서비스를 통하여 협력하고 있기 때문이다.

이를 그림으로 표시하면 [그림 22]와 같다.

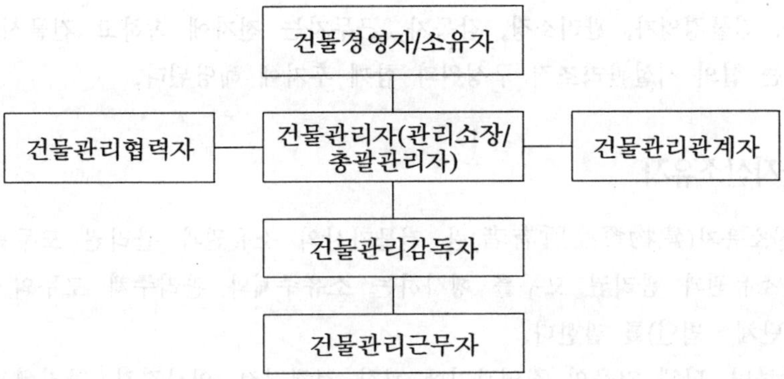

[그림 22] 광의의 시설관리조직 구성체계

제5절 건물시설관리조직의 구성원

1. 구성원 의의

시설관리조직의 구성원이란 원칙적으로 직계시설관리조직 구성체계인 협의의 시설관리조직체계에 소속되는 자만을 의미한다. 그러나 실질적 관리조직은 그 기능상, 그리고 현대건물의 특성상 건물시설관리에 필요한 공적 서비스와 사적 서비스를 제공하는 자를 포함하여 구성되어야 한다. 왜냐하면 현대 건물의 시설관리는 협의의 시설관리조직의 구성원만으로는 시설관리가 불가능하기 때문이다. 건물시설관리에 필요한 공적 서비스 제공자를 건물시설관리관계자라 하고, 사적 서비스 제공자를 건물시설관리협력자라 한다.

2. 건물시설관리조직 구성원의 종류

건물시설관리조직에는 협의의 시설관리조직의 구성요원과 광의의 시설관리조직의 구성원이 있다. 건물경영자, 관리소장, 감독자, 근무자는 전자에 속하고 건물시설관리관계자와 협력자는 협의 시설관리조직 구성원과 함께 후자에 해당된다.

(1) 건물자산소유자

건물자산소유자(建物資産所有者)란 건물자산의 소유권과 관리권 모두를 가진 자를 의미하며 소유권과 관리권 모두를 행사하는 소유주체와 관리주체 모두의 자격을 가진 자(개인 · 단체 · 법인)를 말한다.

다시 말하면, 당해 건물의 경영관리에 관한 정책결정, 의사결정, 관리예산의 승인, 인사권의 행사 등 경영정책을 거시적, 포괄적으로 결정하는 자로서 경영조직의 Top Management를 담당하며, 사용, 수익, 처분의 권능과 경영권과 관리권 모두를 행사하는 자를 의미한다.

(2) 건물시설관리책임자(건물총괄 관리자, 시설관리사무소 소장)

건물자산관리에 있어서 시설관리자(Facility Manager)라 함은 관리권을 행사할 수 있는 자 즉, 관리권한을 갖는 자를 의미한다. 즉, 총괄관리책임자로서 시설관리사무소의 소장이 여기에 해당된다. 다시 말하면, 경영자 또는 수탁관리회사에 의하여 위임된 관리권을 행사하는 자를 의미하며, 경영자의 관리정책을 실시, 계획, 집행, 지휘, 감독, 통제, 조정, 평가할 수 있는 자를 건물시설관리자라 한다.

건물시설관리자는 건물경영자의 위임에 의하거나 계약 또는 법령에 의하여 관리권한이 있는 자로 규정된 자를 의미한다. 관리자는 일반건물 관리체계조직상 건물경영자의 하부조직의 책임자로서 그 하부조직으로 편성 · 조직된 관리감독자와 관리근무자를 지휘 · 감독하는 자를 의미한다. 협의의 시설관리자라 함은 관리권을 행사하는 건물시설관리자만을 지칭한다. 건물시설관리자는 대외적으로 시설관리조직을 대표하고 대내적으로 시설관리업무를 총괄 집행하며, 건물경영자를 직접 보좌하는 위치에 있는 자를 의미한다. 영 · 미에서는 건물시설운영자를 Property Manager라 하고 시설관리책임자를 일반적으로 B/D Manager 또는 Facility Manager라 호칭하고 있다.

(3) 건물시설관리감독자

건물시설관리감독자란 건물시설 관리책임자의 지휘를 받아 관리근무자(경비원, 미화원, 기계전기실 근무자, 영선담당자, 주차관리담당자 등)를 감독하는 자로서 관리과장, 시설과장, 경비반장(경비대장), 청소반장, 을(乙)측 청소관리팀장, 주차관리반장, 영선관리팀장, 방재실장, 안전관리팀장 등이 이 범주에 해당된다. 영국과 미국에서는 건물시설관리감독자를 B/D Foreman 또는 B/D Supervisor라 호칭하고 있다.

(4) 건물시설관리근무자

건물시설관리조직 편제상 최하위 조직의 구성원으로서 직접 관리업무에 직접 종사하는 자를 말한다. 예컨대, 경비원, 환경미화원, 기계전기실 근무자(기사 · 기능사), 방화관리자, 영선담당자, 주차관리자, 경리 · 회계담당자, 사무행정업무담당자 등이 건물자산관리근무자(建物資産管理勤務者)에 해당된다. 영국과 미국에서는 건물관리근무자를 Building Field Man이라 호칭하고 있다.

(5) 건물시설관리관계자

건물관리조직 편제상 공식적으로 직계관리조직에 편성되어 있지 않은 자이나 건물의 운영관리상 절대적으로 필요한 전기 · 수도 · 가스 · 전화 등 Utilities의 공적 서비스 공급의 담당자와 청소, 쓰레기 수거담당 공무원, 소방 등의 관계자 등이 이 범주에 해당되는 자로서 건물시설관리에 공식적으로 직접 종사하는 협의의 시설관리조직 구성원의 역할과 기능 못지않게 매우 중요한 역할을 담당하는 자이다. 따라서 건물시설관리관계자와의 원만한 관계유지와 협조는 매우 중요하게 다루어져야 한다.

(6) 건물시설관리협력자

건물시설관리에 공식적으로 종사하지 않으면서 또한 전기 · 가스 · 수도 · 통신 등의 에너지 및 기능을 제공하는 공적 서비스 관계자가 아니나 건물시설관리에 간접적으로 사적 서비스를 통하여 조력하는 자를 건물시설관리협력자라 한다. 예컨대, 설계 · 시공 · 감리 및 안전진단, 소방검사 대행, E/L안전검사, 전기설비 관리대행, 관리자재 납품, 용역의 제공(청소 · 경비 등) 등에 종사하면서 사적 서비스를 통하여 건물시설관리에 조력하는 자가 이 범주에 해당된다. 전술한 구성원 중 건물경영자, 건물관리자, 건물관리감독자 및 건물관리근무자를 직계시설관리조직체계의 구성원이라 하고, 건물시설관리관계자와 건물시설관리협력자를 포함하는 구성원을 방계시설관리조직체계 구성원이라고도 한다.

3. 건물자산관리조직 구성원의 종류

건물자산관리조직의 구성원은 외부용역의 아웃소싱(Outsourcing)되는 경우와 조직내의 구성원으로 이루어지는 인하우스(Inhouse)로 나누어 살펴보면 다음과 같다.

(1) 아웃소싱(Outsourcing) 건물자산관리조직의 구성원

아웃소싱조직의 구성원은 다음의 AMC, PMC 그리고 FMC의 Manager 등의 외부 인적 자원으로 조직된다.

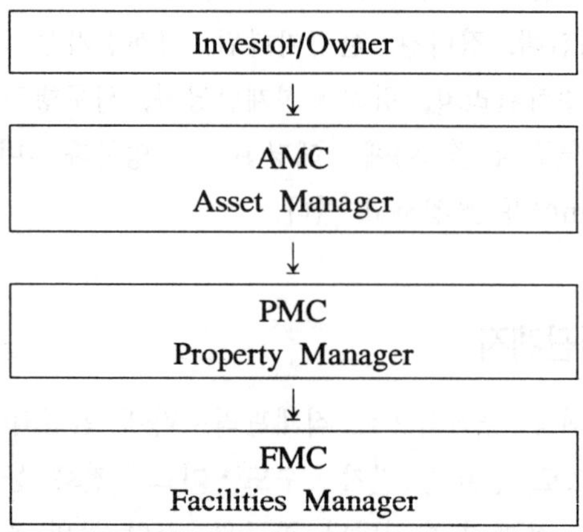

(2) 인하우스(Inhouse) 건물자산관리조직의 구성원

인하우스 조직의 구성원은 회사 기업 내부 인적 자원으로 조직된다.

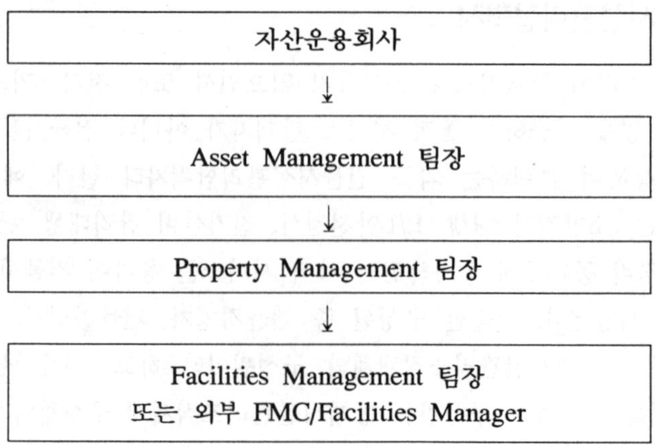

제3장 건물자산관리 인사행정

- 제1절 인사행정의 개요
- 제2절 인력관리계획
- 제3절 소요인력의 모집과 선발
- 제4절 인력배치
- 제5절 교육훈련
- 제6절 관리직원의 신분보장과 해직
- 제7절 관리인력 노무관리
- 제8절 직원채용절차와 임금관리

제1절 인사행정의 개요

1. 인사행정의 의의

인사행정이란 조직목표를 달성하기 위한 원동력인 인간능력에 관한 과제들을 인식하고 조직의 장기 전망에 맞추어 이들을 연구하고 관리하는 인사관리사무분야라 할 수 있다.

피고스(Paul Pigors)와 마이어스(Charles A. Myers)는 "훌륭한 인사관리란 각자의 능력을 최대한으로 발휘시켜 개인이 그 자신의 직무에서 최대의 만족을 얻고, 조직의 일원으로 만족을 얻을 수 있도록 조력하는 것이다."라고 정의하였다.

인사행정의 의미를 좀더 구체적으로 표현하면 "인사행정이란 조직의 목표달성을 위한 인적 자원의 확보・개발・보상・통합・유지・이직에 관한 것을 환경조건(요소), 즉 조직목표 달성능력에 영향을 미치고 있는 조직 내・외의 조건과 분위기, 예컨대 조직이 처해 있는 문화환경, 정치적・경제적 환경, 노동시장의 성격, 경영자와 종업원의 가치관 등과 관련하여 제정책을 계획・조직・지휘・조정・통제하는 관리체계"라고 정의할 수 있다.

다시 말하면 건물자산관리에 있어서 인사행정은 건물경영관리조직의 한 구성요소로서 조직의 목표달성에 이바지할 수 있도록 관리되어야 한다. 조직에 참가하는 구성원들에게 가장 적합한 직무를 부여하고 종업원 스스로 자신의 직무에서 최대의 성과를 발휘할 수 있도록 인간적 만족도를 극대화시키고 다양한 환경조건과 균형을 이루면서 생산성이 향상되도록 제반정책이 수행되어야 한다.

따라서 인사행정담당자는 조직이 필요로 하는 인적 자원을 최적으로 확보 유지하고, 이를 활용하기 위하여 계획→실행→통제→조정의 과정을 피드백(Feedback)하는 일이 일상화되어야 한다.

한편 건물자산관리에 있어서 인사행정이란 건물의 효율적인 관리를 위해 필요한 인적 자원을 선발・채용・교육・배치, 업무의 분장, 훈련・승진・포상・징계・퇴직 등 일련의 과제를 해결하기 위한 인사규범 체계를 의미한다. 건물자산관리업무에 있어서 인사행정은 매우 중요한 관리분야이다. 왜냐하면 인사행정으로 선발된 인적 자원이 자격과 능력을 갖추었을 경우, 즉 양질의 유능한 인력이 선발되는 경우 건물자산관리업무는 성공적으로 진행될 수 있으나 반대로 선발된 인력이 우수하지 못하여 무능한 인력의 수준인 경우 건물자산관리효과는 매우 불량한 결과만 나타낼 뿐이기 때문이다.

건물자산관리업무 중 시설관리업무를 담당하기 위해서는 관계법이 정한 기술자격증을 소지한 자로서 기술능력을 겸비하고 근무경력과 경험이 일정수준인 자를 선발대상으로 하여야 한다. 또한 건물자산관리업무를 담당하기 위해서는 사무능력과 해당 분야의 전문성을 가진 자로서 성실한 인력을 선발대상으로 하여야 한다.

건물자산관리 인력은 채용으로 끝나는 것이 아니라 미리 준비된 직무교안을 가지고 배치 전 일정기간 직무교육을 거친 후에 평가시험을 실시하여 일정수준에 도달한 자에 한하여 배치하고, 그렇지 못한 경우에는 재교육을 실시하여 일정수준까지 끌어올린 후에 배치해야 한다.

배치된 관리요원은 적절한 대우와 사기를 높여 일의 성취감을 느낄 수 있도록 충분히 지원해주어야 한다. 이렇게 했을 때 인사관리의 문제점은 나타나지 않을 뿐 아니라 효율적이고 생산적인 인사관리가 될 수 있을 것이다. 특히 최근에는 인사의 관리방침이 변화 조짐을 보이고 있는바 그 대표적 변화경향은 다음과 같다.

① 채용방법의 변화이다. 신규채용보다 경력자 채용방식으로 변화되고 있다. 이는 조직환경과 사회・문화적 환경변화는 물론 제도적 변화에 탄력적・신축적으로 대응하기 위해서이다.
② 소수 정예주의에 입각한 능력위주 관리체제로의 전환이다.
③ 능력있는 인재의 조기발굴 육성이다.
④ 승진제도 개념의 변화이다. 즉 과거의 연공서열제도에서 능력위주의 승진제도로의 전환이다.
⑤ 수평경영, 팀운영제의 도입이다. 그 결과 권한위임 확대와 신속한 의사결정을 통한 경쟁력 확보를 추구하는 경향이다.
⑥ 능력급・연봉제 등 능력과 실적에 따른 처우의 확대이다.
⑦ 제안제도의 적극활용 등이 최근의 조직 인사제도의 경향이라고 할 수 있다.

특히 이와 같은 인사의 관리방침이 변화될 수 있었던 요인으로는 정보화사회의 도래를 맞이하면서 인적 자원을 활용하면 할수록 잠재능력이 신장되어 그 사용가치가 증대된다는 사실과 그 개발여하에 따라 능력을 무한히 증대시킬 수 있다는 점을 고려하기 시작했다는 점이다.

2. 인사행정의 중요성과 필요성

건물자산관리에는 건물의 특성상 건물의 정상적인 기능과 성능을 나타내기 위해서는 반드시 건물관리종사자의 손이 필요하다. 왜냐하면 건물은 타율성의 특성으로 인하여 아무리 첨단건물이라 하더라도 스스로 작동, 운전되어 건물의 기능이나 성능을 정상적으로 나타낼 수 없기 때문이다. 특히 건물자산관리에 있어서는 전문인력인 사람이 필요하다. 그러나 건물자산관리에 사람이 필요하다고 해서 자격이나 능력 또는 경험이 전혀 없는 사람을 고용하거나 배치해서는 건물자산의 경영이나 시설의 관리는 성공할 수 없으며,

오히려 건물자산관리현장에 크고 작은 여러 가지 문제가 발생하기 쉽다. 그러므로 건물자산관리를 성공적으로 수행하려면 능력있는 유능한 인재와 적합한 인재를 개발하고 고용해서 배치하는 것이 무엇보다 중요하다.

그러나 유감스러운 점은 건물자산관리시장이 오늘날과 같이 거대시장을 형성하고 있으면서도 또한 건물시설관리 용역회사가 수천개사에 달하고 있음에도 불구하고 이에 소요되는 각종의 인력을 교육하거나 양성하는 제도권의 교육기관이 얼마전까지만 해도 전무하였던 점이다(현재는 국내 수개 대학에서 건물자산관리학을 교육하고 있음).

건물자산관리는 전술한 바와 같이 첨단시설이나 지능건물(첨단건물 ; 정보화 건물 또는 스마트 건물)이라 할지라도 반드시 사람의 손에 의하여 관리될 때 비로소 건물의 정상적인 기능과 성능을 얻을 수 있으며, 그때 비로소 건물소유자, 사용자, 이용자 모두가 건물로부터 만족을 얻게 된다. 그러므로 건물자산관리를 위한 인력관리는 대단히 중요하고 필요하다. 특히 자산관리에 필요한 인재를 교육을 통하여 양성하고 개발하는 노력이 그 어느 때보다 필요한 시점이라 판단된다. 왜냐하면 건물자산시장이 계속 늘어나고 있으나 건물자산경영관리자와 시설관리자가 부족하기 때문이다.

다음에서 건물자산관리에 필요한 인력에는 어떤 직종의 어떠한 자격이 필요하며 그와 같은 자격을 갖춘 유능한 인력의 계획, 모집절차, 교육, 배치, 인사고과 임금관리, 노사관리, 안전보건관리 등의 순서로 설명하여 인력관리실무에 일조하고자 한다.

3. 건물자산관리 소요인력과 법정자격

건물자산관리는 크게 건물자산경영관리와 건물시설관리로 대별된다. 건물자산경영관리는 건물자산을 경영하기 위한 의사결정, 정책결정, 영업방침 결정 등 포괄적이고 거시적인 경영방침을 정하는 업무로서 주로 Top-management 계층에서 이루어지고 있다. 이와 같은 경영관리는 건물의 소유자나 대리경영자 또는 임원 등이 건물자산의 AM(투자자산의 재무적 관리)과 PM(취득자산 운영관리) 등을 담당하고 있다. 따라서 건물시설의 관리는 관리소장이나 관리감독자, 관리근무자 등에 의하여 관리된다. 또한 건물자산관리를 위해서 필요한 직종에는 총괄관리직, 기술직, 안전직, 환경직, 행정직, 기능직, 노무직 등이 있으며 직책으로는 시설관리자(관리소장), 시설관리감독자, 시설관리근무자 등이 있다.

건물시설관리를 위해서는 기술직 또는 보안관리직, 환경직 등이 필요하며 관리관계법령에서 선임을 강제하는 법정자격자가 있으나 총괄관리직이나 행정직의 경우 법정자격은 없다(단 아파트 관리소장과 일정한 경우 경비지도사는 법정자격임이 필요함).

다음에서 기술직, 환경직, 안전직 법정자격에 대하여 기본시설, 전체시설 관리분야 건물시설관리와 관련 법정자격에 관하여 ① 기본시설 관리분야 기술자격, ② 전체시설 관리 인적 자원의 법정자격에 대하여 차례대로 설명하고자 한다.

(1) 건물시설관리분야 기술자격

규모 있는 건물의 경우 공통적으로 설치되고 활용되는 시설은 규모나 용량·성능·종류·제작사 등에는 차이가 있으나 공통적으로 다음과 같은 기본시설들이 존재하며 필요한 기술자격자는 다음과 같다.

〈표 1〉 건물시설관리분야 기술자격

대상시설	선임자 명칭	자격기준	인력수	관계법령	소관청
보일러 시설	검사기기 조종자, 도시가스 안전관리자	보일러 취급기능사, 고압가스 양성교육 이수자	1	에너지이용 합리화법 시행규칙 제50조	에너지 관리공단
전기 시설	전기안전 관리자, 전기안전 관리원	전기기사 2년 이상, 전기산업기사 4년 이상	1	전기사업법, 시행규칙 제45조	전력기술인 협회
도시가스 시설	도시가스 안전관리자	도시가스 양성 교육이수자	1	도시가스 사업법	구청 산업과
소방 시설	방화관리자	소방설비 산업기사	1	소방시설설치 유지 및 안전관리에 관한 법률 제20조	소방서
승강기 시설	승강기 안전관리자	승강기안전 교육이수자	1	승강기 제조 및 관리에 관한 법률	자체 선임
통신기기 시설	무선통신선로 관리자	무선통신 교육이수자	1	전기통신법 제199조제1항	자체 선임
위험물 시설	위험물 관리자	위험물취급 기능사 2급(3년 이상)	1	위험물안전관리법 제15조	소방서
정화조 시설	정화조 관리자	수질환경 산업기사	1	폐기물안전관리법 제27조	구청 청소과
냉동기 시설	안전관리자 (PAC 왕복동식 100R/T 이상)	고압가스 냉동기계기사 2급 이상, 안전관리원 양성교육 이수자	1	고압가스 안전관리법 제15조	구청 산업과

또한 규모있는 건물의 기본시설인 기본건축설비의 종류는 다음과 같다.

① 보일러 시설
② 전기 시설
③ 도시가스 시설
④ 승강기 시설
⑤ 통신기기 시설
⑥ 위험물 시설
⑦ 정화조 시설
⑧ 냉동기 시설

이상과 같은 건물기본시설의 유지관리를 위해서 관계법령에서는 <표 1>과 같은 건물시설관리 법정자격자 선임을 강제하고 있다. 건물시설의 관리분야 기술자격은 전기한 <표 1>과 같다.

(2) 건물시설관리 인적 자원의 법정자격

건물시설관리 전체 인적 자원에 대한 법정자격에 대하여 관계법령에서는 법정자격자를 선임하여 배치하도록 규정하고 있다. 건물시설관리 법정자격자가가 담당해야 하는 건물시설관리분야는 다음과 같으며 건물시설관리 인적 자원 법정자격은 <표 2>와 같다.

① 공동주택관리분야
② 산업안전 보건분야
③ 소방안전 가스분야
④ 에너지 관리분야
⑤ 냉동공조 관리분야
⑥ 환경위생 관리분야
⑦ 전기통신 관리분야
⑧ 시설경비 관리분야

〈표 2〉 건물시설관리 인적 자원의 법정자격

관리영역	선임직종	관련분야	자격증	관련법규	관리처	세부내용
공동주택관리 분야	관리책임자 (소장)	공동주택 총괄관리	주택관리사(보)	주택법시행령 제72조	국토해양부	500세대 이상-주택관리사 500세대 미만-주택관리사 또는 주택관리사보
시설 경비 분야	경비지도사	경비지도 및 감독	경비지도사	경비업법 제12조	경찰청	경비원 200명까지 경비지도사 1인, 초과 100인당 1인씩 추가배치, 경비원배치 근무하고 있는 지방경찰청 관할구역별 1인
산업 안전 보건 분야	안전관리자	산업안전	산업안전 지도사	산업안전보건법 제15조	노동부	상시근로자 1,000명 이상 : 4명
			산업안전기사 1급 2급 이상			상시근로자 500~1,000명 미만 : 3명
			건설안전기사 2급 이상 등	동법시행령 제12, 14조		상시근로자 50~300명 미만 : 3명
	보건관리자	보건위생	의사, 간호사 산업위생관리기사 2급 이상 환경기사 1,2급 산업보건환경위생관리학과를 졸업한 자 등	산업안전보건법 제16조 동법시행령 제16조	노동부	상시근로자 1,000명 이상 : 3명(의사 1인 포함) 상시근로자 300~1,000명 미만 : 2명(의사, 간호사 중 1인 포함)
소방 안전 가스 분야	방화관리자	소방 시설물	-1급방화관리대상 소방시설관리자, 소방시설기사 2급 이상, 산업안전기사 1급	소방시설설치유지및안전관리에관한법률 제20조	소방서	1급대상 : 연면적 10,000m^2 이상
			-2급방화관리대상 1급대상 자격자, 건축기사, 전기기사, 방화관리자 강습과정 수료자			2급대상 : 연면적 2,000m^2 이상 판매시설 : 1,000m^2 이상 자탐시설 설치대상
	위험물 안전 관리자	유류설비 (탱크) 위험물 소비	위험물취급 기능장 위험물취급 기능사 2급 이상 위험물취급자	위험물 안전관리법 제15조	소방서	-위험물 취급주임 : 정수량의 10배 이상 -위험물 취급지 : 지정수량의 10배 미만 난방용으로 사용시 수량에 관계없이 취급자로 선임가능(호텔 제외) 각각의 지정수량을 더하여 지정수량 결정

관리영역	선임직종	관련분야	자격증	관련법규	관리처	세부내용
소방안전가스분야	안전관리자	LPG사용 신고시설	가스기사 2급 이상 고압가스급기능사 2급 이상 고압가스기계기능사 2급 이상 고압가스화학기능사 2급 이상 안전관리원 양성교육자 이수자	액화석유가스의안전관리및사업법 제14조 동법시행령 제7조	구청 산업과	-저장량 250kg 이상 안전관리 총괄자 1명, 안전관리책임자 1명 -저장량 250kg 미만, 안전관리 총괄자 1명 · 총괄자 : 당해 사업운영의 최고 상급책임자 · 책임자 : 해당 기술자격자 중 1명 선임
	안전관리자	도시가스(LNG)(특정가스사용시설)	가스기사 2급 이상 고압가스취급기능사 2급 이상 고압가스화학기능사 2급 이상 고압가스기계기능사 2급 이상 안전관리원 양성교육 이수자	도시가스사업법 제29조 동법시행령 제5조, 제6조	구청 산업과	-단일건물 4,000m/원 초과 안전관리 총괄자 1명 안전관리 책임자 1명 -단일건물 4,000m/원 이하 안전관리 총괄자 1명 · 총괄자 : 당해 사업운영의 최고상급 책임자 · 책임자 : 해당 기술자격자 중 1명 선임
에너지분야	에너지관리자	열분야	열관리기능사 2급 이상 보일러기능사 2급 이상	에너지용합리화법 제2조제4항	에너지관리공단 각지부	열관리사 : 석유환산 250톤/년 이상(사용량) 1명 선임 전기관리사 : 1백만kW/년 이상(사용량) 1명 선임
		전기분야	전기기사 2급			
	검색대상기기조종자	보일러 열교환기 압력용기 취사기	열관리기능사 2급 이상 원동기취급기능사 1급 인정검사기기조종자	에너지이용합리화법 제59조	에너지관리공단 각지부	검사대상기기 : 강철 및 주철제 보일러 1,2종 압력기기, 인정검사대상기기 조장자로 선임 가능범위 -관류보일러 : 전열면적 $10m^2$ 이하 -증기보일러 : $7kg/cm^2$, $5m^2$ 이하 -보일러출력 : 50만kcal/h 미만 가스버너 부착시는 고압가스 자격 포함한 동일인이어야 함 · 안전검사 : 연 1회 · 성능검사 : 3년 경과 후 1년에 1회(난방용 5톤 이상) 해당 기술자격증 1인 선임

관리영역	선임직종	관련분야	자격증	관련법규	관리처	세부내용
냉동공조분야	안전관리자	냉동제조 고압가스 왕복동 냉동기	공기조화 및 냉동기계기사 2급 이상 고압가스 냉동기계기능사 2급 이상 안전관리원 양성교육이수자(프레온 100톤 이하 해당)	고압가스 안전관리법 제15조 동법시행령 제12조 제13조	구청 산업과	냉동능력 50톤 이하 (프레온 100톤 이하) 안전관리 책임자 : 1명 냉동능력 50~100톤 (프레온 100~250톤) 안전관리 총괄자 : 1명 안전관리 책임자 : 1명 안전관리원 : 1명 냉동능력 100~300톤 (프레온 200~600톤) 안전관리 총괄자 : 1명 안전관리 책임자 : 1명 안전관리원 : 1명 자체검사 : 1회/6개월 정기검사 : 1회/2년
환경위생분야	환경기술인	대기분야	1종 : 환경기사 1급 2종 : 환경기사 2급 (실무 5년) 4, 5종 : 업무종사자	대기환경 보전법 제24조	환경지 청구청 산업과	· 1종사업장 : 고체환산연료 10,000톤/1년 · 2종사업장 : 고체환산연료 2,000 ~ 10,000톤/1년 · 3종사업장 : 고체환산연료 1,000 ~ 3,000톤/1년 · 4종상업장 : 고체환산연료 200 ~ 1,000톤/1년
	환경 기술인	수질분야 (폐수)	1, 2종 : 환경기사 1급 3종 : 환경기사 2급 이상 4, 5종 : 업무종사자	수질환경 보전법 제23조	구청 청소과	· 1종사업장 : 폐수배출량 3,000톤/일 이상 · 2종사업장 : 폐수배출량 1,000톤~3,000톤/일 · 3종사업장 : 폐수배출량 500 ~1,000톤/일 · 4종사업장 : 폐수배출량 50~500톤/일
		소음진동 분야	환경기사 2급 이상 업무종사자	소음, 진동 규제법 제21조	구청 산업과	국토이용관리법상 공업지역 업무종사자, 도시계획법 규정의 일반 및 전용공업지역 : 업무종사자 상기내용 이외의 5,000HP 미만인 사업장 : 업무종사자 상기내용 이외의 5,000HP 이상인 사업장 : 환경기사 2급 이상

관리영역	선임직종	관련분야	자격증	관련법규	관리처	세부내용
환경위생분야	공중위생 감시원 명예공중 위생감시원	공중이용 시설	위생사, 위생시험사, 환경기사 2급 이상, 화공기사 2급 이상, 수의학, 약학, 화학, 위생학 전공(대졸 및 전문대졸 경력 1년)	공중위생관리법 제15조 동법시행령 제8조	구청 청소 행정과 건축 지도과	· 연면적 3,000m^2 이상의 사무용 건물 · 연면적 2,000m^2 이상의 복합동건물 · 연면적 3,000m^2 이상의 지하상가 ＊ 해당 기술자격증 1인 선임
전기통신분야	전기안전 관리자 (전기안전 관리사) 전기 안전관리 보조원 (전기안전 관리원)	수변전 설비 수변전 설비	수전용량 2,000kW 이상(안전관리사) -기사 1급 취득 후 실무 3년 이상 -기사 2급 취득 후 실무 5년 이상(안전관리원) -전기기능사 2급 이상 수전용량 2,000kW 미만(안전관리사) -기사 2급 취득 후 실무 2년 이상 (안전관리원) 기능사 2급 이상	전기사업법 제73조	전기 기사 협회 경유 구청 산업과 시.도 산업과	· 수전용량 50kW~2,000kW 미만 : 안전관리사 1명 2,000kW~1,000kW : 안전관리사 1명, 안전관리원 2명 10,000kW 이상 : 안전관리사 1명, 안전관리원 3명 ＊ 수전 1,000kW 이상 (발전기 포함) : 법적 선임자 상주 ＊ 수전 1,000kW 미만 (발전 포함) : 선임대행 가능
	무선종사자	무선설비	무선설비기사 2급 이상 전파통신기능사 2급 이상	전파법 제71조	정통부 무선국	무선설비의 통신조작 : 전파통신사 2급 이상

제2절 인력관리계획

1. 인력관리계획의 의의

건물자산행정관리에 있어서 인력관리계획이란 건물자산관리주체나 경영관리조직이 자산관리목표를 달성하기 위하여 유능한 경영관리자를 확보하는 과정을 의미한다.

자산관리 내부의 여건과 외부환경을 고려하여 자산관리목표를 설정하고 추진계획을 수립하여 건물자산시장의 요구 서비스에 대한 수요예측을 한 후 인력계획을 수립해야 한다. 또한 인사행정에 있어서 인력관리계획은 인력수요계획과 공급계획으로 나누어 살펴보아야 한다.

2. 인력수요계획과 공급계획

(1) 인력수요계획

인력수요계획은 거시적 수요예측과 미시적 수요예측을 거쳐 인력수요계획이 수립되어야 한다. 거시적 수요예측은 장기적 인력수요 예측으로서 건물자산 경영회사나 건물시설 용역회사 등이 회사 전체나 각 현장별 인력을 예측하고 이를 바탕으로 인력수요를 예측하여 계획을 수립하는 것을 말한다.

1년 또는 3년, 5년 등의 장래소요인력의 거시적 수요인력 예측은 회사가 각 사업 단위현장의 수요인력을 먼저 예측하고 이를 토대로 수요인력 총원을 결정한 다음 적정한 인원 비율에 의해 직종별, 직급별 소요인력으로 분류한다.

미시적 수요예측은 건물자산관리현장에서 특정 직업이나 업무 또는 경영관리활동에 있어서 시간을 요구하는 활동의 총연간 인원을 계획하고 이를 평균근로시간으로 나누어 소요인력을 예측한다. 다시 말하면 각 현장 중심으로 그 현장의 특정업무에 요구되는 근로시간을 총계하고 인력의 근무시간을 나누어 소요인력의 인원수를 산정한다.

특정업무의 총성과를 같은 활동기간의 1인당 능률로 나누어 소요인력을 계산하면 된다. 미시적 소요예측은 각 현장 단위별로 계산된 인력을 합산하여 소요인력을 집계하는 방식으로 처리하면 된다. 전자(거시적 인력예측)는 하향식 집계방법이라 하고, 후자(미시적 인력예측)는 상향식 집계방법이라 한다.

미시적 인력예측은 각 현장을 중심으로 소요인력을 예측하고 집계하므로 하향식 목표인력소요와 일치하지 아니하고 편차를 상회하는 것이 상례이다. 따라서 미시적 소요예측은 거시적 소요예측 인력목표와 일치하도록 조정해야 한다.

조정방법은 대체로 다음과 같다.

① 시설이나 작업도구의 개선 교육훈련을 통해 작업 순행 능률 기준 단축방법
② 재산관리조직의 개선, 관리활동 및 활동하는 일의 흐름개선, 활동방법의 개선을 통하여 활동시간수나 인원의 절감방법
③ 근로시간 분배율(노동 분배율)을 자체 변경하여 목표인력수 수정방법

(2) 인력공급계획

건물자산관리현장 특히 건물시설관리현장에서 실시되고 있는 설비관리, 청소경비, 주차관리 등의 소요인력의 공급은 항상 소요계획과 일치하지 않는다.

그러므로 전술한 인력 소요계획에서 거시적 소요예측과 미시적 소요예측을 통하여 산출된 소요인력을 목표인력으로 조정하여 다음과 같은 방법으로 인력공급계획을 수립해야 한다.

1) 내부인사 정보시스템 활용방법

이미 고용하고 있는 회사내부 인력을 전산처리하여 소요인력을 적재적소에 배치, 공급하는 방법이다.

2) 외부인력 고용방법

외부인력의 현황을 항상 파악해 두고 필요한 경우 모집, 선발, 고용하여 공급하는 방법이다. 시설관리의 경우 법정기술자격을 가진 자의 인력을 현재의 인력공급 측면에서 차질이 있으나 향후 계속해서 교육훈련이 이루어지지 않는 경우 상당한 공급차질이 예상된다. 따라서 인사담당자는 공업고등학교, 건설회사, 직업소개소, 기술관련 협회 등을 통하여 필요인력자원의 현황을 사전에 알아두어야 한다.

(3) 건물자산관리 직책별 업무내용과 요구경력

건물자산관리 소요인력계획에 있어서 효과적인 건물시설관리를 위하여 기본적으로 필요한 직종과 직책의 담당자는 일정한 해당 업무와 경험(경력)이 있는 자를 고용해야 하는 바 업무와 요구경력은 대체로 다음의 <표 3>과 같다.

〈표 3〉 건물시설관리 직책별 업무내용과 요구경력

직 책	업무내용	요구경력
총괄관리직 (관리소장)	① 대외적으로 관리사무소 대표 ② 대내적으로 관리업무의 총괄과 지원 ③ 건물 소유자 및 경영자 보좌 ④ 안전관리업무 총괄	① 건물종합관리 : 5년 이상의 근무경력 ② 건물관리 장기교육 이수자나 대학에서 건물자산관리학 전공자 ③ 공동주택의 경우 : 주택관리사(보)의 자격소지자로서 5년 이상의 근무경력
기술감독직 (기술과장, 시설관리책임자)	① 관리소장을 기술관리분야에서 보좌 ② 전기설비, 냉난방설비, 이동설비, 위생설비, 소방설비, 통신설비의 운전과 유지관리 및 정비보수와 시설의 영선 ③ 위험설비 안전관리 ④ 기술작업감독	① 기술관련분야 : 3년 이상 근무경력자 ② 기술관리분야 : 기술교육 이수자 및 대학에서 기술관리분야 전공자로서 해당 기술자격을 소지한 자
행정감독직 (업무(관리)과장, 행정관리업무책임자)	① 행정관리분야 소장 보좌 ② 회계, 세무, 임대, 구매, 보험, 인사, 노무, 사무문서, 입주자 관리 및 용역 관리감독	① 경영(행정)관리분야 3년 이상 근무경력 유경험자 ② 건물행정관리분야 : 대학에서 법률, 행정, 경영 또는 건물자산관리학 전공 또는 교육이수자 또는 전공자
경리회계직 (경리 및 회계근무자	① 관리과장과 관리소장 보좌 ② 문서수발, 회계, 행정지원, 전산업무, 기타 서무업무 담당	① 관련분야 1년 이상 근무경력 소지자 ② PC 및 경리실무 자격소지자
기계설비직 (기계기사)	각종 기계 운전관리, 점검보수, 자동제어, 고압가스, 환경관리, 방화관계 업무수행	① 관련분야 유자격자 ② 실무경력 1년 이상
전기설비직 (전기기사)	전기시설, 운전감시, 방송설비, 통신설비, 승강설비관리 업무수행	① 관련분야 유자격자 ② 실무경력 1년 이상
경비직 (경비원)	출입자 안내와 차량통제, 건물 내 보안관리, 순찰업무, 차량정리 및 주차장 관리 업무수행	① 운전면허소지자 ② 만 25세~60세 ③ 관련분야 1년 이상 경력자 ④ 일정한 경우 경비지도사 자격소지자 ⑤ 정신적 · 육체적으로 건강한 자 ⑥ 신원이 확실한 자
환경미화직 (환경미화원)	내외부 일반청소, 대청소 및 왁스 등 세척작업, 기타 청소 정리정돈 등	① 관련분야 1년 이상 경력자 ② 신체건강한 자로서 성실한 자 ③ 만 20세~60세 ④ 용모단정한 자

제3절 소요인력의 모집과 선발

건물자산관리에 있어서 소요인력이 요구되면 소요인력의 계획에 따라 소요인력을 채용해야 한다. 채용은 모집과 선발의 두 과정을 거치게 된다.

이 두 과정을 거쳐 필요한 우수한 인재를 확보하게 되는데 조직 내에서 인재 제일의 경영원리가 정착하기 위해서는 ① 우수한 직원을 채용, ② 채용된 직원을 교육·훈련을 잘 시켜 우수한 능력과 자질을 보유하도록 하며, ③ 우수하다고 인정되는 직원들이 그 직장을 떠나지 않도록 관리하는 것이다. 모집과 선발은 <표 4>에서 보는 바와 같이 각기 상이한 목표와 수단을 내포하고 있다.

〈표 4〉 소요인력의 모집과 선발

채 용	목 표	수 단
모 집	·합리적인 인력계획을 전제로 모집원천 파악 ·필요한 인재는 최대한 응모하도록 유인 ·최소의 비용	·광고활동 ·인턴사원제 ·학교의 추천 ·회사장학생 ·교육훈련기관(직업훈련소) ·직원안내소 ·채용박람회 ·연중수시모집 ·종업원의 추천
선 발	·필요한 인재의 정확한 선별 ·최소의 비용	·서류심사(전공, 성적, 학교생활기록부) ·시험(전공, 어학, 상식) ·적성, 흥미, 지능검사 ·신체검사 ·면접

1. 소요인력의 모집

(1) 모집의 의의

조직은 인력수급계획에 의해서 인력을 가장 효과적인 방법에 의해서 조직 내·외에서 유능한 인재를 확보하고자 노력해야 한다. 이러한 과정에서 조직 내부의 충원은 승진 또는 재배치에 의해서 조직 외부로부터의 충원은 모집·선발에 의해서 수행된다. 따라서 모집은 조직의 선발방침과 밀접하게 연관되어 있다. 즉 모집은 선발을 전제로 하여 양질의 인력을 조직으로 유인하는 과정이라고 할 수 있다.

(2) 모집방법

모집에는 크게 내부모집과 외부모집으로 나누어진다. 내부모집은 모집의 자원이 조직내부에 있는 내부원천을 대상으로 하고 있고, 외부모집은 모집의 자원이 조직외부에 있는 외부원천을 대상으로 하고 있다.

1) 내부모집

내부모집은 조직 내부에서 적격자를 찾는 방법으로 외부모집보다 간편하고, 기존 조직구성원의 인사기록 등을 보유하고 있어 이를 유용하게 활용하여 적합한 인물을 선발할 수 있으며, 구성원들의 사기에 좋은 영향을 미칠 수 있다는 장점을 가지고 있다.

그러나 모집범위가 제한되어 있고 사내승진과 같은 성격을 띠고 있어 승진을 위한 과다경쟁을 유발시킬 우려가 있다. 사내모집 우선의 경우 사내승진 형식으로 우선 인력이 충원되고, 그 다음에 빈 자리는 사외모집을 통해서 채운다. 내부모집은 주로 다음과 같은 방법이 채택된다.

① 기술목록 또는 관리자목록의 사용

각종 기술목록 또는 관리자 인사기록카드를 참고하여 적격자를 찾는 방법이다. 기술목록은 기능직에 적합하고, 관리자 인사기록카드는 관리직에 적합하다. 컴퓨터에 입력된 인사기록카드를 활용하여 조직이 요구하는 기술과 능력 프로필을 중심으로 자격요건을 갖춘 내부인력을 빠짐없이 선정하고 모집에 응하도록 한다.

② 내부추천

내부 구성원, 특히 부서장의 추천에 의해 유능한 인재를 확보한다. 이 경우 특정 개인의 개입 또는 부서장의 압력으로 특정인물이 선정될 가능성이 있음을 주의해야 한다.

③ 사내공개모집제도

사내 게시판에 공개적으로 모집공고를 내어 자격이 있고 관심이 있는 구성원으로 하여금 응모하게 하는 방법이다. 직무게시는 공석이 있음을 공개적으로 알리는 것이고, 직무응찰은 공석에 응모할 자격자로 하여금 응모를 허용하는 것을 말한다.

직무게시의 경우 공석에 대한 공고를 하고, 직무 타이틀과 직무번호, 급여수준, 기본직무개요, 그리고 직무수행 자격요건 등을 명시한다. 공석에 대한 공개임용을 조직의 모든 구성원이 알도록 게시하거나 회람을 돌려 관심있는 구성원으로 하여금 직접 인사담당부에 응모하도록 한다.

2) 외부모집

외부모집은 외부의 인력시장을 대상으로 공개모집・현장모집・광고・직업소개소・학교・단체・친지 등 다양한 방법을 사용한다. 외부원천들로서는 고등학교・직업훈련소・대학・다른 기업, 자발적 응모자 등 다양하다. 일반적으로 고급기술인력이나 관리인력일수록 관련 학교와 기능단체의 추천이 중요한 모집방법으로 사용되고 있으며, 하위계층의 인력일수록 광고와 직업소개소가 비교적 많이 사용된다.

외부모집은 모집범위가 넓고 외부의 유능한 인물을 확보할 수 있는 장점이 있지만 모집과 인력개발 비용이 들고 부적격자를 채용할 위험이 있으며, 기존 조직구성원의 사기를 떨어뜨리는 단점이 있다. 외부모집의 방법은 다음과 같다.

① 광 고

신문이나 잡지, TV 등에 광고를 하여 모집한다. 중앙일간지에 광고를 할 경우 미래의 잠재적 지원자들에게 조직 이미지를 부각시키는 효과가 있다. 우리나라 기업들은 사원모집 광고에 치중하는 반면 외국회사의 광고는 자격요건과 인센티브 등에 초점을 맞추고 있음은 주목해볼 필요가 있다.

② 직업소개소

직업소개소는 모집에 있어서 조직을 돕는 기관으로 공공직업소개소와 영리를 목적으로 하는 사설직업소개소가 있다. 사설직업소개소는 취업이 되었을 경우 급여에 따라 일정한 소개료를 받는다.

③ 전문모집요원활용

조직에서 전문모집요원을 두어 대학원과 대학교, 그리고 고등학교 등을 대상으로 모집활동을 한다. 학교의 취업보도실의 도움을 얻어 회사자료의 배포・모집・면접을 하여 적임자를 모집한다. 교육기관은 다양한 교육수준과 기술능력을 갖춘 인력을 조직이 원하는 방향으로 모집할 수 있다는 장점이 있다.

④ 특별행사모집

단일조직 또는 여러 조직들의 대표가 함께 특정 장소에서 일정기간 수많은 인터뷰 응모자들을 상대로 관심을 갖도록 한다. 모집직종에 대한 설명과 인터뷰 접수 등을 하는 잡페어(Job fair)와 조직에 대한 일반공개, 그리고 조직체 방문 등의 방법을 주로 사용한다. 이 방법들은 응모자들을 한 곳에 모을 수 있고, 그들 또한 여러 조직들의 모집사정을 한 곳에서 알아볼 수 있는 장점이 있다.

⑤ 실습제도

현장경험이 없으나 잠재능력을 가진 학생들에게 여름 또는 정규수업 기간에 정시제로 직무수행 기회를 주어 학생 실습자로서 경험을 축적한 다음 자격이 되면 정식으로 채용하는 것을 말한다. 미국의 코압 제도(co-op-system)가 이 범주에 속한다. 이 제도는 산학협동제도에 기반을 둔 것으로 산업체와 공고부문 등에서 많이 활용되고 있다. 코압제도에 따르면 직무를 수행하는 학생의 현장직무 성적이 학점에 반영된다. 이 학생을 가리켜 코압 학생(co-op-student)이라 부른다.

⑥ 고위직종 조사기업

기업은 경험이 있는 전문요원이나 최고관리층을 모집함에 있어서 다른 자원 충당방법으로는 충원이 어려울 경우 이러한 수준의 자격자들을 전문적으로 조사하고, 자원자료를 제공할 수 있는 고위직종 조사기업을 때로는 이용하기도 한다.

⑦ 전문기관

조직이 필요로 하는 산업공학자와 심리학자, 그리고 기능면허 소지자들의 인력확보를 위해 이를 해당 전문기간에 의뢰하는 방법이다. 수급의 불균형이 심한 과학·기술분야의 인력확보를 위해서는 주로 이 방법을 사용한다.

⑧ 노동조합

노동조합도 구성원의 공급원이 되고 있다. 노조는 노조원을 가지고 있을 뿐만 아니라 기업과 행정기관과의 연계를 가지고 있고, 전문기관과 전문가들의 지원이나 자문을 받고 있기 때문에 조직이 바라는 인사의 공급문제를 비교적 용이하게 해결해주고 있다. 노조를 통해 모집하는 경우 비용이 절감되고, 산업별·직업별 노조에 소속된 사람 가운데서 추천 또는 선발하므로 안정된 공급원을 갖는 이점이 있다.

⑨ 연고모집

현재의 구성원으로 하여금 자기의 친구나 소속집단 가운데서 적합한 인물을 추천하도록 하는 방법이다. 특정의 기능영역에서 인적 자원이 부족할 경우 이 방법은 효과를 거두고 있다. 그러나 이 방법은 구성원들의 사기와 공헌 의욕도를 높일 수는 있지만 조직안의 분위기에 따라서는 반대의 효과를 가져올 수도 있다.

⑩ 개별 또는 수시모집

공식적 모집 이외에 개별적으로 찾아오거나 서신을 통하여 채용을 원하는 사람들을 대상으로 모집하는 것이다.

⑪ 연고자 등용

개인기업의 경우 불가피한 모집방법으로서 친인척을 채용하는 것을 말한다. 이것은 실력이나 공적이 채용기준이 되지는 않지만 기업에 대한 그들의 관심도와 충성심이 상대적으로 높다는 이점이 있다.

⑫ 리스계약 채용 및 인력파견회사 활용

단기적으로 인력이 필요한 경우 모집하는 것으로 특히 임시사무직 채용에 주로 이용되고 있다. 이들에게는 퇴직금과 연금, 각종 보험, 그리고 부가금 등을 고려할 필요가 없다. 이것은 주로 채용 이전의 대안책으로서 활용되고 있다.

또한 파견회사를 활용하여 파견직원을 활용할 수 있다.

2. 소요인력의 선발

소요인력의 채용에 관하여 모집의 단계가 마무리될 즈음에는 인력을 선발할 차례이다.

선발방법에는 ① 시험에 의한 선발방법, ② 서류전형 및 면접에 의한 선발방법, ③ 전술한 ①과 ②의 방법을 혼용한 종합적 선발방법 등이 있다.

현장의 특성과 규모·시설·종류 등을 감안하여 위의 방법 중 한 가지를 선택하여 직원을 선발할 경우 관련법규에 명시된 규정에 준하여 선발하여야 한다. 이 경우 자격과 능력은 물론 품성을 갖춘 자를 선발하기 위해서는 ① 서류전형, ② 시험, ③ 면접 등을 경유하여 선발하는 것이 바람직하다.

(1) 관리직원 선발 판단기준

① 직무분석에 따라 담당업무의 성격·자격·업무내용 등을 감당할 수 있는 경험과 경력·기술성·전문성·연령 등이 해당 직종과 적합한지 여부
② 관련법규에 정한 자격증 소지여부
③ 금치산자·한정치산자 등 관리직원으로서의 결격사항 존재여부
④ 관리의 객체인 대상건물과 주요 설비 및 부대 시설물에 대한 관심의 정도와 이해 정도
⑤ 행정·사무직종인 경우 사무처리 능력과 관련 직종의 관리수행 방법에 대한 지식의 정도
⑥ 직무에 대한 애정과 사명감의 정도
⑦ 성실성·책임감·근면성 등

(2) 관리직원이 될 수 없는 자

① 금치산자·한정치산자
② 파산자로서 복권되지 아니한 자
③ 금고 이상의 형을 받고 그 집행이 종료되거나 집행되지 않기로 확정된 후 3년이 경과되지 아니한 자

④ 금고 이상의 형을 받고 그 집행기간이 완료된 날로부터 1년이 경과되지 아니한 자
⑤ 금고 이상의 형을 받고 선고유예 기간 중에 있는 자
⑥ 징계 해직의 처분을 받고 2년이 경과되지 아니한 자
⑦ 법에 의하여 공권력이 박탈되거나 정지된 자
⑧ 병역의무를 기피한 자
⑨ 의사능력이 없는 자
⑩ 재정보증 · 신원보증을 할 수 없는 자

(3) 관리직원 소요인원 산정기준

건물시설관리는 효율성 · 경제성이 강조되는 분야이므로 소수의 인원으로 많은 업무를 감당할 수 있어야 한다. 시설관리의 필요 직종의 산정기준연구는 소수 연구자에 의한 참고연구문헌은 있으나, 학문적으로 입증된 기준은 없으며 따라서 관계기관의 입찰조건과 유력 발주처의 인력기준에 따라 산정하는 것이 바람직하다. 따라서 과학적 산정기준이 시급히 연구되어야 할 것으로 판단된다. 관리직원의 필요 인원수는 행정관리직, 기술관리직, 보안관리직, 청소미화관리직 등을 포함한다.

저자가 지난 2008년 6월에 발표한 FM 직종별 적정인원 산정방안 연구에서 얻은 산출공식 Y=a+bX을 참고하기 바란다. Y=a+bX 식의 구체적인 직종별 적정인원 산출을 위한 회귀방정식공식은 <표 5>와 같다.

참고로 저자가 연구한 FM직종별 적정인원 회귀방정식은 다른 조건은 동일하다는 전제하에 연면적만을 독립변수로 하여 산출한 회귀방정식임과 X는 관리대상건물의 연건평을 1000m^2단위화한 수치임을 참고하기 바란다.

〈표 5〉 FM 직종별 적정인원 산정회귀방정식

직종	회귀방정식
① 관리직	Y = 1.461297 + 0.018458X
② 기술직	Y = 4.298874 + 0.147469X
③ 경비직	Y = 5.573219 + 0.129337X
④ 환경미화직	Y = 6.707734 + 0.206245X
⑤ 전체 관리인원	Y = 18.04112 + 0.501508X

제4절 인력배치

1. 배치의 의의와 방법

선발절차에 따라 유능한 인재가 선발되면 조직의 목적과 직무내용에 맞추어 인원을 배치하여야 한다. 즉 배치란 조직활동에 필요한 직무를 담당하는 사람을 할당하는 것을 의미하며, 이 배치를 어떻게 합리적으로 행해야 할 것인가 하는 것이 배치의 내용이다.

한편 적정배치는 적재적소가 기초적인 원리라고 할 수 있다. 여기에서 적재는 곧 직무를 수행하여야 할 사람을 뜻하며, 적소는 적재가 수행하여야 할 직무를 의미한다. 그러므로 적재적소에 입각한 배치를 하려면 이 양자가 합치될 수 있는 점을 발견하기 위한 노력이 있어야 할 것이다.

(1) 직무요건

직무요건이란 직무를 올바르게 수행함에 있어서 근로자에게 요구되는 신체적·정신적 특징을 의미한다. 이를 구체적으로 살펴보면 다음과 같다.

① 직무가 요구하는 능력수준
② 직무가 요구하는 인격특성
③ 직무수행이 구체화될 직장환경
④ 직무의 조직상의 지위

(2) 근로자의 요건

근로자의 요건이란 근로자가 맡은 바 직무를 수행할 수 있는 신체적·인격적 특징을 파악하는 것이다. 이에 관해서 기셀리(E.E. Ghiselli)와 브라운(C.W. Brown)은 사람(근로자)의 요건으로서 다음 요건을 제시하고 있다.

1) 신체적 특징

① 건강
② 역량과 내핍성
③ 신체적 조건

2) 정신적 특성

① 감각과 정확성
② 기능이나 특수경력
③ 기질, 성격상의 특성

3) 배 경

① 일반적 교육수준
② 경력
③ 직무상의 훈련

한편 직무의 요건을 규명하기 위해서 발전된 기술로서는 직무분석, 직무평가, 시간 및 동작 연구 등의 직무를 중심으로 한 여러 연구가 있으며, 사람의 요건을 규명하기 위하여 발전된 기술로서는 인사고과 · 적성검사 등이 있다.

2. 부적격자의 조치

(1) 재교육훈련

현재 배치되어 있는 직무에 대해 검토하여 문제와 초점을 명백히 하여야 한다. 그런 다음에 의욕의 환기, 인식의 시정, 체력의 재훈련을 고려하여야 한다.

(2) 생활지도

부적격자 중에는 직무에 대한 불만족 혹은 불평, 상사 · 동료와의 인간관계가 좋지 않은 경우가 많다. 따라서 그 원인을 조사하여 적절한 보완조치를 취하는 것이 필요하다.

(3) 직장환경의 개선

재교육훈련, 생활지도 등의 방법 이외에 본인의 성격이나 신체상황에 의한 경우 또는 환경이 원인이 되는 경우가 있으므로 이것은 명암 · 온도 · 기계공구와 같은 것을 개선 조치하여 그 원인을 제거하는 방법이다.

(4) 배치전환

업무의 내용을 변경하는 것과 업무내용은 같으면서 직장만을 변경하는 것이 있다. 이 경우 직무내용, 각 직무간의 공통성 · 연관성을 고려하여 당사자에 대한 납득·이해 혹은 주위의 사람에 대한 영향을 충분히 고려하여 실시하는 것이 중요하다.

3. 건물자산관리직원의 배치

직원의 배치는 선발된 인력을 배치하는 것이므로 관련 자격증을 토대로 한 서류로만 선임하는 방식의 배치는 삼가해야 한다.

오늘날 건물관리현장에는 특정직종(예 방화관리자)의 경우 아직도 서류로만 선임계를 관계기관에 제출하고 해당 직원이 현장에 배치되지 않는 경우가 있는데 앞으로는 더이상 서류전형에 따른 형식적 인사배치 문제는 없어져야 할 현상이라고 판단된다. 선발된 직원을 배치할 때 또 한 가지 고려할 사항은 정실배치를 삼가야 한다는 점이다.

거듭 강조하거니와 건물관리업무는 위험하고 인명과 재산을 보호하는 중요한 업무이므로 선발된 인원을 적재적소의 정실에 관계없이 임명함으로써 건물의 경영관리목표 달성은 물론 건물의 안전에도 도움이 되리라 판단된다.

다시 말하면 고도의 기술성을 요하는 곳에 능력있는 기술자를, 법에 정한 자격증이 필요로 하는 곳에는 자격증 소지자 중 전문가를 배치함으로써 성공적인 건물관리업무가 이루어질 것으로 판단된다.

4. 배치기준

건물시설관리현장에서 일반적으로 적용되고 있는 시설관리종사자 배치기준은 다음과 같다.

(1) 전기직

고압변전실수×1인×2교대(단, 보수기사는 규모에 따라 증감)

(2) 기계직

보일러수×2인×2교대(단, 기계보수기사는 기계 규모에 따라 증감)

(3) 경비원

① 공동주택인 경우 단지 출입구 또는 고층인 경우 현관수 : 1인×2교대
② 공장, 학교, 공공건물 등 경비 사무실 또는 출입구 수위실 : 1인×2교대
③ 일반건물인 경우 : 정문, 후문×1인×2교대
④ 순찰 경비원 : 10,000평×1인×2교대(야간일 경우 5,000평×1인×2교대)

(4) 환경미화원

1,000평×1인×1교대(단, 24시간 업무나 영업이 진행되는 곳은 2교대 또는 3교대)

(5) 주차관리원

출입구+주차장층수+요금정산소×1인×1교대(단, 24시간 영업인 경우 2교대 또는 3교대, 주차장 규모, 주차기계, 자동식·수동식 주차요금 관리방식에 따라 증감)

(6) 행정직

5000평당×1인×1교대(단, 경리·전산 분야 별도 산정)

이상에서 언급한 배치기준 등은 현재 공동주택이나 대형빌딩 등의 현실을 감안하여 산정된 기준이나 건물의 층수, 연건평, 특성, 설비의 종류와 관리업무의 난이도, 동수의 거리, 난방방법, 전기설비의 종류, 건물의 주된 사용용도, 사용시간수(이용시간수) 등을 복합적으로 검토하여 배치기준을 산정하여야 할 것이다.

제5절 교육훈련

1. 교육훈련의 의의

선발된 직원이 배치된 후 직원들에 관하여 교육훈련의 기회가 주어져야 한다. 처음 선발된 직원을 대상으로 건물의 시설개요와 주요설비의 종류 및 작동방법과 주의할 점, 그리고 관련 법규와 관련 행정절차, 관리업무지침, 경영목표, 그리고 건물의 준공도면, 보수공사내역, 관리조직 구성원의 업무분장과 업무의 성격, 협조방법, 비상연락망 등 제반사항에 관하여 미리 작성된 교안을 가지고 일정기간 오리엔테이션 형식의 교육이 필요하다.

왜냐하면 처음 채용되는 경우 관리현장의 적응시간을 단축하고 관리효과를 단기간에 얻을 수 있게 하기 위해서이다. 배치 후에는 직원들에 대한 정기적인 교육과 훈련이 필요하다. 오늘날 건물의 설비종류와 기술수준은 첨단 그 자체이므로 첨단장비와 기기들을 작동하고 정비하기 위해서는 끊임없는 연구와 교육이 필요하다.

또한 현재로서는 건물관리이론이나 연구성과가 일천하고 초보단계에 있으나 향후 관계 전문가나 학자들에 의해 관리이론과 관리기술, 관리기법이 획기적으로 발전할 수 있을 것으로 전망된다. 따라서 건물관리현장에 종사하는 근무자에게는 끊임없는 교육과 훈련에 도움이 될 것으로 판단된다.

관리직원에 대한 교육과 훈련은 관리직원에게 전문지식과 기술을 익히게 하여 전문가·기술자로서의 관리능력을 보다 향상시킬 수 있을 것이다. 안전사고의 유형과 사고원인, 사고예방방법, 사고처리절차 등을 설명하고 안전사고가 얼마나 무섭고 위험한 것인가를 주지시킴으로써 사고를 미연에 방지하여 재산과 인명보호에 만전을 기하도록 해야 할 것이다. 안전교육은 관리직원만을 대상으로 할 것이 아니라 모든 입주자나 이용자에게 정기적인 교육을 실시함으로써 건물의 전체적인 안전을 도모할 수 있을 것이다.

보수공사는 특수한 분야를 제외하고는 자체 기술인력으로 커버할 수 있도록 보수공사의 내용과 보수방법, 기자재의 선택요령 및 보수공사를 시작하기 전 준공도면 파악에 대한 요령 등을 교육을 통하여 익히게 함으로써 적은 비용으로 짧은 기간 내에 고장이나 훼손된 부분을 정상화하여 편리하게 다시 이용할 수 있을 것이다.

다음은 정신교육이다. 우리나라 사람들 중에는 내 집은 관리하나 내 집 밖의 관리에는 관심이 없는 경우가 종종 있다. 건물에 있어서 공공이 쓰는 서비스 면적이나 공유면적의 관리상태가 불량한 것은 내 집 밖이기 때문이다. 내 집, 내 차, 내 물건은 관리가 되나 남의 것, 회사의 것, 공공의 것은 관리가 잘 되지 않는 것은 참으로 고쳐야 할 폐습이 아닌가 싶다.

관리현장의 건물의 소유자, 권한 있는 자, 관리조직의 전 구성원들은 건물관리는 위험할지라도 인명과 재산을 보호하는 보람있고 중요한 일임을 스스로 확신하고 이에 자부심을 가져야 할 것이다.

붕괴사고나 안전사고 재해는 언제나 일어날 수 있으므로 이를 관리·예방하는 업무자체가 얼마나 보람있고 사회나 국가에 봉사하는 일인지를 관리자 스스로 인식해야 한다. 이런 확신이야말로 성공적인 건물관리업무를 창출할 수 있을 것이다. 이런 정신은 교육을 통하여 얻을 수 있는 경험이다.

2. 교육과 훈련의 종류

교육과 훈련의 종류는 대체로 다음과 같다.

(1) 교육의 종류

① 건축설비 기술교육
② 건물관리행정교육
③ 건물안전관리교육
④ 건물보안교육
⑤ 건물환경위생교육
⑥ 관리종사자 정신교육
⑦ 건물보수관리교육
⑧ 컴퓨터 정보화 교육

(2) 훈련의 종류

① 소방방재훈련
② 안전사고 대응훈련
③ 비상대피훈련

(3) 교육훈련방법

교육훈련방법에는 라인 중심의 OJT방법, 스태프 중심의 OFF JT방법, 본인 중심의 SD방법, TBM교육방법 등의 교육방법이 있다.

1) OJT교육방법

OJT(On Job Training) 방식은 직장훈련, 직무상 훈련으로 직장에서 구체적인 직무에 관하여 직장상사가 부하직원에게 직접 개별지도하고 교육시키는 방법이다.

① 장 점

- 교육훈련이 실제적이다.
- 교육훈련이 용이하다.
- 직원의 동기유발 효과가 있다.
- 상사·동료직원·부하직원간 협조정신을 강화시킨다.
- 저비용으로 교육시킬 수 있다.
- 훈련과 근무를 병행할 수 있다.

② 단 점

- 근무하면서 훈련을 병행하므로 양쪽 모두 완벽하게 효과가 나타나지 않는다.
- 우수한 상사가 언제나 우수한 교사는 아니므로 교육훈련에 차질이 있을 수 있다.
- 한꺼번에 많은 인원을 교육시킬 수 없다.
- 체계적인 훈련을 할 수 없다.
- 전문적인 고도의 지식과 기술을 가르칠 수 없다.

2) OFF JT교육방법

OFF JT(Off Job Training) 방식은 보통 직업 외 교육훈련을 말한다. 이는 현장의 작업과는 직접적인 관련이 없는 보편적인 내용과 일반적인 작업에 대한 사고방식이나 직업의 개선방식 및 인간관계, 정신교육 등을 교실에서 교육하는 데 적합하다. 현장작업과 관계없이 예정된 계획에 따라 훈련할 수 있는 장점이 있다. 그러나 그 결과를 현장에서 직접 활용하기 어렵다는 단점도 있다.

3) SD교육방법

SD(Self Developing) 방식은 자기 책임하에 자기 이해와 평가에 의해서 자기개발의 의욕을 가지고 자주적으로 자기 훈련을 하는 것을 의미한다.

자기개발 과정은 ① 문제의식·목표설정, ② 해결하고자 하는 의욕의 신장, ③ 부족한 능력 개발, ④ 문제해결, 목표달성 과정으로 진행된다.

우수한 관리효과를 기대하려면 우수한 관리조직이 필요하고 우수한 관리조직이 되기 위해서는 유능한 관리자가 있어야 하는데, 이러한 유능한 관리자가 되기 위해서는 조직 내에서 교육훈련이 필요하고, 스스로 자기개발의 노력도 필요하다.

4) TBM교육방법

작업현장에서 작업과 직접 관련이 있는 업무내용을 선임자가 직접 작업시범을 보이면서 교육하는 방법으로서 Tool Box Meeting이라고도 한다.

제6절 관리직원의 신분보장과 해직

1. 관리직원의 신분보장

관리직원은 관리업무의 성격상 계속성과 전문성이 요구되므로 담당하고 있는 관리업무를 안심하고 안정적으로 계속해서 담당하지 않으면 안 된다. 따라서 정당한 사유 없이 해고하거나 정직·휴직, 또는 전직 등 기타 불리한 대우를 받지 않도록 신분을 보장하여야 한다. 또 업무상 부상과 질병의 요양을 위한 휴업 보상과 여성의 경우 산전·산후 휴업기간과 그 후 30일간의 휴직은 금지됨을 지켜줘야 한다. 관리직원의 남녀차별 대우는 물론 금지되며, 국적·신앙 또는 사회적 신분을 이유로 근로조건에 대하여 차별적 대우를 하지 말아야 한다.

그러므로 관리직원은 공공건물 관리공무원에 대한 법으로 정한 공무원의 정년제도는 별도로 하고서라도 일반건물이나 공동주택에서 근무하는 관리자에게도 근무정년제도를 도입하여 근무자로 하여금 업무나 건강에 잘못이나 질병이 없는 한 정년시까지 계속해서 안심하고 근무할 수 있도록 관계법규의 제정이나 사회적 인식이 필요한 것으로 판단된다. 관리소장 등 책임자의 정년은 만 65세로 하고, 기술직·행정직 기타 일반용역 노무직은 만 60세를 정년으로 하는 것이 건물자산관리 특성상 바람직한 것으로 생각된다.

2. 관리직원의 해직

관리자의 해직은 법에 정한 사유나 규약 또는 근로기준법에 위반하는 사유가 발생되는 경우를 제외하고는 정당한 이유 없이 해직하여서는 아니된다. 해직의 사유에는 다음과 같은 것이 있다.

① 본인의 사망이나 휴직기간 종료 후에 복직명령이 없을 때, 휴직자로서 허가 없이 타 직종에 종사하였을 때의 자연해직
② 관리자가 일신상의 이유로 사직원을 제출하는 경우의 의원해직
③ 관리자의 나이가 정년에 달하여 해직하는 정년해직
④ 관리자의 채용의 결격사유가 발생했거나 또는 발견되었을 때
⑤ 징계처분으로 해직이 결정되었을 때
⑥ 정신 또는 신체적으로 업무를 감당할 수 없을 때
⑦ 근무성적이 아주 불량할 때

⑧ 대기발령 3개월이 경과하여도 직위 또는 직무를 부여받지 못했을 때
⑨ 무단결근이 월간 3회 이상일 때
⑩ 시말서가 연간 3회 이상 제출되었을 때
⑪ 관리사무소 또는 관리주체에 부득이한 사유가 발생되었을 때

이상과 같은 정당한 해고사유 외에는 어떤 형태로든 관리자에게 불리한 해고나 대우를 해서는 아니된다.

제7절 관리인력 노무관리

1. 노무관리의 필요성

건물의 규모나 성격에 따라 건물관리자종사자의 수가 수명에서 수백명에 이를 수 있으므로 다수가 근무하는 현장에서는 공공건물을 포함한 일반건물이나 공동주택을 관리하는 관리직원에 대하여 노사문제에 대한 대응의 준비와 함께 노사관리가 시급히 요청됨은 주지의 현실이다.

수천 세대가 거주하고 있는 공동주택이나 국가보안상 또는 국익상 매우 중요한 국가시설이나 공항시설 및 수백 명의 환자가 입원하고 있는 대형병원의 병동 등이 노사문제로 냉난방 설비운전이 중단되고 전기공급이 중단되거나 가스공급이 중단된다면 크나큰 사회문제가 아닐 수 없다.

따라서 이러한 사회문제가 발생되지 않도록 건물자산관리자는 노사문제를 철저히 관리하고 대비해야 하며, 건물자산관리업무 전반에 관련되는 사항을 유의하여 관리해야 한다.

2. 근로계약

(1) 근로계약의 의의

근로계약이란 건물자산관리업무에 종사하는 근로자가 사용자에게 건물자산관리에 관한

근로를 제공하고, 사용자는 이의 대가로 임금을 지급하는 것을 목적으로 체결된 계약을 의미한다.

근로기준법 제1조에서 “근로자의 기본적 생활을 보장・향상시키며 균형있는 국가 경제발전을 기함을 목적으로 한다.”라고 규정하고, 동법 제6조에서 “사용자는 근로자의 남녀차별적 대우를 하지 못하며 국적・신앙・사회적 신분을 이유로 근로조건에 대한 차별적 대우는 하지 못한다.”고 규정하고 있음을 볼 때 경제적 약자인 근로자 보호를 위하여 국가가 노력하고 있음을 보여주고 있다. 또한 근로계약의 체결은 사용자와 근로자간에 동등한 위치에서 자유의사에 의거하여 체결되어야 한다.

근로계약은 법률행위이므로 계약당사자의 의사능력이 필요하므로 금치산자나 한정치산자는 법정대리인의 동의 없이 계약을 체결할 수 없다. 다만 근로기준법에서 행위무능력자로 분류된 미성년자는 법정대리인의 동의 없이도 단독으로 의사능력이 있는 것을 전제로 근로계약을 체결하거나 임금을 청구할 수 있도록 규정하고 있다(근로기준법 제67조 및 제68조).

(2) 근로계약서

근로자와 사용자는 근로기준법은 관련 규정에 따라 근로계약을 체결하도록 의무화하고 있으며, 의무를 위반할 시는 형사처벌을 받도록 되어 있다.

근로계약기간을 정함이 없는 것과 일정한 사업완료에 필요한 기간을 정한 것을 제외하고는 그 기간은 1년을 초과하지 못한다.

1) 근로조건에 명시될 내용

① 임금은 반드시 기본금을 정함이 원칙이다.
② 근로시간은 반드시 기본근로시간으로 정함이 원칙이다.
③ 취업의 장소나 종사해야 할 업무
④ 기숙사에 기숙하는 경우 기숙사 규칙에 정한 사항
⑤ 취업규칙에 정한 사항

2) 근로계약 관계서류 보존

다음과 같은 근로계약 관계서류는 3년간 보존해야 한다.

① 근로계약서
② 근로자명부
③ 임금대장
④ 임금의 결정・지급방법 및 임금계산의 기초서류

⑤ 고용 · 해고 · 퇴직에 관한 서류
⑥ 승급 · 감급에 관한 서류
⑦ 휴가에 관한 서류
⑧ 해고 등의 제한, 해고의 예고 등에 관한 적용 제외의 인정 · 승인 · 인가에 관한 서류
⑨ 연소자 증명에 관한 서류
⑩ 탄력적 · 선택적 근무시간에 관한 서면합의 서류

3) 근로자명부 기재사항

근로계약 관계서류 중 하나인 근로자명부의 기재사항은 다음과 같다.

① 성 명
② 성 별
③ 생년월일
④ 주 소
⑤ 이 력
⑥ 종사하는 업무의 종류
⑦ 고용 또는 갱신년월일, 계약기간, 기타 고용에 관한 사항
⑧ 해고 · 퇴직 또는 사망의 경우 그 연월일과 사유
⑨ 기타 필요한 사항

4) 임금대장 기재사항

임금대장은 근로기준법 제48조 및 동시행령 제27조에 의하여 사용자는 작업장별로 임금대장을 작성하고 임금지급과 수당지급의 기초가 되는 사항을 정하여 작성하고 3년간 보관하여야 한다. 임금대장 기재사항은 다음과 같다.

① 성 명
② 주민등록번호
③ 고용년월일
④ 종사하는 업무
⑤ 임금 및 가족수당의 계산기초가 되는 사항
⑥ 근무일수
⑦ 근로시간수
⑧ 연장근로, 야간근로, 휴일근로 시킨 경우 그 시간수
⑨ 기본급, 수당 그 밖의 임금의 내역별 금액

5) 유급휴가

사용자는 1월에 대하여 개근한 자에게 1일을 유급휴가를 주어야 하고, 근로자의 자유의사에 따라 1년간에 한하여 유급휴가를 적치하여 사용하거나 분할하여 사용할 수 있다.

6) 퇴직금

근로기준법 제34조 규정에 따라 1년 이상 계속 근무한 퇴직자에게 1년에 대하여 30일분 이상의 평균임금을 지급한다. 평균임금이란 퇴직사유가 발생한 날 이전 3개월간에 그 근로자에게 지급한 임금총액을 그 기간의 일수로 나눈 금액을 퇴직금의 산정조건으로 상시근로자 5명 이상, 근로연수가 1년 이상이면 퇴직금의 산정은 평균임금으로 하도록 되어 있다.

7) 취업규칙

근로기준법 제93조 규정에 따라 상시 10인 이상의 근로자를 사용하는 사용자는 취업규칙을 작성하여 노동부 장관에게 신고하여야 하며, 변경시에도 신고하여야 한다.

취업규칙에 명시할 사항은 다음과 같다.

① 업무의 시작과 종료시각, 휴게시간, 휴일, 휴가 및 교대 근로에 관한 사항
② 임금의 결정, 계산 · 지급방법, 임금의 산정기간, 지급시기 및 승급에 관한 사항
③ 가족수당의 계산, 지급방법에 관한 사항
④ 근로자의 식비, 작업용품 등 부담에 관한 사항
⑤ 근로자 퇴직급여 보장법 제8조에 따른 퇴직금, 상여 및 최저임금에 관한 사항
⑥ 근로자를 위한 교육시설에 관한 사항
⑦ 안전과 보건에 관한 사항
⑧ 근로자의 성별, 연령, 또는 신체적 조건 등의 특성에 따른 사업장 환경의 개선에 관한 사항
⑨ 업무상과 업무 외의 재해부조에 관한 사항
⑩ 표창과 제재에 관한 사항
⑪ 기타 당해 사업 또는 사업장의 근로자 전체에 적용될 사항
⑫ 산전후 휴가, 육아휴가 등 근로자의 모성보호 및 일 · 가정 양립지원에 관한 사항

취업규칙 신고서류는 다음과 같다.

① 취업규칙(변경시 변경내용 기재서류)
② 근로자의 과반수를 대표하는 노동조합 또는 근로자 과반수의 동의를 얻었음을 입증하는 자료

③ 근로자에게 불이익하게 변경되는 취업규칙의 근로자 과반수를 대표하는 노동조합 또는 과반수의 의견을 들었음을 입증하는 자료

3. 노동조합과 노사관계

(1) 의 의

노동조합이라 함은 근로자가 주체가 되어 자주적으로 단결하여 근로조건의 유지 · 개선, 기타 근로자의 경제적 · 사회적 지위의 향상을 도모함을 목적으로 조직하는 단체 또는 그 연합을 의미한다.

(2) 노동조합의 목적

노동조합의 목적은 근로자의 자주적인 단결과 단체교섭권 · 단체행동권을 보장하며, 근로자의 근로조건을 유지 · 개선하고 근로자의 복지를 증진함으로써 경제적 지위향상과 국민경제 발전에 기여함을 그 목적으로 한다.

(3) 노동조합의 성립

1) 노동조합을 설립하고자 할 때에는 일정한 사항을 기재한 신고서에 규약을 첨부하여 연합단체인 노동조합과 2개 도(서울특별시 · 광역시 포함) 이상에 걸치는 단위노동조합을 노동부 장관에게, 그 이외의 노동조합은 서울특별시장 · 광역시장 · 도지사에게 제출해야 한다.
2) 근로자는 자유로이 노동조합을 조직하거나 이에 가입할 수 있으며, 다만 공무원과 교원에 대해서는 따로 법률로 정하도록 되어 있다.
3) 노동조합은 균등하게 그 노동조합의 모든 문제에 참여할 권리와 의무를 가지며, 조합비를 납부하지 않는 조합원은 규약으로서 그 권리를 제한할 수 있다.
4) 단위노동조합은 매년 1회 이상, 연합단체인 노동조합은 3년마다 1회 이상 총회를 개최하여야 한다. 조합비는 쟁위비 · 기금 · 장학금 및 공제회비 등 명칭 여하에 불문하고 징수하는 모든 금품을 포함하나 분회지부는 별도로 조합비를 징수할 수 없다.
5) 노동조합의 해산은 다음과 같은 해산사유가 발생하면 해산하고, 그 대표자는 해산한 날로부터 15일 이내 행정관청에 이를 신고하여야 한다.

① 규약에 정한 해산사유 발생
② 합병 또는 분할로 인한 소멸
③ 조합원 또는 대의원 3분의 2 이상의 출석과 출석한 조합원 또는 대의원 3분의 2 이상의 찬성으로 행한 총회 또는 대의원회의의 해산결의

④ 동조합에 임원이 없고 노동조합원으로서 2년 이상 활동을 하지 아니한 경우

6) 사용자는 다음과 같은 부당노동행위를 할 수 없다.

① 근로자가 노동조합에 가입 또는 가입하려고 하였거나 노동조합을 조직하려고 했을 때 또는 노동조합업무를 위한 정당한 행위를 한 것을 이유로 그 근로자를 해고하거나 그 근로자에게 불이익을 주는 행위

② 어느 노동조합에 가입하지 아니할 것 또는 탈퇴할 것을 고용조건으로 하거나 특정한 조합의 조합원이 될 것을 고용조건으로 하는 행위. 다만 노동조합이 당해 사업장에 종사하는 근로자의 3분의 2 이상을 대표하고 있을 때에는 근로자가 그 노동조합의 조합원이 될 것을 고용조건으로 하는 단체협약의 체결은 예외로 하며, 이 경우 사용자는 근로자가 당해 노동조합에서 제명된 것을 이유로 신분상 불이익한 행위를 할 수 없다.

③ 노동조합의 대표자 또는 노동조합으로부터 위임을 받은 자와는 단체협약 체결 기타 단체교섭을 정당한 이유없이 거부하거나 해태하는 행위

④ 근로자가 노동조합을 지배하거나 조직 또는 운영하는 것을 지배하거나 이에 개입하는 행위와 노동조합의 전임자에게 급여를 지원하거나 노동조합의 운영비로 원조하는 행위. 다만 근로자가 근로시간 중에 사용자와 협의 또는 교섭하는 것을 사용자가 허용하는 것은 무방하며, 근로자의 후생기금 또는 경제상의 불행, 기타 재해의 방지구제 등을 위한 기금의 기부와 최소한의 규모의 노동조합 사무실의 제공은 예외로 한다.

⑤ 근로자가 정당한 단체행위에 참가한 것을 이유로 하거나 기타 행정관청에 증거를 제출한 것을 이유로 그 근로자를 해고하거나 그 근로자에게 불이익을 주는 행위 등은 부당노동행위로 법으로 금하게 되어 있다. 우리나라 전체 건물관리분야에서 아직은 노동조합의 출현이 나타나지 않고 있으나 불원장래에 노동조합 결성문제가 대두될 전망이다. 인천국제공항의 일부현장과 경기도 분당의 삼성프라자현장 등에서 일부 노동조합에 가입하는 사례가 발생하였다. 따라서 지금부터라도 사용자 · 근로자는 노사문제와 노동조합 문제를 함께 연구해야 할 것이다.

제8절 직원채용절차와 임금관리

1. 모집구분

정규직, 수습직, 계약직, 일용직, 임시직, 파견근로자로 구분한다.

(1) 정규직

계약기간이 없는 정규직원으로서 신규입사시 1회의 근로계약으로 재직기간 중 특별한 신분에 변동이 없는 한 계속 유효하다.

(2) 수습직

직원을 채용 후 일정기간 직원으로서의 자질과 능력을 평가하기 위해 일반적으로 3개월간의 수습기간을 정하고 평가에 따라 계속 근로계약 또는 임용을 취소(일반회사에서는 수습기간중의 임금은 책정된 임금 중 통상임금의 10%에서 30%내 감금지급, 단 회사의 사정에 따라 경력자를 특별채용하고자 할 때에는 인사위원회를 거쳐 수습을 면제하거나 그 기간을 단축)할 수 있다.

(3) 계약직

사업장의 특성에 따라 단기적(기간이 정해져 있는 건설공사현장, 연구용역 등) 또는 장기적(시설관리용역 등)으로 기간이 있는 근로계약을 매년 체결하고, 임금은 근로자와 합의 하에 포괄적인 임금(급여수당, 상여금 등을 적용 연봉을 책정한 임금)으로 연봉책정, 단 근로계약을 체결해야 한다. 기간은 1회에 1년을 초과하지 못한다. 또한 계약기간이 연속 2회 이상일 때에는 계약기간이 없는 근로자로 간주하여 정규직의 적용을 받는다.

(4) 일용직

단기간 내에 업무를 처리하여야 하나 업무량의 과다로 단순업무는 시간급 또는 일급으로 직원을 채용(의류판매점, 음식점 등 서비스업에서 주로 활용)하는 직원을 말한다.

(5) 임시직

일용직과 흡사하나 사업성격에 따라 단순업무는 일정기간을 정하여 임시직으로 채용하고, 임금은 시간급과 노동의 최저임금법에서 정한 수당을 지급(단, 임시직의 계약기간은 1회에 3개월 범위 내이고 연장시 재계약을 하여야 함)하는 직원을 말한다.

(6) 파견근로자

특정업무처리를 요청받은 파견사업주가 근로자를 그 업무처리의 목적으로 타 기업에 파견하는 성격의 근로자를 파견근로자라 한다. 파견근로자의 체계는 [그림 23]과 같다.

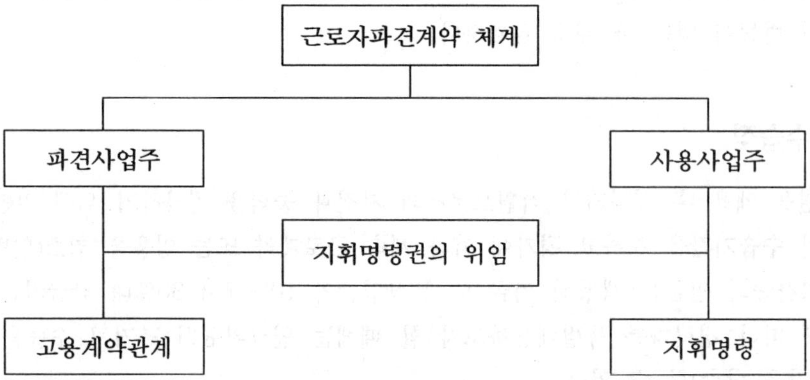

[그림 23] 파견근로자의 체계도

2. 모집여부 결정

조직의 전략과 인력개발과의 절충을 통해 조직내의 내・외부 노동 시장을 고려해서 결정한다.

3. 모집방법

(1) 내부원천

기능목록표, 사내 공모제도

(2) 외부원천

TV광고, 신문광고, 전문잡지, 인터넷, 고용알선기관(노동부, 지자체), 직원추천, 자별적 지원, 교육기관 추천)

4. 선 발

(1) 선발절차

모집공고(특별 또는 공개채용) → 서류전형(이력서, 자기소개서, 학력, 성적 및 경력증명서, 자격증, 주민등록등본, 건강진단서, 기타 회사에서 필요로 하는 서류) → 면접 → 임용 → 오리엔테이션 → 배치

(2) 임용의 결격사유

① 금치산자 또는 한정치산자
② 파산선고를 받고 복권되지 아니한 자
③ 금고이상의 형을 받고 그 집행이 종료되거나, 집행을 받지 아니하기로 확정된 날로부터 3년이 경과되지 아니한 자
④ 법률 또는 법원의 판결에 의하여 자격이 상실 또는 정지된 자
⑤ 전 직장에서 징계처분에 의해서 파면된 날로부터 2년이 경과하지 아니한 자
⑥ 병역법에 의한 병역을 기피한 자
⑦ 개인 신상에 관한 이력사항을 허위로 기재하거나 은폐하여 위장한 자
⑧ 채용신체검사서에 불합격 판정을 받은 자 동 회사에서 정한 기준에 미흡한 자

5. 근로계약

(1) 근로계약의 정의

근로계약이라 함은 근로자가 사용자에게 노무를 제공하고, 사용자는 이에 대한 임금지급을 목적으로 회사와 근로자간에 체결하는 계약으로서, 근로기준법 제2장(근로계약)에 의거 신규입사자 또는 계약직직원 근로계약연장에 대하여 근로계약을 체결하도록 명문화되어 있고, 동 의무규정을 위반할 때에는 관계법에 따라 처벌을 받는다.

(2) 근로계약의 필요적 기재사항

① 계약서의 명칭
② 계약당사자(사용자, 근로자)
③ 계약체결의 목적
④ 계약기간
⑤ 근로자의 신분(정규직 또는 계약직 등, 직위, 직급)
⑥ 근무장소 및 직종
⑦ 임금지급액 및 지급방법
⑧ 근로시간 및 휴식시간
⑨ 안전관리사항
⑩ 재해보상
⑪ 퇴직금
⑫ 손해배상책임
⑬ 근로기준법 적용사항
⑭ 시용 수습기간
⑮ 작성 연월일
⑯ 사용자 주소, 상호, 성명(날인)
⑰ 근로자 주소, 성명, 주민등록번호(날인)
⑱ 근로계약숙지여부 확인(날인), 첨부서류(임금산출 내역서)

6. 직원의 복무규정

용어의 정의는 다음과 같다.

① 직위 : 1인의 직원에게 부여할 수 있는 직무와 책임을 말한다.
② 승진 : 현재 보직되어 있는 직위 보다 상위의 직위에 임명하는 것
③ 임용 : 신규채용, 승진, 승급, 파견, 겸임, 직위해제, 휴직, 정직, 복직, 면직, 해임 및 파면을 말한다.
④ 정직 : 직원의 신분을 보유하나, 직무에 종사하지 못하고 대기하는 것을 말한다.
⑤ 복직 : 휴직, 직위해제 및 정직 중에 있는 직원을 직위에 복귀시키는 것을 말한다.

7. 직원의 근무평정

직원의 승진임용 및 포상 등 인사관리에 필요한 자료에 공정하기 위하여 정기 또는 수시 근무 평정을 말한다.

(1) 직원의 징계

1) 징계의 사유

① 직무상의 의무를 위반하거나 직무를 태만하였을 때
② 회사에 명예를 훼손시키는 행위를 하였을 때
③ 고의 또는 과실로 회사에 손해를 끼쳤을 때

2) 징계의 종류

① 면직 : 직원의 신분을 박탈함
② 정직 : 직원의 신분을 보유하나 일정기간 직무를 종사하지 못함
③ 감봉 : 통상 임금에 대한 감봉률을 정하여 월급여에서 공제하되 근로기준법상 그 기간을 6개월 이내로 한다.
④ 견책 : 잘못에 대하여 훈계하고 회개함

(2) 퇴 직

1) 퇴직의 종류

① 임의 퇴직 : 개인사정에 의한 퇴직
② 구조조정에 의한 퇴직 : 경영사정 및 기구축소 등 회사사정에 의한 퇴직
③ 징계에 의한 파면 : 징계양정에 따른 퇴직
④ 권고사직 : 장기적 치료를 요하는 환자를 대상으로 회사에서 약간의 위로금을 지급하고 사직을 권고함

2) 퇴직금의 지급

퇴직금은 산출기준에 따라 퇴직한 날로부터 14일 이내에 지급하여야 한다.

3) 각서청구

인사, 노무, 관리 등 회사에 비밀업무를 담당한 직원이 퇴직할 시에는 퇴직 후 비밀누설 금지의 각서를 청구하여야 한다.

4) 물품반납

퇴직자는 회사에 재직 중 지급 받은 다음의 물품을 반납하여야 한다(회사 신분증, 건강보험증. 비밀인가취급증, 근무복 등).

5) 퇴직자의 보험처리

퇴직자에 대한 고용보험, 국민건강보험, 산업재해보험, 국민연금은 퇴직 후 14일 내에 관계기관에 상실신고를 하여야 한다.

6) 퇴직자의 보험 상실신고시 고려할 사항

- 고용보험의 경우 상실신고시 퇴직사유에 따라 실업급여수급 대상여부가 결정됨
- 실업급여수급 자격요건의 퇴직사유
  - 개인사정(임의퇴직)으로 상실신고시 비해당
  - 구조조정 및 회사사정에 의한 상실신고시 해당

8. 임금계산법

(1) 임 금

일률적 정기적으로 지급되는 기본급과 제수당, 식대, 교통비, 상여금

(2) 연 봉

기본급, 제수당, 상여금 등을 포함한 포괄적인 연간 임금

(3) 기본급

직급급, 호봉급

(4) 제수당

직책수당, 야간근무수당, 연장수당, 휴일근무수당, 법정선임수당, 위험수당, 연월차수당, 조정수당, 출납수당, 장기근속수당 등

(5) 복리비

식대, 교통비 등

(6) 상여금

회사의 이익증대에 기여한 공로자에 대한 배려금(인센티브)

(7) 통상임금

근로자에게 정기적, 일률적으로 소정근로시간 또는 총 근로시간에 대한 대가로 지급하기로 정해진 시간급금액, 일급금액, 주급금액, 월급금액(통상임금 범위 : 직급급, 호봉급, 위험수당, 출납수당, 조정수당)

매월 사용자가 근로자에게 지급하는 임금 중 통상임금은 노동부에서 매년 정한 최저임금법에 위배되지 않도록 그 이상을 지급하여야 한다.

(8) 평균임금

퇴직금 등 산정할 사유가 발생한 날 이전 3개월간의 근로자에게 매월 지급된 임금의 총액을 그 기간의 총일수로 나눈 금액을 말한다.

(9) 퇴직금

1년 이상의 근속직원이 퇴직시(중간정산 포함) 근속년수에 1개월분의 평균임금을 승한 금액

(10) 임금계산

임금의 계산은 매월 1일부터 그 달의 말일까지로 통산 계산한다.

① 신규임용, 휴직, 감봉, 정직 및 직위 해제된 자와 임금은 발령일을 기준으로 일할계산 지급한다.
② 연봉급으로 책정된 임금도 근로기준법에서 정한 통상임금 및 제수당 산출기준에 적합하여야 한다. 주 44시간 산출내역서와 주 40시간 산출내역서는 <표 6> 및 <표 7>과 같다.

〈표 6〉 급여산출내역서 [주 40시간(주 5일제 근무)산출내역서]

(년간/ 원)

<table>
<tr><td colspan="2">직위</td><td colspan="2"></td><td>사업소명</td><td>사업소</td></tr>
<tr><td colspan="2">성명</td><td colspan="2"></td><td>계약기간</td><td>20 . .~ 20 . . .</td></tr>
<tr><td colspan="2">업무내용</td><td colspan="2"></td><td>직급, 호봉</td><td></td></tr>
<tr><td colspan="2">구분</td><td>금액</td><td colspan="2">산출내역</td><td>비고</td></tr>
<tr><td rowspan="6">①통상임금</td><td>기본급</td><td></td><td colspan="2">직종별 기본급 × 12월</td><td></td></tr>
<tr><td>직책수당</td><td></td><td colspan="2">직책수당 × 12월</td><td></td></tr>
<tr><td>위험수당</td><td></td><td colspan="2">위험수당 × 12월</td><td>차량운전자</td></tr>
<tr><td>조정수당</td><td></td><td colspan="2">조정수당 × 12월</td><td>보존적 수당</td></tr>
<tr><td>출납수당</td><td></td><td colspan="2">출납수당 × 12월</td><td>경리업무자</td></tr>
<tr><td>소계</td><td></td><td colspan="2"></td><td></td></tr>
<tr><td rowspan="8">②수당</td><td>야간근무</td><td></td><td colspan="2">통상임금×0.5/209h(월소정근로시간)×야간근무발생시간×12월</td><td>22시부터 익일 06시까지 적용</td></tr>
<tr><td rowspan="2">연장근무 (예월30h 발생시)</td><td rowspan="2"></td><td colspan="2">통상임금×0.5/209h(월소정근로시간)×최초16h×12월</td><td rowspan="2">18시부터 22시까지 적용</td></tr>
<tr><td colspan="2">통상임금×0.5/209h(월소정근로시간)×나머지14h×12월</td></tr>
<tr><td>휴일근무</td><td></td><td colspan="2">통상임금×1.5/209h(월소정근로시간)×8h×연장근무발생일수×12월</td><td></td></tr>
<tr><td>법정선임</td><td></td><td colspan="2">정액수당 × 12월</td><td></td></tr>
<tr><td>근속수당</td><td></td><td colspan="2">정액수당 × 12월</td><td></td></tr>
<tr><td>상여금</td><td></td><td colspan="2">기본급 × %</td><td></td></tr>
<tr><td>소계</td><td></td><td colspan="2"></td><td></td></tr>
<tr><td rowspan="2">③복리비</td><td>중식비</td><td></td><td colspan="2">정액 × 12월</td><td></td></tr>
<tr><td>교통비</td><td></td><td colspan="2">정액 × 12월</td><td></td></tr>
<tr><td colspan="2">합계</td><td></td><td colspan="2">①+②+③</td><td></td></tr>
<tr><td colspan="2">월 평균임금</td><td></td><td colspan="2">합계/12월</td><td></td></tr>
<tr><td colspan="2">연차수당</td><td></td><td colspan="2">통상임금×1.5/209h(월소정근로시간)×(1일근무시간)×연차발생일수</td><td></td></tr>
<tr><td colspan="2">년 급여</td><td></td><td colspan="2"></td><td></td></tr>
<tr><td colspan="2">④퇴직급여충담금</td><td></td><td colspan="2">평균임금(1개월)</td><td></td></tr>
<tr><td colspan="2">총계</td><td></td><td colspan="2">①+②+③+④</td><td></td></tr>
<tr><td colspan="6"></td></tr>
</table>

〈표 7〉 급여산출내역서 [주 40시간(주 6일제 근무)산출내역서]

(년간/ 원)

<table>
<tr><td colspan="2">직위</td><td></td><td>사업소명</td><td>사업소</td></tr>
<tr><td colspan="2">성명</td><td></td><td>계약기간</td><td>20 . .~ 20 . . .</td></tr>
<tr><td colspan="2">업무내용</td><td></td><td>직급, 호봉</td><td></td></tr>
<tr><td colspan="2">구분</td><td>금액</td><td>산출내역</td><td>비고</td></tr>
<tr><td rowspan="6">①
통
상
임
금</td><td>기본급</td><td></td><td>직종별 기본급 × 12월</td><td></td></tr>
<tr><td>직책수당</td><td></td><td>직책수당 × 12월</td><td></td></tr>
<tr><td>위험수당</td><td></td><td>위험수당 × 12월</td><td>차량운전자</td></tr>
<tr><td>조정수당</td><td></td><td>조정수당 × 12월</td><td>보존적 수당</td></tr>
<tr><td>출납수당</td><td></td><td>출납수당 × 12월</td><td>경리업무자</td></tr>
<tr><td>소계</td><td></td><td></td><td></td></tr>
<tr><td rowspan="8">②
수
당</td><td>야간근무</td><td></td><td>통상임금×0.5/226h(월소정근로시간)×야간근무발생시간 ×12월</td><td>22시부터 익일 06시까지 적용</td></tr>
<tr><td rowspan="2">연장근무
(예월30h 발생시)</td><td rowspan="2"></td><td>통상임금×0.5/226h(월소정근로시간)×최초16h×12월</td><td rowspan="2">18시부터
22시까지 적용</td></tr>
<tr><td>통상임금×0.5/226h(월소정근로시간)×연장근무발생시간 × 12월</td></tr>
<tr><td>휴일근무</td><td></td><td>통상임금×1.5/209h(월소정근로시간)×8h×연장근무발생 일수×12월</td><td></td></tr>
<tr><td>법정선임</td><td></td><td>정액수당 × 12월</td><td></td></tr>
<tr><td>근속수당</td><td></td><td>정액수당 × 12월</td><td></td></tr>
<tr><td>상여금</td><td></td><td>기본급 × %</td><td></td></tr>
<tr><td>소계</td><td></td><td></td><td></td></tr>
<tr><td rowspan="2">③
복
리
비</td><td>중식비</td><td></td><td>정액 × 12월</td><td></td></tr>
<tr><td>교통비</td><td></td><td>정액 × 12월</td><td></td></tr>
<tr><td colspan="2">합계</td><td></td><td>①+②+③</td><td></td></tr>
<tr><td colspan="2">월 평균임금</td><td></td><td>합계/12월</td><td></td></tr>
<tr><td colspan="2">연차수당</td><td></td><td>통상임금×1.5/209h(월소정근로시간)×(1일근무시간)×연차발생일수</td><td></td></tr>
<tr><td colspan="2">년 급여</td><td></td><td></td><td></td></tr>
<tr><td colspan="2">④퇴직급여충담금</td><td></td><td>평균임금(1개월)</td><td></td></tr>
<tr><td colspan="2">총계</td><td></td><td>①+②+③+④</td><td></td></tr>
<tr><td colspan="5"></td></tr>
</table>

제4장 건물자산관리 구매행정

제1절 구매행정의 기초개념

1. 구매행정의 중요성

건물자산관리에 있어서 구매행정의 중요성은 아무리 강조해도 지나치지 않을 만큼 중요하다. 왜냐하면 건물자산관리는 내부의 인적 자원과 물적 자원, 재무적 자원, 기술적 자원 그리고 정보적 자원 등의 상호결합과 상호작용 및 조화없이는 관리수행 자체가 불가능하며 나아가 건물자산관리활동에 있어서도 건물관리에 필요한 에너지를 포함한 관리용품과 용역 없이는 건물자산관리활동이 불가능하기 때문이다. 또한 건물자산관리에 있어서 건물자산관리활동에는 직접 관리수단의 하나인 용역과 에너지 및 관리용품 등을 최유효 구매하고 이를 효과적으로 활용하거나 사용할 때, 비로소 양질의 관리효과를 경제적인 방법으로 얻을 수 있기 때문이다. 뿐만 아니라 건물자산관리에 소요되는 에너지와 관리물품과 관리용역 서비스의 구매비용은 연간 관리비의 약 50% 이상을 상회하고 있어 건물자산관리학의 경제성원칙과 건물자산관리활동의 경제성고려의 원칙 및 최소의 비용으로 최대의 관리효과 창출을 지향하는 경제관리 측면에서 볼 때도 대단히 중요한 관리분야이다. 그러므로 건물자산관리에 지장이 없도록 필요한 물품과 용역을 양호한 거래선으로부터 적절한 시기에 고품질의 관리용품과 관리용역을 최소의 비용으로 필요한 수량과 용역인력을 확보하는 것은 대단히 필요하고 중요하다.

특히 건물시설관리에 있어서는 공식적인 관리조직의 구성체계(협의의 인적 구성체제) 외에 시설관리 · 청소 · 경비 · 주차장관리 등에 필요한 용역(서비스)과 각종 검사, 유지보수를 위한 용역이 비상주 조건이긴 하나 연중 필요하다. 또한 건물관리 소요용품의 경우 필요한 물건과 용역의 종류가 매우 다양하고 규격이나 재질 및 품질 등이 서로 상이하며 시설관리업무마다 소요용품이 다소 상이하다.

그러나 건물자산관리를 위해서는 에너지와 소요용품 및 용역을 계속해서 사용되어야 하고, 제공받아야 하므로 언제나 연구하고 조사하여 최유효구매가 항상 이루어지도록 구매담당자는 특별히 유념해야 한다. 구매소요용품 구매비용이 전술한 바와 같이 연간 관리비의 약 50% 이상 상회하므로 건물자산의 경제관리 측면에서도 매우 중요하게 관리해야 한다.

다음에서 구매와 구매관리의 개념을 먼저 살펴본 후 소요구매용품과 용역의 종류를 분류하고 계속해서 구매절차와 재고관리 및 용역사후관리 등에 대하여 실무중심으로 고찰하여 설명하고자 한다.

2. 구매와 구매관리의 의의

건물자산관리에 있어서 구매라 함은 자산관리주체가 건물자산관리활동에 필요한 물품과 용역을 일정한 대가를 지불하고 취득하거나 용역(서비스)을 빌려 쓰는 것을 의미한다. 또한 구매관리란 건물자산관리활동에 전혀 지장이 없도록 자산관리에 필요한 물품과 용역을 양호한 거래선(거래처 및 협력사)으로부터 적정한 시기에 필요한 물품의 수량이나 고품질의 용역을 최소의 비용으로 획득하기 위한 일련의 활동을 의미한다.

다시 말하면 구매관리란 구매를 계획하고 구매의 절차를 결정하고 조정하며 통제, 평가, 사후관리(재고관리)하는 일련의 활동을 의미한다.

3. 구매대상용품과 용역의 종류

건물자산관리에 필요한 구매대상에는 에너지와 용품 및 용역이 있다. 전자를 물적 설비라 하고 후자를 광의의 인적 설비라 한다.

(1) 구매대상용품

용품(물건)이라 함은 유체물권 기타 관리가능한 자연력을 의미하며 일정한 형체를 갖추고 있는 것으로서 구체적이고 관리가능하며 사용할 수 있는 물질적 존재를 말한다.

민법에서는 이와 같은 물건은 유체물, 전기 기타 관리할 수 있는 자연력으로 설명하고 있다. 즉 형태가 있는 물건, 에너지인 전기, 수도물 등과 같이 관리된 자연력을 물건으로 정의하고 있다.

건물자산관리에 필요한 물건, 즉 자산관리의 구맴용품이란 건축설비의 운전과 정비 · 청소 · 경비 · 소독 · 조경 · 건축물영선 · 보수작업 · 보강작업 · 관제 · 제어 · 소방 · 환경 · 사무 · 조명 등의 관리를 위하여 필요한 물건을 구매대상용품이라 하며, 이에는 부품 · 원료 · 에너지 · 재료 · 약품 · 공구 · 기구 · 기기 · 장비 · 자재 · 소모용품 · 사무용품 등이 있다. 이와 같은 구매대상물건은 관리대상물건의 규모나 용도 · 성격 · 시설의 종류 · 용량 등에 따라 구매용품의 종류와 수량 · 규격 · 재질 · 품질 등이 다를 수 있으며 생산자나 거래처 역시 매우 상이하다. 그러므로 구매담당자는 각 부서별로 연초에 구매신청을 받아 검토한 후 정확한 구매계획을 수립하고 최유효구매가 되도록 최선을 다해야 한다.

앞에서 설명하는 구매대상용품은 주로 시설관리와 청소 · 경비 등에 소요되는 것들이며 대형건물(연건평 10,000평 이상, 20층 이상의 건물), 업무용 · 수익성빌딩을 직영관리할 때를 기준으로 작성된 것임을 참고로 밝혀둔다.

1) 환경미화분야 구매대상용품

환경미화관리 분야의 준비물 또는 구매대상용품에는 청소도구 및 청소자재, 약품 등이 있다.

① 환경미화청소도구

청결과 위생관리를 위한 구매 또는 준비 환경미화도구에는 다음과 같은 청소도구 등이 있다. 청소관리대상건물의 규모, 용도, 마감자재의 성격 등에 따라 구매대상청소도구는 다소 상이함을 참고하기 바란다.

- 부유분진・측정기
- PH-Meter
- Co/Co_2・측정기
- Do Meter
- 조도계
- 공구 박스(tool box)
- 휴대용 랜턴
- 배기진공청소기
- 흡수진공청소기
- 진동마루 세척기
- 왁스머신기
- 펌프카
- 최고압 세정기
- 양수기
- 수중모터
- 잔수 처리기
- PH 측정기
- 탁도・색도측정기
- 잔류염소 측정기
- 빗자루
- 자동 빗자루
- 걸레
- 마른 걸레
- 젖은 마포
- 젖은 걸레
- 총채・기틀 총채
- 일반 브러시
- 샌드 브러시
- 빈닥 브러시
- 전기 브러시
- 수세미
- 샌드페이퍼
- 가죽용칼
- 로프 등

② 환경미화청소자재

환경미화 청소자재에는 다음과 같은 자재들이 구매되거나 준비되어야 한다. 건물의 규모, 마감재의 종류나 특성에 따라 청소자재의 종류와 재질이 달라짐은 물론이다.

- 물
- 세제
- 합성세제
- 산・알칼리 표백제
- 비누
- 왁스
- 톱밥 등

2) 경비보안관리분야 구매대상용품

경비보안관리분야 준비 또는 구매용품에는 다음과 같은 것들이 있다.

관리대상 건물의 규모, 용도, 성격 등에 따라 구매용품의 종류가 달라짐은 물론이다.

- CCTV
- 연속촬영 카메라
- 분할상영 카메라
- 가스 분사기
- 무전기
- 호루라기
- 곤봉
- 플래시(랜턴)
- 망원경
- 가스총
- 경비원 휴대 장구 등

3) 전기설비관리분야 구매대상용품

전기설비관리분야의 준비물 또는 구매대상용품에는 계측기 · 장비 · 공구 · 자재 등이 있다.

① 전기계측기

- 비중계(배터리)
- 멀티테스터(전자식)
- 사이클 카운터
- 후크 미터
- 적외선 온도계
- 결상계
- 절연저항계(500V~1,000MΩ)
- 절연저항계(2,000V~5,000MΩ)
- 후크온 접지저항계
- 누설전류 측정기
- 배터리 테스터
- 저압 검전기(전류가 흐르는 경우 계측)
- 가변 변압기
- 테스터(약전 보수용)
- 테크미터(회전계)
- 계가(수동식 · 전자식)
- 계기용 변압기, PT(고일반 · 플레이 · 계기용)
- 변류기, CT(고일반 · 플레이 · 계기용)
- 전류계 부착박스 개폐기
- 플러그식 황선 전류계(전선제위 측정)
- 전류계 배연박스(삼상 전류기 개폐용)
- 클램프미터(활선전류 · 전압측정시)

② 전기장비

- 휴대용 무전기
- 조식 진공청소기
- 핸드카
- 알루미늄 사다리(1.5M · 2M · 3M · 5M 용)

③ 전기공구

- 전공 나이프
- 수탁식 못총(못박는 기계)
- 컬플러그
- 압착 펜치
- 리드렛치형 나이트 나사 절삭기
- 리머
- 리벳 박기총
- 파이프 벤더
- 절연 펀치
- 전동 드라이브
- 터미널 압착기
- 전기공구박스
- 핀셔
- 펄터
- 대 · 중 · 소용 드라이브(+/−)
- 검정 드라이브(테스터용)

- 선삽입기
- 와이어 스트리터
- 슬리브 비트는 기구
- 고정용 그린드
- 휴대용 그린드
- 충전용 드릴
- 현미경용 드릴
- 비상 라이트
- 릴 콘센트
- 몽키 펜치
- 다운 트랜스(220V~110V/1kW)
- 접지기구
- 자동 드라이브
- PVC 해머
- 납 해머
- 주평(알루미늄 · 고급)
- 작업등
- 줄자
- 함석가위
- 쇠톱틀
- 공업용 칼
- 대목 · 세목 줄
- 휴대용 그리스 건
- 휴대용 랜턴

④ 전기재료

건물관리현장에서 전기설비의 유지나 관리 및 운용 · 정비 등을 위하여 자주 사용되는 재료를 전기재료라 하는데 일반적으로 자주 사용되고 필요한 전기재료의 종류는 다음과 같다.

- 전선
  - 평형 비닐 케이블
  - 600V 비닐 전연전선
  - 퓨즈
  - 갈고리 퓨즈
  - 관 퓨즈
  - 통형 퓨즈
  - 실 퓨즈
  - 퓨즈
- 코드
  - 평형 비닐코드
  - 접질로 묶은 코드
- 스위치
  - 스냅 스위치
  - 풀 스위치
  - 펜던트 스위치
  - 연음파동 스위치
  - 텀블러 스위치
  - 매입 텀블러 스위치
- 기타
  - 브레이커
  - 커버 부착 나이트 스위치
  - 스템플
  - 접지 클램프
  - 콘크리트 박스
  - 아우틀세박스
  - 새들
  - 웨드캡
  - 유니버설
  - 둥근형 노출박스(4방출용)
  - 코드 펜던트
  - 파이프 펜던트
  - 체인 펜던트
  - 다운 라이트
  - 라이트
  - 글로램프(40W용/90W 이하)

4) 기계설비 관리분야 구매대상용품

건물자산관리업무 중 건축설비 관리분야의 준비 또는 구매대상 기계설비, 관리용품에는 역시 계측기 · 장비 · 공구 · 재료 · 부품 등이 있다.

① 기계계측기

- 가스누설 탐지기
- 후크미터
- 표면온도계
- 마이크로미터
- 베어 칼리퍼
- 표준온도계
- 피치 게이지 등

② 기계장비

- 전기용접기 세트
- 산소용 전기 세트
- 휴대용 산소용접기
- 휴대용 전기용접기
- 파이프 머신 세트
- 고압 세척기 세트
- 수중 펌프
- 전동 파이프 청소기
- 휴대용 무전기
- 고속절단기
- 포목용 줄자
- 고정작업대
- 체인 브록크(1T 용)
- 오일 잭(5t 용)
- 핸드건
- 알루미늄 사다리(1.5M · 2M · 3M · 5M 용)
- 유압 사다리(11M) 등

③ 기계공구

- 소형 용접기
- 대저울
- 드릴링머신
- 압력식 파이프 클리너
- 수동식 파이프 클리너
- 코드릴
- 기어 플러
- 수압테스터 펌프
- 윙펌프
- 스크루잭
- 스몰잭
- 체인블록
- 워트 펌프 플라이어
- 플리퍼
- 폰지
- 평정
- 축
- 캘리퍼스
- 드릴용 슬리브
- 마이크로미터
- 핸들다이스
- 다이스
- 콤비네이션 프라이어
- 줄(원, 반원, 각, 삼각, 평줄)
- 판금가위
- 탭렌치
- 수동탭(1번, 2번, 3번탭)
- 휠렌치
- 오프셋렌치
- 홈파기정
- 코킹정
- 직각자
- 시크니스 게이지
- 핸드리머
- 수평(1M)
- 콤파스(산소절단용)
- 작업등
- 작업대

- 페이퍼 드릴(큰 지름용)
- 스트레이트 드릴(작은 지름용)
- 고정형 드릴
- 매니퐁드 게이지
- 고정용 그린드
- 휴대용 그린드
- 건 드릴
- 휴대용 전동 등
- 비상 라이터
- 다단 pliers(6″ · 8″ · 10″일반, 8″평형)
- 기어 pulley(2말, 3말)
- 파이 프렌치(8″ · 10″ · 12″ · 14″ · 18″ · 24″)
- 몽키 펜치(6″ · 8″ · 10″ · 12″용)
- 함석가위(직선용, 곡선용)
- 양변기 포수기
- 기계공구 박스
- 철자(목수용, 철용)
- 정(로비)
- 줄자
- 쇠톱틀
- 공업용 칼
- 세목줄
- 기리 세트
- 사이렌트 건
- 와이어 브러시
- 각종 탭(tap)
- 기계용 청진기
- 빠루
- 레이아웃 핀
- 그리스 건
- 휴대용 랜턴
- 휴대용 무전기 등
- 드라이브 세트
- 각종 해머

④ 기계부품

- 턴버클
- 나사못
- 나사(사각, 6각, 접시, 둥근, 반둥근, 납작, 6각 구멍붙이 멈춤나사)
- 할핀
- 둥근 와셔
- 각 와셔
- 스프링 와셔
- 혀붙이 와셔
- 볼트(전나사, 6각 구멍붙이, 토막내기)
- 나비너트
- 와이어 클립
- 섀클
- 목재활차
- 철활차
- 안경밴드
- 턴버클용 밴드
- 매입 다리붙이용 밴드
- V풀리
- 롤러밴드
- 횡형 롤러 밴드
- 입형 루프드레인
- 양수기 박스
- 코너형 루프드레인
- 나사식 호스이음
- 호스이음 등

⑤ 기계재료

- 슬루스 밸브
- 체크 밸브
- 오일캡
- 그리스캡

- 프랜지 밸브
- 스톱 밸브
- 그랜드 콕
- 플러그 콕
- 핸들 콕
- 피 콕
- 미터 콕
- 드레인 콕
- 볼베어링
- 유니온 조인트
- 사이펀 파이프
- 오일게이지
- 횡수전
- 동장수전
- 자재수선
- 핸들수전
- 호스클럽
- 볼탭
- 오일러
- 아마존 패킹(증기용)
- 석면패킹(보일러 냉동기용)
- 혼합수전 등

5) 건축관리분야 구매대상용품

건축물관리를 위한 보수보강 작업에 있어서 갖추어야 할 물적 설비에는 장비·공구·재료 등이 있다. 건축재료에는 페인트·목재·타일 등 수백 종에 달하며 주요 구매대상 용품들을 간략하게 소개하면 다음과 같다.

① 건축장비

- 에어 컴프레서(도장·tucker 용)
- 힐티 건
- 망원경
- 무전기
- 공구 박스
- 고정 작업대
- 알루미늄 사다리(1.5M·2M·3M·5M 용) 등

② 건축공구

- 고정형 드릴
- 고정형 그린드
- 에어 스프레이 건(도랑용)
- 휴대용 그린드
- 충전용 드릴
- 해머겸용 건 드릴
- 전동 원형틀
- 진동대패
- 휴대용 전동 샌드
- 유리칼
- 대패(막, 마감용)
- 박력기
- 드라이브 세트
- 휴대용 톱
- 고정용
- 부탄가스용 터치 램프
- 다단 플라이어스
- 릴 콘센트
- 몽키 렌치
- 랫치 박스
- 편구 렌치
- L-렌치
- 함석가위
- 쇠톱틀
- 공업용 칼
- 제목 줄

- 각종 해머
- 수평자
- 철자
- 목욕용 자
- 작업등
- 벽돌 고정용 고대
- 흙손(철재, 나무)
- 정(노미)
- 목수용 먹통
- 타일 절단기
- 방울 집게
- 줄자
- 줄
- 공구 박스
- 사이렌트 건
- 곡괭이
- 빠루
- 휴대용 랜턴
- 기계 청소용 에어컨
- 나무용 톱(양날, 외날)
- 추
- 해머용 드라이브
- 헤드용 랜턴 등

6) 관제관리분야 구매대상용품

관제용 구매대상용품에는 계측기와 장비·공구 등이 있다.

① 관제계측기

- 온도계
- 습도계

② 관제장비와 공구

- 휴대용 무전기
- 핀셔(6″·8″)
- 드라이버 세트(대·중·소)
- 공구 박스
- 휴대용 랜턴, 등

7) 제어관리분야 구매대상용품

제어용 물적 설비에는 계측기·장비·공구 등이 있다.

① 제어계측기

- 멀티 테스트기(디지털식·전자식·아날로그식)
- 전합 박스
- 직류 전압·전류 발생기
- 절연저항체
- Rom·Writer·Eraser 세트

② 제어장비

- 휴대용 무전기
- 조명 부착 고정 작업대
- 터미널 압착기
- 전기 인두

- 해머겸용 건 드릴
- 와이어 스트리퍼
- 릴 콘센트
- 몽키 렌치 세트
- 다운 트랜스
- 가스 인두
- 핀셔
- 림퍼
- 롱 노스 필터(6″ · 8″)
- 고압감전기 등

③ 제어공구

- 드라이버 세트(대 · 중 · 소)
- 주먹 드라이버
- 시계용 드라이버
- 작업등
- 함석가위
- 줄자
- 쇠톱 틀
- 공업용 칼
- 납빨이
- 휴대용 랜턴 등

8) 소방관리분야 구매대상용품

소방관리분야 구매대상용품에는 장비 · 공구 · 안전용품 등이 있다.

① 소방장비

- 휴대용 무전기
- 알루미늄 A형 사다리(1.5M · 2M · 3M · 5M 용)
- 유암 사다리(11M)
- 해머겸용 건 드릴
- 릴 컨센트
- 몽키 렌치
- 연기감지기용 테스터
- 열감지기용 테스터
- 핀셔
- 롱로즈 등

② 소방공구

- 대 · 중 · 소 드라이브
- 작업 등
- 줄자
- 쇠톱 틀
- 공업용 칼
- 공구 박스
- 휴대용 랜턴 등

9) 조명관리분야 구매대상용품

조명관리분야 구매대상용품에는 장비 · 공구 등이 있다.

① 조명장비

- 휴대용 무전기
- 핸드카 등
- 알루미늄 A형 사다리 (1.5M · 2M · 3M · 5M 용)

② 조명공구

- 해머겸용 건 드릴
- 릴 콘센트
- 핀셔스
- 림퍼
- 롱 로즈
- 대・중・소 드라이브 세트
- 함석 가위
- 줄자
- 쇠톱 틀
- 공업용 칼
- 공구 박스
- 휴대용 랜턴 등

10) 안전관리분야 구매대상용품

소방・전기・기계 등의 안전관리구매대상용품은 대체로 다음과 같다.

① 비상구급 박스(구급 3호 의약품)
② 휴대용 산소 마스크
③ 들것
④ 화재피난용 방독면
⑤ 방연 마스크
⑥ 방연복
⑦ 담요
⑧ 도끼
⑨ 메가폰
⑩ 안전 벨트
⑪ 안전모
⑫ 절연 장화
⑬ 절연 장갑
⑭ 공구용 혁대
⑮ DS 조작봉
⑯ 고압 검전기
⑰ 검전기
⑱ 호루라기
⑲ 가스총 등

11) 현장사무실 관리분야 구매대상용품

현장관리사무실 관리를 위한 구매대상용품은 대체로 다음과 같다.

① 책상 및 의자
② 업무용 컴퓨터
③ 프린터 전화
④ 팩스
⑤ 복사기
⑥ 카메라
⑦ TV・비디오・라디오
⑧ 책장
⑨ 금고
⑩ 캐비닛(5단)
⑪ 시계 칠판
⑫ 공구함
⑬ 냉장고
⑭ 음용수 정수기
⑮ 스캐너
⑯ 작업대
⑰ 둥근 일반 의자 세트
⑱ 사무용품
⑲ 양수기(소형・중형・대형)
⑳ 배관용 테이프
㉑ 고무판
㉒ 앙커 볼트

㉓ 너트
㉔ 철판
㉕ 함판
㉖ 기리 피스
㉗ 못(목재용 · 시멘트용)
㉘ 앵글
㉙ 스파이드 패킹(각종)
㉚ 유리관 퓨즈(각종)
㉛ 터미널(각종)
㉜ 용접봉
㉝ 온 · 냉수용 물호스
㉞ 에어 컴프레서용 에어 호스
㉟ 호스 밴드 등

12) 기타 구매대상용품

① 전기
② 가스
③ 유류
④ 수돗물
⑤ 운반차량(해당되는 경우)
⑥ 면장갑
⑦ 팬드 각종
⑧ 페인트 붓
⑨ 룰러
⑩ 팬턴 배터리
⑪ 각종 전선
⑫ 색소
⑬ 실밥
⑭ 세척제
⑮ 연결 콘센트
⑯ 강력접착제
⑰ 우의
⑱ 각종 전선
⑲ 콘센트
⑳ 플러그(1형, r형)
㉑ 샌드 페이퍼
㉒ 면 테이프(전기작업용)
㉓ 전기 비닐 테이프
㉔ 고무절연 테이프
㉕ 각목
㉖ 쓰레기수거용 손수레
㉗ 일반 자재운반용 손수레
㉘ 짐운반용(엘리베이터 내) 담요
㉙ 급속응결 시멘트
㉚ 방수재 각종
㉛ 건축설비 매뉴얼
㉜ 건물관리직무 매뉴얼
㉝ 건물관리 관계법령집
㉞ 부동산 세법
㉟ 샌드백
㊱ 오일 확산방지 분재
㊲ 제설작업 도구
㊳ 제설용 염산
㊴ 청관제, 제초제, 염산, 쿨링팩, 종초제 등의 약품
㊵ 휴대용 확성기
㊶ 조경시설물 도구(삽, 핸드삽, 곡괭이, 커트기, 잔디기계, 제초기 등)
㊷ 각종 설비부품(전기 · 기계 · 독신 · 소방 · 주차 · 제어 · 관제 · 터널 · 비상발전기 · 각종 펌프 · 기타 설비용품 등)

(2) 구매대상 건물관리용역

1) 구매대상 건물관리용역의 의의

용역이라 함은 일정한 대가를 받고 생산과 소비에 필요한 노무를 제공하는 것으로 서

비스라 한다.

건물자산관리에는 공식적인 협의의 인적 구성체계(총괄관리자, 감독자, 근무자)만으로는 전체적인 관리가 불가능(전체용역 해당인원을 고용하는 경우 가능하나 비경제적, 비효율적임)하므로 사적 서비스를 제공하는 광의의 인적 구성체계의 용역이 필요하다. 따라서 건물자산관리에는 사설관리용역, 경비용역, 청소용역 등의 여러 가지 용역이 필요한 바 구매대상 용역의 종류를 기술하고 용역의 구매절차에 대해서는 제3절에서 후술하고자 한다.

2) 건물관리 구매대상 용역의 종류

건물관리용역 구매대상은 다음과 같다.

① 시설운영관리용역

- 자동제어 시스템 정밀검사 및 유지보수용역
- 조명제어 시스템 정밀검사 및 시스템 유지보수용역
- T/T기계 자동제어 설비유지 보수용역
- LED 전광판 시스템 유지보수용역
- 터보 냉동기 유지보수용역
- 혼수식 냉동기 유지보수용역
- UPS 설비유지 보수용역
- 발전설비 유지보수용역
- 승강기 관리운영 보수용역
- 방재 진동 제어 및 법정 점검용역
- 보일러 운전정비 및 유지보수용역

② 환경관리용역

- 건물청소용역
- 쓰레기 분리수거용역
- 소독 방역 관리용역
- 조경시설물 관리용역
- 악취제거용역
- 바닥재 관리용역
- 외벽 청소용역
- 음식물 분리수거용역
- 물탱크 청소용역
- 정화조 청소용역
- 저수조 청소용역

③ 안전관리용역

- 상주경비용역
- 기계경비용역
- 보안순찰용역
- CCTV 카메라촬영 대행용역
- 안내용역

④ 주차관리용역

- 주차관제 설비용역
- 주차장운영 관리용역

⑤ 기타 관리용역

- 전기설비검사 대행용역
- 미술품 관리용역
- 임대관리용역
- 법률, 세무 등의 컨설팅 용역
- 광고대행용역
- 건물자산 경영개선 용역
- 입주자관리 대행용역
- 관리종사자 교육훈련 용역
- 인력관리 대행용역
- 건축 보수공사 용역
- 소요인력 파견용역
- 각종 검사용역
- 광고물관리 대행용역
- 안전진단 및 정밀안전진단 용역 등

제2절 구매기본계획

건물자산관리에 있어서 구매관리 담당자는 에너지와 물품 및 용역의 구매의뢰부서로부터 소요물품의 연간 사용량(수시발생물품 제외)과 용역의 종류별 소요판단을 미리 제출받아 최적의 구매계획을 수립하여야 한다. 가장 효율적인 구매를 위하여 작성되어야 할 기본 구매계획수립은 다음과 같은 내용을 포함하여야 한다. 편의상 구매기본계획은 건물관리에 필요한 구매용품(물건)을 중심으로 설명해보기로 한다.

1. 구매용품의 품명

건물의 장착설비 기계종류는 매우 다양하고 제작회사 또한 각각 다를 수 있으므로 사용부품이나 자재의 규격・수치가 일정하지 아니하나 적어도 소요 부서의 사양서에 의하여 품명・규격・수치・수량・성능・강도・생산자 등의 표시에 맞는 품질의 용품(물품)을 구매할 수 있도록 하여야 하고, 기술시방서에 맞는 제품으로서 사용목적에 합당해야 하며 가장 경제적인 것이어야 한다.

2. 구매용품의 수량

건물관리에 소요되는 용품은 에너지를 제외하고는 필요한 양만 구매하는 것이 원칙이므로 구매용품의 수량은 그리 큰 문제가 되지 아니한다.

그러나 비상시를 대비한 부속, 부품(스페어파트) 등은 사전에 미리 구매하고 재고용품으로서 보관하는 것이 편리하다. 계속적으로 소모되는 용품은 사용기간과 사용량을 계산하여 일시에 구매량을 정하는 것도 경제적인 방법이 될 수 있다. 구매용품의 수량문제는 가장 경제적인 주문량이 되도록 하거나 적정 주문량이 되게 하여야 한다. 구매용품의 종류나 수량은 관리의 성격・종류・내용 등에 따라 매우 차이가 있을 수 있다.

3. 구매용품의 가격

구매용품의 가격에 관한 계획은 구매의 기본계획에 있어서 매우 중요한 계획이다. 경험있는 관리자는 1년간 필요한 용품의 종류와 수량을 예측하고 관리예산서에 미리 반영하여 구매시점에 이를 근거로 구매가격을 산정하여야 한다. 구매용품의 가격은 기술사양서에 맞는 제품을 시장에서 조사하여 경쟁가격으로 가장 유리한 가격조건이 되도록 하여 구매하여야 한다.

구매가격의 가장 중요한 것은 관리예산서에 반영된 기준가격의 범위 내에서 이루어져야 한다는 점이다. 그러므로 기준가격 설정시 충분한 시장조사 및 생산자에 대한 가격조사활동을 통하여 이루어져야 한다.

4. 구매시기

일반 제조회사의 경우에는 재고품에 따라 구매시기가 달라질 수 있으나 건물관리현장의 경우 그때그때 필요한 시기에 긴급구매하는 경향이 있다. 그러므로 구매시기는 납품서를 의뢰한 후, 즉시 또는 가장 짧은 시간 내에 관리현장에 도달하지 않으면 안된다. 따라서 구매담당자는 당해 건물의 예상용품의 구입처나 구입용품에 대한 정보를 사전에 조사하여 충분한 정보를 미리 가지고 있어야 한다.

뿐만 아니라 인근 건물에서 긴급히 빌려 쓸 수 있는 공구・기기・부품 등이 있는지도 서로 정보를 교환해두었다가 유사시 긴급조달이 불가능한 경우 일시 빌려쓰고 후일 구매하여 돌려주는 지혜도 필요하다.

5. 구매처 또는 거래처

유리한 구매를 위해서는 좋은 구매처나 거래처가 필요하다. 좋은 구매처란 신용있는 생산자나 용품공급처로서 용품의 품질·가격·납기·거래조건·사후 서비스 등이 양호한 거래처를 의미한다. 다시 말하면 품질이 기술사양서에 맞고 가격이 가장 경제적이며, 납기를 잘 맞출 수 있으며, 구매물건의 고장시 사후 서비스를 잘 할 수 있는 조건을 의미한다. 기존 거래처는 미리 좋은 거래처인지 아닌지를 알 수 있으나, 최초 거래처는 신용상태 등을 알 수 없으므로 초기의 시험거래를 통하여 확인해 두는 것이 현명하다.

6. 거래조건

용품의 구매에는 거래조건에 따라 구매가격이 달라질 수 있고 납기일이 단축될 수 있다. 예를 들면 대금결재방법이 현금으로 지급되는 경우 가장 유리한 조건의 구매가 가능해지고, 또 납기일도 단축된다. 거래조건의 주요 내용에는 대금지급방법, 가격인하, 전도급지급, 인도장소나 인도방법·인도시기·수송방법 등이 포함된다.

거래조건에 따라 경제적인 구매가 가능해지므로 상담시에 구매자는 가장 유리한 거래조건을 확보해야 한다. 종전의 구매개념은 회사자금의 소비자라는 인식이 팽배했으나 현재의 구매개념은 회사의 흑자경영에 지대한 영향을 주는 것으로 구매업무를 높이 평가하고 있다.

7. 구매방법

구매방법에는 수의계약 또는 경쟁입찰 계약방법이 있다.

회사 구매관리규정에 따라 일정금액을 초과하는 용품구입이나 용역은 경쟁입찰방법에 의하여 구매해야 한다.

8. 관리예산 검토

기본구매계획을 수립할 때 반드시 관리예산을 검토해야 한다. 관리예산에 없는 용품이나 용역 구매는 관리예산에 없거나 예산의 전용 역시 불가능할 경우 긴급 구매용품 또는 용역이 아닌 경우 구매처리가 불가능하다. 따라서 구매기본계획 수립시 관리예산을 수립하고 관리예산의 범위내에서 집행하도록 해야 한다.

제3절 구매절차

건물자산관리에 소요되는 용품과 용역의 구매절차는 다소 상이하다. 용품(소요용품)은 표준 구매절차 또는 간이구매방법(수의계약)에 의하여 구매처리가 가능하며 용역의 경우 역시 용역의 성격상 대부분 경쟁입찰에 의하여 처리되나 긴급한 보수공사 등은 수의계약방법에 의하여 처리된다.

따라서 구매절차는 용품 구매절차와 용역 구매절차로 나누어 살펴보는 것이 현명하다.

1. 용품 구매절차

건물자산관리에 있어서는 제조회사와 같은 복잡한 구매절차보다 단순한 구매절차만으로 용품이 구매 가능하고, 회계처리 또한 가능한 특징이 있다.

건물자산의 특성에 맞는 용품 구매절차를 설명하면 다음과 같다.

(1) 구입신청

건물시설관리 각 부서로부터 용품구입서를 작성하여 구매담당자에게 제출하여 소요용품 구입을 신청한다. 구입신청서에는 필요 용품의 품명 · 규격 · 수량 · 소요시기 · 용량 · 시험성적서 등과 사양, 신청부서명을 기록하여 신청서를 제출하되 구입시간을 충분히 고려하여 구입신청서 2부를 작성, 사용 1개월 전에 구입을 의뢰하여야 한다.

구입신청서 1부는 신청부서에서 보관하고, 1부는 구매담당자에게 제출한다.

(2) 구입신청서 검토 및 견적자료 배포

구매담당자는 구매신청서에 기록된 구매신청 용품의 내용 · 납품조건 · 지불조건 · 규격 · 수량 · 단위 · 종류 · 납기일 · 납기장소 등을 상세히 검토하고 납품가능 거래처나 생산자들에게 송부하여 2~3개 거래처 또는 납품업체로부터 샘플과 실험서, 브로슈어와 함께 견적서를 접수받는다.

(3) 예산확인 및 구매결정

구매담당자는 접수된 견적서 등을 검토하고 예산을 검토한 후 구매용품의 내용을 대비하여 구매방법 등 구매의견을 첨부하여 구매결정 권한이 있는 자의 승인을 받는다. 구매결정에 반드시 최유리구매가 될 수 있도록 사전에 납품업체와 협의하여 가격의 조정, 지불조건, 납기일 이행보장 등을 분명히 하여야 한다.

(4) 주문서 발송

제조회사의 경우 주문서는 주문서 원안, 주문카드, 주문보고서, 주문서 발주통지서 등을 작성하여 주문서 원안과 주문카드는 구매담당과로, 주문보고서는 경리과나 회계과로 송부하여 회계처리 또는 대금납부 지불계획에 활용하도록 하고, 발주통지서는 매수신청자에게 송부하고, 주문서는 거래처나 거래업자에게 송부한다.

그러나 이러한 절차는 제조회사에서는 매우 좋은 절차이나 긴급을 요하는 건물관리현장에서는 다소 맞지 않는 절차이므로 주문구매결정서(구매품의서)는 구매담당자가 보관하고, 주문서는 거래업자에게 송부하며, 발주통지는 구매신청자에게, 구매결정서 사본은 경리과에 통보함으로써 구매신청자는 구매용품의 수령과 사용에 대비하게 하고, 경리담당자는 구매용품의 대금지불을 준비한다. 이러한 주문서 등의 서류는 가능한 한 행정업무 간소화에 맞추어 전산처리하나 서류 작성시간 단축을 위하여 한번에 작성되는 것이 바람직하다. 주문서 발급부서는 거래처의 납기를 관리하여 예정된 납기일에 납품되도록 사후관리를 해야 한다.

(5) 용품의 납품검수 및 재고대장 기록

납품업자는 주문받은 물건의 현품과 지정납품서와 접수처, 검수서 원안을 용품에 첨부하여 납품하면 구매담당자는 지정납품서만 접수하고 용품과 납품서, 검수서, 검수서 원안을 구매신청자 및 창고담당자에게 보낸다.

구매의뢰자와 창고담당자는 납품서와 발주통지서를 확인하여 주문용품 여부, 수량의 부족이 없는지, 기술사양에 맞는 용품인지 확인하고, 납품서는 구매담당자에게, 용품수령서는 수령날인 후 납품업자에게 교부한다. 제조회사의 경우 창고담당자의 용품수령 후에 별도의 검수과정을 두어 창고 담당자가 검사표 · 구매표 · 검수통지서 · 구입보고서 · 조달전표 등을 구입용품에 첨부하여 검사과에 보내고, 이를 검사과에서 수령받아 검수하는 절차를 밟게 되나, 건물관리현장의 사정상 이러한 표준구매절차 이행이 쉽지 않다.

따라서 창고담당자와 용품구매 신청자는 함께 검수하고 수령하여 수령대장에 등재한 후 행정절차에 따라 사용하고 재고대장만 정리하도록 하여야 한다.

(6) 대금지불

구매담당자는 용품의 수령과 동시에 외상매입원장에 등재하고 지불기일 전에 지불청구서를 작성, 경리과에 송부하고, 경리과는 지불청구서를 지불계획서와 확인하여 지정기일에 지불한다. 영수증을 받아두는 것은 물론이다.

경리과는 지불결과를 구매담당자에게 통보하여 외상매입원장을 정리하게 하고, 경리과는 회계처리함으로써 구매절차는 모두 끝나게 된다.

2. 용역 구매절차

건물자산관리에 필요한 용역은 매우 다양하다. 따라서 양질의 용역을 제공받아 적절하게 사용함으로써 경제적 방법으로 관리가 가능할 뿐 아니라 관리업무의 효율성을 얻을 수 있다. 용역구매 역시 대부분의 용역의 경우 경쟁입찰방법에 의하여 처리되나, 긴급보수나 단기 용역이나 금액이 경미한 용역의 경우 수의계약에 의하여 구매된다.

(1) 경쟁입찰에 의한 용역업자 선정 절차

장기 용역 또는 일정한 금액을 초과하는 용역은 경쟁입찰방법에 따라 다음의 절차에 의하여 처리된다.

경쟁입찰 절차는 대체로 다음과 같다.

① 용역상황 발생
② 용역 검토 및 계획수립(시방서, 내역서 작성 및 비용산출)
③ 시행 내부품의 및 승인
④ 공고
⑤ 입찰 등록 및 현장 설명
⑥ 입찰 실시
⑦ 예정 낙찰자 결정 및 계약서류 접수
⑧ 낙찰자 선정 및 계약방법 등 품의
⑨ 계약 체결
⑩ 현장 투입
⑪ 용역업체 사후관리 품질검사(대금 정산 등)

(2) 수의계약방법에 의한 용역업체 선정절차

긴급보수나 단기용역 또는 경비한 용역은 사전에 등록된 협력업체 중에서 선정하고 내부 품의를 받아 약식으로 수의계약하는 바 그 절차는 다음과 같다.

① 긴급보수상황 발생
② 상황보고 및 긴급보수작업 승인
③ 해당 협력업체(2, 3개 업체)통보, 현장설명
④ 견적서 접수 및 대비
⑤ 보수업체 선정 및 계약방법 품의
⑥ 계약 체결
⑦ 공정표 접수 및 보수작업 수행, 작업일지 작성, 감독
⑧ 용역검사 실시, 용역검사조서 작성
⑨ 용역대금 지불

제5장 건물자산관리 사무문서행정

- 제1절 사무행정의 개요
- 제2절 문서행정

제1절 사무행정의 개요

1. 사무행정의 개념

건물자산관리의 관리영역은 최광의 관리개념에 따라 크게 경제관리 · 행정관리 · 법률관리 · 기술관리 · 환경관리 · 위험관리 관리영역으로 분류하고 있다. 이와 같은 6개 관리영역의 관리대상을 종합적으로 관리하는 관리개념을 최광의 관리개념이라 한다. 전술한 관리영역에 해당되는 관리업무의 성질을 크게 대별하면 건물관리사무행정 분야와 건물관리기술 분야로 대별할 수 있다.

사무행정은 건물관리행정 분야의 한 관리업무로서 문서에 관련된 업무 또는 그 업무수행을 하는 행위를 말한다. 즉, 문서를 통한 기록행위를 의미한다. 이러한 문서관리 이외에 관리직원을 선발 · 채용 · 교육 · 배치하는 인사관리, 관리사무소, 운영사무 등 조직관리 대관업무 등의 사무가 있다. 그러나 본 절에서는 인사행정이 건물의 행정관리상 매우 중요한 분야이므로 독립된 절로 편성하여 설명하도록 하고, 좁은 의미의 사무관리, 즉 문서를 중심으로 한 사무관리업무에 관하여 설명하고자 한다. 다시 말하면 건물행정관리 분야는 기술관리 분야를 제외한 거의 대부분의 업무이므로 그 범위가 넓고 관리업무 종류 역시 매우 다양하다. 그 내용을 살펴보면 다음과 같다.

1) 인사사무관리
2) 문서사무관리
3) 회계사무관리
4) 세무사무관리
5) 노무사무관리
6) 보험사무관리
7) 관리사무소 등 조직사무관리
8) 계약사무관리
9) 입주자사무관리
10) 사후관리업무 사무관리
11) 유관기관업무 사무관리
12) 전산사무관리
13) 용품구매사무관리
14) 보험사무관리
15) 임대사무관리

사무관리는 이상과 같이 광범위한 내용을 가지고 있는 분야이나 이 절에서는 건물자산관리 행정업무분야 중 사무관리에 관해서만 살펴보고자 한다.

2. 사무관리의 목적

건물시설관리에 있어서 사무관리는 사용자나 입주자를 위하여 관리주체와 관리종사자로 하여금 전문성과 효율성을 발휘하여 업무를 수행하여 사용자나 입주자의 건물사용수익을 효율적으로 돕는 데 있다. 관리의 책임을 지고 있는 관리주체의 장은 관리현장의 규모와 내용을 파악하여 적정의 업무수행 계획과 조직·예산·인사·회계 등 행정관리업무를 수행하여야 하는데 이러한 업무수행 등이 주로 문서를 통하여 이루어지므로 사무관리의 주된 내용은 문서관리라 할 수 있다.

따라서 일반 임대건물이나 공동주택 등은 관리업무를 위해 필요한 문서를 정리하여 비치해야 하고, 필요에 따라 언제든지 활용할 수 있도록 하여야 한다. 한걸음 더 나아가 문서를 전산처리하는 것도 매우 중요한 사무관리의 한 방법이고 연구해야 할 과제이다.

3. 사무관리의 기능

사무관리는 다음과 같은 기능을 하게 된다.

① 회계업무의 근거자료 제공 : 건물관리행정 업무 중에서 예산회계 관계철, 관리비 관계철 등의 문서를 합리적으로 분류·보존함으로써 정확한 회계업무를 도모할 수 있고, 회계업무의 근거자료를 제공할 수 있게 된다.
② 관리업무의 전문성·효율성 제고
③ 관리업무의 계속성·일관성의 유지
④ 감사 및 감독의 근거자료 제공

제2절 문서행정

1. 문서행정의 의의

문서란 관리기구의 내부 또는 대외적으로 작성·시행되는 문서·그림·도면 등과 관리조직이 접수한 모든 문서를 말한다. 건물관리에 있어서 문서관리란 위와 같은 문서를 일정한 원칙에 따라 분류·보존하는 관리행위를 말하며, 협의의 사무관리는 문서행정만을 의미한다.

2. 문서분류의 원칙

문서를 분류하는 데는 반드시 지켜야 할 원칙이 있는데 이를 문서분류의 원칙이라 한다. 문서분류의 원칙에는 다음과 같은 것이 있다.

(1) 종합의 원칙

세분해서 나누는 것이 아니라 서로의 내용이나 성질이 비슷하고 처리상 편의의 정도에 따라 같은 것끼리 묶는 것을 말한다.

(2) 일관성의 원칙

분류의 종류에 따라서 무엇에 구분할 것인가에 따라 명확하게 정한 다음 그 기준에 입각하여 통일성 있게 분류하는 것을 말한다.

(3) 점진의 원칙

문서분류시 간단한 것에서부터 복잡한 것으로 묶어가는 방법을 말한다.

(4) 상호배제의 원칙

문서를 분류할 때 애매한 것을 없애고 중복시키지 않으면서 어디에 서류를 넣어야 할 것인가를 분명하게 하는 것을 말한다.

(5) 병치의 원칙

문서의 분류는 모든 단위를 포함하는 것으로 병치를 채용하는 방법을 말한다. 큰 범주에 종속된 부분이 없도록 문서를 병렬하게 정리·비치함으로써 그 분류가 모든 문서를 대등하게 구분할 수 있어야 한다.

3. 건물자산관리의 필요적 문서

건물자산관리를 효율적으로 관리하고 관리능률을 높이기 위하여 각종 문서대장(문서접수대장, 서류발송대장, 내부결재 서류대장 등)과 필요 문서를 비치하여 사무능률을 향상시켜야 하는 바 그 종류와 내용은 대체로 다음과 같다.

(1) 필요적 문서의 종류와 내용

1) 필요문서

① 서무관계철 : 일상적인 보고관계 공문
② 관리관계철 : 입주나 입주회사 등의 민원사항, 안내문, 방송, 원고 등 관리현장 관계 문서
③ 인사관계철 : 인사명령 서류 등
④ 예산회계관계철 : 예산 및 회계·세무 관계 공문 등
⑤ 예규철 : 주요지침, 규정화된 지침, 예산회계 예규, 관리규정 등
⑥ 조정관계철 : 관리비조정 관계 문서 등
⑦ 보수관계철 : 하자보수·일반보수 관계 문서 등
⑧ 조달관계철 : 용품구매 등
⑨ 용역관계철 : 소독·청소·경비 등 용역계약서
⑩ 감사관계철 : 감사자료, 처리지시, 전말서 등
⑪ 급여관계철 : 급여관계 서류
⑫ 관리비관계철 : 청구·징수·현황·미납자 등
⑬ 임대료관계철
⑭ 영수증철
⑮ 부동산관계철 등

2) 문서대장

① 문서접수대장
② 문서발송대장
③ 내부결재 서류대장
④ 문서폐기대장
⑤ 비품대장
⑥ 고정자산대장
⑦ 유가증권대장
⑧ 적립금대장
⑨ 인사기록대장
⑩ 입주자관리대장
⑪ 특별수선충당금 관리대장 (집합건물 · 아파트) 등

3) 각종 일지

① 관리업무일지
② 경비일지
③ 청소일지
④ 전기점검일지
⑤ 엘리베이터 점검일지
⑥ 위생시설 점검일지
⑦ 냉온수기 운전일지
⑧ 비상발전기 운전일지
⑨ 공사작업일지
⑩ 순찰일지
⑪ 방화관리 점검일지
⑫ 소방훈련일지
⑬ 저수조 점검일지
⑭ 기계작업 점검일지
⑮ 일일가스보일러 운전일지 등

4) 각종 기록부

① 출근부
② 외출기록부
③ 교통비 수불부
④ 시간 외 근무명령
⑤ 창고 입고용품 사용기록부
⑥ 공구 · 기구 비품대장
⑦ 시간 외 근무 및 휴일근무명세표
⑧ 민원사무처리부
⑨ 비밀관리기록부
⑩ 검수대장
⑪ 소화기관리대장
⑫ 고정자산대장
⑬ 수입 · 지출 기본대장
⑭ 비품대장 및 인감사용기록부
⑮ 유가증권대장 및 적립금대장
⑯ 열쇠사용기록부
⑰ 원천과세징수부
⑱ 근로소득징수부
⑲ 부가가치세원장
⑳ 부가가치세매출장
㉑ 현금출납장
㉒ 예금출납장 등

5) 각종보고서

건물자산관리현장에는 연간보고서, 분기별/월간보고서, 주간보고서, 일일보고서 등의 보고서 종류가 있으며 AM분야와 PM분야 그리고 FM분야별로 보고서 종류와 양식 및 내용은 매우 상이하다. 이 절에서 기술하는 보고서는 각 분야별 일반보고서의 종류임을 참고하기 바란다.

① AM 연간보고서

- 연간펀드 운영예산보고
- 연간시장 전망보고서
- 연간펀드 운영보고서
- 연간회계감사 보고서
- 연간자산재평가보고서

② AM 분기별・월간보고서

- 월간 펀드보고서
- 분기별 펀드보고서
- 월간 펀드운영보고서
- 월간 펀드트랜스퍼보고서
- Cash projection보고서

③ PM분기별・월간보고서

- 빌딩운영예산보고서
- 빌딩월간운영보고서
- 입주사동향보고서
- Cash projection보고서

④ PM 주간・일일보고서

- Weekly Rent Roll보고서
- 주간마케팅보고서
- 주간빌딩관리보고서
- 주간연체보고서
- 일일자금운용지시보고서

(2) 문서 보존기간

문서 보존기간은 영구보존, 30년, 20년, 10년, 5년, 3년, 1년 보존 등의 종류가 있다. 보존기간이 종료된 서류는 폐기할 수 있으나 반드시 문서폐기대장에 기록을 남겨야 한다.

1) 영구보존

① 예산안
② 결산보고서
③ 위탁용역계약서
④ 준공도면
⑤ 부동산권리 서류

2) 10년 보존

① 현금출납장
② 예금출납장
③ 수입・지출 기본대장
④ 비품대장
⑤ 고정자산대장
⑥ 유가증권대장
⑦ 적립금대장
⑧ 영수서
⑨ 기타 필요한 서류

3) 5년 보존

① 수입전표
② 지출전표
③ 전표의 부속서류
④ 기타 필요하다고 인정되는 서류

(3) 보유인장

1) 필수 보유인장

① 직인 및 계인
② 은행거래인감
③ 사용인
④ 문서발송인 및 접수인
⑤ 입금인 및 출금인

2) 기타 필요인장

① 관리소인
② 결재인
③ 소인 및 사본인
④ 원본대조필인
⑤ 인감대조필인
⑥ 광고 부착물 확인인

4. 문서와 장표

관리정보를 표현하는 수단과 방식으로서 문서의 종류에는 보고서 · 기안서 · 조사서 · 계약서 · 증거서류 등이 있고, 장표에는 장부 · 전표 · 사무용지(서식) 등이 있다.

문서와 장표의 차이점은 다음과 같다.

① 장표는 일정한 양식이 특정되나 문서는 원칙적으로 특정되지 않는다.
② 장표는 기록방법이나 경로가 일정하나 문서는 기록방법이나 경로가 일정하지 않다.
③ 장표는 목적이 규정되어 있으나 문서는 목적이 규정되지 않는다.
④ 장표는 계속 사용이 가능하나 문서는 필요할 때만 작성된다.

5. 문서기안법

(1) 문서기안의 의의

건물의 관리는 기술적 관리 외에 행정적 관리의 개념이 병행되어야 하므로 행정관리에 필요한 문서의 작성은 필수적으로 요청된다.

문서의 작성란 관리주체가 관리객체를 관리함에 필요한 의사나 관리방침을 결정하기 위한 문안을 작성하는 것을 의미하며, 기안용지를 사용하는 일반기안 · 일괄기안 · 공동기안과 기안용지를 사용하지 아니하는 수정기안 서식에 의한 처리 등이 있다. 문서의 작성은 의사를 결정하기 위한 것이므로 문서의 기안이라고 한다.

따라서 의사결정을 요소로 하지 아니하는 참고자료의 정리나 통계표나 성과를 나타내는 도표 등은 기안의 작성 또는 문서의 작성과는 차이가 있다. 특히 외부에 관련 기안에 대하여 의사를 표시하거나 보고요청 · 건의 등 관리주체의 의사전달에 앞서 작성되는 외부발송용의 기안은 신중하게 처리되지 않으면 안 된다.

(2) 기안자

문서의 기안자란 의사결정을 위한 최초의 문서작성자를 의미하며, 문서의 기안자의 범위에 대해서는 별다른 제한이 없다. 그러므로 관리조직의 분장표에 소속되어 있는 관리자는 관리를 위한 의사결정을 위하여 그 업무를 담당하는 자는 누구나 기안자가 될 수 있다. 대외기관으로부터 작성되고 접수된 문서내용을 처리하기 위하여 결재권자가 지정한 자도 문서의 기안자가 될 수 있다.

(3) 기안의 발생요인

문서기안의 발생요인에는 접수된 대외문서를 처리하기 위한 경우와 상급자나 결재권자의 지시에 의한 경우, 분장받은 업무의 개선이나 창안을 하기 위한 경우, 관계법령 기타 행정명령 · 처분규칙 등에 근거하여 작성되는 경우가 있다.

(4) 문서기안 형식

문서기안의 형식은 사무처리규정에 따르는 국가나 공공기관의 공문서인 경우 사무처리규정 제14조에 따라 정기보고, 수시보고, 경미한 사항의 허가, 인가, 증명서 교부 등 기타 관례적인 사무에 관한 문서 등을 제외하고는 일정한 기안용지에 의하도록 하고 있다. 그러나 일반기업에서 사용하고 있는 문서기안의 서식은 일반적으로 통일되어 있지 아니하고 각 회사의 규정에 따라 준비된 서식에 의하나, 주로 갑지와 을지로 된 서식에 따라 기안되고 품의되어 결재권자의 결재를 득한 후에 집행된다.

(5) 기안의 준비

건물관리자는 기안에 앞서 다음 사항을 검토하여 문서기안을 준비하도록 한다.

① 건물관리자와 관계되는 문서의 기안자는 기안에 앞서 안건에 관련된 내용을 완전히 숙지하고 회사의 관계규정이나 사례를 파악하고 있어야 한다.
② 문서를 기안하는 목적과 문제를 파악하고 참고자료를 수집·분석하여야 하며, 필요한 경우 관계자의 의견을 청취하거나 회의를 통하여 관계자의 의견을 수렴하여야 한다. 근무자의 업무개선을 위하여 창안하는 경우에는 기안 전에 관계근무자의 의견을 청취하는 것이 중요하다.
③ 복잡한 내용을 기안하는 경우 다른 용지에 기안 초안을 작성하여 논리의 일관성을 해치는 내용이나 빠지는 사항이 없도록 검토한 후에 작성하도록 한다.
④ 문서기안자는 당해 업무에 대한 책임의식을 가지고 문서를 기안하고 문서수신자의 관계 및 입장을 충분히 고려하여야 한다.

(6) 기안문 작성 유의사항

문서의 기안자는 기안문 작성에 있어서 다음 사항을 유의하여야 한다.

1) 정확성

① 바른 용어를 사용하여 애매한 표현이나 과장된 표현을 피한다.
② 의문이 발생하지 않도록 육하원칙에 의하여 작성한다.

2) 신속성

① 이해가 빨리 가는 문자나 문장을 사용하여야 하며, 문장은 가능한 한 짧게 끊어서 개조식으로 쓴다.
② 가급적 먼저 결론을 강조하고 그 다음에 이유 또는 설명을 달도록 한다.

3) 용이성

① 쉬운 글을 사용하여 읽기 쉽고 알기 쉬운 말을 사용하여야 한다.
② 한자나 영어 등 어려운 전문용어는 가급적 피하도록 하고, 한자나 영어 및 전문용어를 부득이 사용해야 하는 경우에는 괄호( )를 통하여 한자나 영어를 쓰거나 전문용어에는 해설을 붙인다.
③ 문서를 받는 수신자의 수준과 정도를 고려하여야 한다.
④ 사안을 다루기 쉽도록 1건 1매 주의로 하는 것이 현명하다.

4) 경제성

① 서식을 통일하여 사용하도록 한다.
② 일상적으로 반복하여 일어나는 업무는 표준기안문을 활용한다. 업무분담자의 의견을 들은 후 검토·결재 등을 받도록 하여야 한다.

③ 관리주체의 총괄책임자는 관리소장에 해당되는 부서장을 의미하며, 업무분담자는 기술과장 또는 관리과장을 의미한다.
④ 기안문의 내용이 다른 부서 또는 보조부서나 보좌부서와 관련이 있을 때에는 그 부서의 협조를 받는다. 협조의 내용이 간단한 때에는 기안문의 협조란을 이용하고, 내용이 복잡하여 충분한 검토를 요하는 때에는 회사의 규정에 따른다. 건물관리주체의 편제와 업무분장이 각 회사마다 차이가 있는 관계로 일반적인 용지를 규격화한다.
⑤ 문자를 부호화하거나 업무내용 표시를 기호화한다.

(7) 기안문의 검토 및 협조

1) 일반사항

① 문서의 기안자는 기안문에 대한 형식·내용을 최종적으로 확인한 후 결재권자의 결재를 받기 전에 보조부서 또는 보좌부서의 검토를 받는다.
② 업무분장상 수개의 업무를 통괄하는 책임자(이하 총괄책임자, 예 관리소장)가 있는 경우 그 소관업무를 분담하고 있는 자(이하 업무분담자, 예 기술과장, 관리과장)가 기안하였을 때에는 총괄책임자의 검토를 거친다. 총괄책임자가 기안하였을 경우 기안문의 검토 및 협조의 절차를 소개하면 <표 8>과 같다.

〈표 8〉 기안문의 검토 및 협조 절차

(기안)		(검토)		(결재)
기안자	→	과장 — 소장	→	부사장 · 사장
협 조	→	다른 과 담당	→	다른 과 과장

③ 관리조직의 편제상 기술과에서 관리과장의 협조를 미리 받은 경우 관리자의 업무담당자와 미리 협의 후 관리과장의 협조를 받는 것이 현명한 방법이다.

2) 다른 의견의 표시

① 기안문을 검토 또는 협조함에 있어서 그 내용과 다른 의견이 있을 때에는 당해 문서 또는 별지에 의견을 표시하여 결재권자가 결재할 때 참고하도록 하여야 한다.
② 검토 또는 협조과정에서 기안자·검토자·협조자 상호간에 의견이 다를 경우 가능한 방법을 동원하여 의견을 조정하여 합의되도록 하여야 하며, 합의되는 경우 수정하거나 재작성이 가능하므로 의견의 표시는 불필요하게 된다.
③ 기안문을 결재함에 있어서 기안내용의 일부를 수정 또는 변경하고자 하는 때에는

그때마다 기안문서를 작성할 것이 아니라 원래의 기안문에 수정·변경 사항을 기재하여 그대로 검토·결재함으로써 불필요하게 같은 문서를 재작성하지 않도록 한다.

(8) 기안자·검토자·협조자의 표시

① 문서를 기안한 자는 기안문에 이름을 쓰고 서명하여야 한다.
② 기안문의 내용에 대하여 검토 또는 협조한 자는 기안문의 해당란에 직위를 쓰고 서명하되, 다른 의견을 표시할 때에는 서명란에 의견첨부라 쓰고 의견을 표시한 곳에 서명한다. 총괄책임자 또는 업무분담자가 기안문에 검토 등을 한 때에는 그 기안문의 검토자의 서명란에 서명하되, 그 내용과 다른 의견이 있을 때에는 기안문의 해당 직위 또는 직급 다음에 '의견 있음'이라고 표시하고 해당 서명란에 서명하여야 한다. 이 경우 그 의견을 당해 문서의 본문의 마지막에 표시하거나 별지에 표시해야 한다.
③ 서명이란 자필로 본인의 성명을 다른 사람이 알아볼 수 있도록 한글로 표시한다.

(9) 검토사항

문서기안의 기안자는 문서를 기안함에 있어서 검토해야 할 사항은 형식면과 내용면으로 구분하여 검토하여야 하고, 내용면에 있어서는 법률적 검토, 행정적 검토, 경제적 검토 등 세분하여 <표 9>와 같이 검토하여야 한다.

〈표 9〉 문서기안의 검토사항

형식면의 검토사항	내용면의 검토사항
• 명령의 형식요건을 구비하고 있는지 여부 • 소관사항 여부 • 결재권자 표시의 적정 여부 • 협조부서의 합의 여부 • 사무절차의 정확성 여부 • 수신자 및 발신자의 표시정확 여부	• 법률적 검토 - 명령이나 회사의 규정·규칙 및 대표자의 지시사항에 위반되지 않는지 여부 - 회사의 의결기관의 의결사항이 아닌지 여부 - 기안의 내용이 허가승인 등을 받기 위한 기안인 경우 법정요건을 충족하고 있는지 여부 • 행정적 검토 - 행정적으로 권한있는 업무의 기안인지 여부 - 행정적인 관계나 선례는 어떻게 되어 있는지 여부 - 처리가 지연되었는지의 여부 - 필요사항 누락 여부 • 경제적 검토 - 과다한 비용투입을 요하는 사항인지 여부 - 예산의 범위 내 업무인지 여부 - 경비절약 방안을 강구한 기안인지 여부

(10) 기안의 방법

1) 기안서식

사무관리규정에 명시하고 있는 국가기관의 기안서식은 <표 10>과 같다.

〈표 10〉 기안용지 작성방법의 예

(기　관　명)
수신자
(경유)
제　목

1.*(본문내용)○○○……………………(×는 2타(한글1자),*는 1타(숫자1자)를 띄움.
　가.*○○○………○.
　　1)*○○○………○.
　　　(가)*○○○………○.
　　　(나)*○○○………○.
　　2)*○○○………○.
　나.*○○○………○.
2.*○○○ ………○.

붙임× ○○○……………………○.× 끝.

발 신 명 의　　인 □

기안자(직위/직급)　　서명　　검토자(직위/직급)　　서명
결재권자(직위/직급)　　서명　　협조자(직위/직급)　　서명
시행　처리과명-일련번호(시행일자)　　접수　처리과명-일련번호(접수일자)
우편번호 · 주소　　/ 홈페이지 주소
전화 ( )　　전송 ( )　　/ 기안자의 전자우편주소/공개구분

2) 기안의 의의

일반기안이라 함은 하나의 안건을 처리하기 위하여 규정에 의하여 정해진 하나의 기안용지에 문안을 작성하는 것을 의미한다.

기안문을 간단하고 명료하게 작성하되 가능한 1면만으로 처리할 수 있도록 작성하여야 한다. 본문의 내용이 같거나 복잡한 사안으로 1면만으로 처리가 불가능할 경우에는 뒷면을 이용하거나 기안용지와 같은 규격 및 지질의 백지(을지)를 사용하여 문안을 완성해야 한다.

3) 기안용지 작성요령

개정 사무관리규정에 의한 기안용지 작성요령은 다음과 같다.

① 기관명 : 그 문서를 기안한 부서가 속한 기관명을 기재한다.
② 수신자 ( ) : 수신자명 또는 수신자기호를 먼저 쓰고, 이어서 괄호 안에는 처리할 자(보조기관 또는 보좌기관을 말한다)의 직위를 쓰되, 처리할 자의 직위가 분명하지 아니한 경우에는 ○○업무담당과장 등으로 쓰며, 수신자가 많아 본문의 내용을 기재할 난이 줄어들어 본문의 내용을 첫 장에서 파악하기 곤란한 경우는 두문의 수신자란에 '수신자 참조'라고 쓰고, 결문의 발신명의 밑의 왼쪽 기본선에 맞추어 수신자란을 설치하여 수신자명 또는 수신자기호를 표시한다.
③ (경유) : 경유문서인 경우에 (경유)란에 "이 문서는 경유기관의 장은 ○○○(또는 제1차 경유기관의 장은 ○○○, 제2차 경유기관의 장은 ○○○)이고, 최종 수신기관의 장은 ○○○입니다."라고 표시하고, 경유기관의 장은 제목란에 '경유문서의 이송'이라고 표시하여 순차적으로 이송하여야 한다.
④ 제목 : 그 문서의 내용을 쉽게 알 수 있도록 간단하고, 명확하게 기재한다.
⑤ 발신명의 : 합의제 행정기관 또는 행정기관의 장의 명의를 기재하고, 보조기관 또는 보좌기관 상호간에 발신하는 문서는 그 보조기관 또는 보조기관의 명의를 기재한다.
⑥ 기안자 · 검토자 · 협조자 · 결재권자의 직위 · 직급 : 직위가 있는 경우에는 직위를 온전하게 쓰고, 직위가 없는 경우에는 직급을 온전하게 쓴다. 다만, 기관장과 부기관장의 직위는 간략하게 쓴다.
⑦ 시행 처리과명-일련번호(시행일자)접수 처리과명-일련번호(접수일자) : 처리과명(처리과가 없는 기관은 10자 이내의 기관명의 약칭)을 기재하고, 일련번호는 연도별 일련번호를 기재하며, 시행일자와 접수일자란에는 연월일을 각각 온점(.)을 찍어 숫자로 기재한다. 다만, 민원문서인 경우로서 필요한 경우에는 시행일자와 접수일자란에 시·분까지 기재한다.
⑧ 우편번호·주소 : 우편번호를 기재한 다음, 기관이 위치한 도로명 및 건물번호 다음에 괄호하여 주소를 기재하고, 사무실이 위치한 층수와 호수를 괄호 안에 기재한다[예 우110-034 서울특별시 종로구 효자로 39(창성동 117) (2층 208호)].
⑨ 홈페이지 주소 : 기관의 홈페이지 주소를 기재한다(예 www.mogaha. go.kr).
⑩ 전화 ( ) 전송 ( ) : 전화번호와 모사전송번호를 각각 기재하되, ( ) 안에는 지역번호를 기재한다. 기관 내부문서의 경우는 구내 전화번호를 기재한다.

⑪ 기안자의 전자우편주소 : 행정기관에서 공무원에게 부여한 전자우편주소를 기재한다.

⑫ 공개구분 : 공개・부분공개・비공개로 구분하여 표시한다.

⑬ 직인생략 등 표시 : 발신명의의 오른쪽에 관인생략 또는 서명생략을 표시한다.

※ 기안자・검토자 및 결재권자 (직위/직급) 서명 : '기안자・검토자 및 결재권자'의 용어는 표시하지 아니하고, 기안자・검토자 및 결재권자의 직위/직급을 쓰고 서명한다.

※ 협조자(직위・직급) 서명 : '협조자'의 용어를 표시한 다음, 이어서 직위/직급을 쓰고 서명한다.

※ 전결 및 서명표시 위치 : 결재권이 위임된 사항을 전결하는 경우에는 기관장의 결재란을 설치하지 아니하고 전결하는 자의 서명란에 '전결' 표시를 한 후 서명한다.

※ 전결・대결 및 서명표시 위치 : 위임전결사항을 대결하는 경우에는 기관장의 결재란을 설치하지 아니하고 전결하는 자의 서명란에 '전결' 표시를 한 후 대결하는 자의 서명란에 '대결' 표시를 하고 서명하며, 위임전결사항이 아닌 사항을 대결한 경우에는 기관장의 결재란을 설치하지 아니하고 대결하는 자의 서명란에 '대결' 표시를 하고 서명한다.

※ 발의자(★)・보고자(◉)의 표시는 직위 또는 직급 앞 또는 위에 한다.

※ '수신자'는 '받는 자'로 사용할 수 있다.

제6장

건물자산관리 보험행정

- 제1절 건물보험행정의 기초개념
- 제2절 화재보험
- 제3절 영업배상 책임보험
- 제4절 사회4대보험

제1절 건물보험행정의 기초개념

1. 건물보험의 개요

건물보험(Building Insurance)이란 건물자산소유자가 소유하고 있는 건물자산이 화재·폭발, 비행물체나 차량 충돌, 태풍, 군중시위, 자연재해 등과 같은 각종 재해요소와 건물자산을 상대로 제기될 수 있는 소송으로부터 보호받기 위해 일정액의 보험료를 지불하고 재해요소(Risk)를 보험회사에 전가시키는 제도를 말한다. 이런 점에서 보험을 Risk Management라고 하기도 한다.

일반적으로 건물보험이라고 하면 건물구조(Structure)에 대한 보상(Coverage)으로만 이해되는 경우가 있으나, 관리대상 건물에 영구적으로 부속되어 있는 시설물, 즉 냉동시설, 배기시설, 냉방시설, 주방시설, 식기세척시설, 카펫, 주차장 등과 같은 부속시설물에 대한 보상을 포함한다는 것으로 인식하여야 한다.

건물보험은 크게 Building(일반적으로 화재보험이라고 함)과 Liability(상해보험)의 두 요소로 이루어져 있다. 건물보험은 각종 재해요소로부터 건물소유자를 보호해주는 화재보험과 Liability로 구성되어 있다. 이 요소 중 어느 하나만을 가입할 경우 Mono Line 이라고 하고 이를 함께 가입할 경우 Package라고 한다.

건물보험의 보험료를 결정하는 요소는 다음과 같다.

(1) 화재와 상해의 보상범위
(2) 가입하고자 하는 보험유형
(3) 건물구조 급수
(4) 건물의 위험업종

이를 분설하면 다음과 같다.

① 보험가입자가 화재, 상해 부분의 보상범위를 얼마로 할 것인가에 따라 보험료가 결정된다.

② 건물보험 Policy는 Basic, Broad, Special 등 3가지 유형으로 구성되어 있다. Basic Form은 화재, 폭발, 태풍, 매연, 비행물체나 차량 충돌, 군중시위나 데모 등과 같은 기본적인 위험요소로부터 보호해주며, Broad Form은 Basic Form에 유리파손, 모든 공중 낙하물로 인한 손실, 눈, 진눈깨비 등의 무게로 인한 손실, Sprinkler, Heating System 등에서 새어나온 손실 등을 첨가시킨 형태이며, Special Form은 몇 가지 위험요소를 제외하고는 다른 모든 위험요소로부터 보호한다.

③ 건물이 벽돌, 목재 건물이냐에 따라 보험료가 결정된다. 목재건물이 화재 등과 각종 위험요소로부터 노출이 크므로 보험료가 높다.

④ 건물의 크기, 즉 연건평이 얼마인지와 아파트 건물의 경우는 가구수에 따라 보험료가 결정된다.

건물보험을 가입하고자 하는 건물소유자는 전술한 4가지 정보를 정확히 판단하여 가입하여야 한다.

건물보험을 가입하고자 하는 건물소유자는 적은 보험료를 지불하기 위해 실제 건물가보다 훨씬 낮은 보상범위를 가입하려고 하는 반면, 보험회사는 보다 많은 보험료를 부과시키기 위해 보험가입자들이 많은 보상범위 보험을 가입하기를 원한다. 여기서 적용되는 개념이 Co-Insurance의 개념이다.

Co-Insurance의 개념은 보험료를 적게 지불하기 위해 보상범위를 낮추려는 보험가입자와 이에 반해 보상범위를 높여 높은 보험료를 부과시키려는 보험회사 사이에 합의점을 바탕으로 보험가입자는 최소한 건물 Value의 80% 이상의 보상범위를 가입해야 한다는 점이다. 건물자산의 소유자와 관리자는 건물의 위험을 전가시키기 위하여 건물보험 중 보험료결정요소를 참고하여 화재보험과 배상책임보험에 가입하고 관리종사자를 위하여 사회 4대 보험에 가입해야 한다.

2. 보험의 일반개념

보험을 한마디로 정의하기란 쉽지 않다. 그러나 보험이란 일반적으로 동일한 우발적인 사고와 같은 위험에 처해 있는 다수인이 사고(재해)로 인하여 발생되는 경제적인 수요를 충족하기 위하여 대수법칙(과학적 기초)에 따라 다수가 공동으로 갹출한 공동준비재산에서 일정금액을 급여하는 제도를 의미한다. 즉, 보험은 불확실성을 확실성으로 전환시켜 실제손실을 평균손실로 대체하여 위험으로부터 손실을 최소화하는 제도라 할 수 있다.

그러므로 건물자산관리에 있어서 보험은 매우 중요하고 필요한 제도이다.

3. 보험의 필요성

보험은 다음과 같은 이유로 건물자산관리에 반드시 필요하다.

① 수익을 목적으로 하는 수익성 건물에는 반드시 Risk를 최소화하고 Returns(수익)를 극대화해야 하므로 건물자산에 존재하는 건물위험을 보험회사에 전가시켜 최소화해야 할 필요성이 있다.

② 건물관리현장에는 기술위험 · 경영위험 · 법률위험 · 환경위험 · 보안위험 등 여러 가지 크고 작은 위험이 잠재되고 있거나 생성되고 있다.
③ 이상과 같은 위험이 사고로 나타나고 사고로 인한 재해가 발생되어 발생되는 인적 · 물적 손실의 최소화의 필요성과 이들 재해의 피해를 보상할 수단과 제도로서 건물보험은 반드시 필요하다.

4. 보험의 기능

보험은 건물자산관리와 관련하여 본질적 기능과 부수적 기능을 가지고 있다.

(1) 본질적 기능

① 잠재적 위험에 대한 불안제거 또는 경감
② 개인 · 사회 · 국가의 안정 도모

(2) 부수적 기능

① 신용보완적 기능
② 사회적 기능
③ 금융적 기능
④ 국제적 기능

5. 보험의 특성

보험에는 다음과 같은 특성이 있다.

① 사고의 불확실성과 우연성
② 위험의 동질성
③ 위험의 다수성
④ 보험료 및 보험금의 산정

6. 보험법의 개요

(1) 보험법의 의의

보험법이란 넓은 의미로 보험에 관계되는 법규 전체를 의미한다.

우리나라의 보험법은 여러 개의 법으로 광범위하게 분류되고 구성되어 있다. 즉, 산업재해보상법, 군인보험법, 자동차손해배상보험법, 선원보험법으로 구성되어 있는데 이를 이원적으로 구분하면 다음과 같다.

① 보험공법(공보험, 보험사업규제, 감독)
② 보험사법(보험계약법, 보험기업의 주체)

(2) 보험법의 특성

좁은 의미의 보험법은 보험계약법을 의미한다. 보험법의 특성은 다음과 같다.

1) 단체성

같은 위험(동종의 위험)을 느끼는 다수의 사람이 위험단체를 구성, 보험료의 총액과 보험금의 총액이 균형을 이루어야 한다는 단체성의 특성을 가지고 있다.

2) 기술성

보험제도는 사람들이 우발적으로 특정의 사고위험을 당하는 다수인의 집단을 형성, 대수의 법칙(과학적 기초)에 의해 산출된 보험료를 징수・납부하게 하므로 인하여 위험을 분산함으로써 수리적(수학적) 계산에 의해서 산출된 것이다. 그러므로 기술적인 토대(구조)를 가지고 있다는 특성이 있다.

3) 강행 법규성

보험은 보험당사자가 그 내용을 임의로 정하나 특약에 의해서도 보험계약자나 피보험자・보험수익자들에게 불이익이 되도록 변경・수정하지 못하는 강행 법규성이 있다. 그러나 반(半)면적 강행 법규성이다.

4) 사회성과 공공성

보험제도는 산업사회의 필수적 이용제도로 사회성과 공공성을 가지고 있다.

(3) 보험계약

1) 보험계약의 의의

보험계약이라 함은 계약당사자 중 일방이 계약내용상의 불확정한 사고를 당하였을 때 그로 인한 손해를 보상 또는 일정한 금액(약정 금액)을 지급하는 계약을 의미한다.

상법 제638조에서는 보험계약자는 당사자 일방이 보험금액을 지급하고 상대방이 재산 또는 생명, 신체에 관하여 불확정한 사고가 생길 경우에 일정한 보험금액 또는 기타 급여를 지급할 것을 약정함으로써 효력이 생긴다고 규정하고 있다.

2) 보험계약의 성질

보험계약은 다음과 같은 성질이 있다.

① 낙성 계약성
② 유상 계약성
③ 쌍무 계약성
④ 불요식 계약성
⑤ 영업적 상행위성
⑥ 사행 계약성
⑦ 선의 계약성
⑧ 계속 계약성
⑨ 부합 계약성
⑩ 독립 계약성

3) 보험계약자

보험계약자는 협의의 보험계약자와 광의의 보험계약자 두 가지로 나누어진다.

① 협의의 보험계약자

가. 보험자
나. 보험계약자
다. 피보험자와 보험수익자(보험계약 이해관계자)

② 광의의 보험계약자

가. 보험목적물의 소유자
나. 물상담보권자
다. 보험중개인
라. 보험대리점
마. 보험의(醫)
바. 보험금채권의 질권자
사. 보험모집인

4) 보험사고의 의의

손해보험에 있어서 보험사고란 계약서상에 규정되어 있는 보상의무를 구체화한 사고를 의미한다. 보험사고에는 자연적 사고와 인위적 사고가 있다.

5) 보험의 성립요건

보험사고가 성립이 되려면 다음과 같은 요건이 충족되어야 한다.

① 우연성
② 불확실성
③ 발생가능성
④ 한정성
⑤ 대상의 필요성

6) 보험의 목적

보험의 목적이란 보험사고 발생의 객체를 의미한다.
즉, 사람의 생명·신체와 경제상의 재화를 보험의 목적이라 한다.

7) 보험료

보험료란 보험사고에 대하여 보험자가 책임을 부담하는 데 대한 상대방의 보수를 의미한다.

8) 보험금액

보험금액이란 보험자가 보험사고 발생시에 피보험자 또는 보험수익자에게 지급하는 금액을 말한다.

9) 보험기간

보험금 지급은 일정한 기간 내에 발생한 보험사고에 대하여 지급하는데 이와 같은 일정한 기간을 보험기간·위험기간·책임기간이라 한다.

10) 보험료기간

보험료를 산출하기 위하여 표준이 되는 기간을 의미한다.

11) 보험약관

보험약관이란 보험계약 내용을 미리 정하고 보험계약의 내용을 이루는 것으로 표준적·보편적·일반적인 내용을 정형화한 계약조항을 의미한다.
특약이나 반대의사표시가 없는 한 그대로 계약내용으로 유효하다.
보험약관에는 다음과 같은 것이 있다.

① 보통보험약관
② 특별보통보험약관(부가약관)
③ 특별보험약관

12) 보험증권

보험증권이란 보험계약 성립 후 보험자가 보험계약 상대방(보험계약자)의 청구에 따라 보험계약 내용을 증명하기 위하여 발생하는 증권을 말한다. 보험증권의 법적 성질은 다음과 같다.

① 증거증권성
② 면책증권성
③ 불완전 유가증권성(일부 유가증권성)
④ 유인증권성
⑤ 상환증권성

제2절 화재보험

1. 화재보험의 의의

화재보험이란 화재로 인하여 발생할 우려가 있는 인명피해와 재화의 손실 등 경제생활의 불안을 제거하거나 경감하기 위하여 각 개인의 재해위험을 합리적 계산에 의해 분담하여 단체적인 경제준비를 마련하는 보험이다.

공동주택의 입주자들이나 일반임대용 건물이나 오피스텔 등과 같은 다중이 모이는 곳에서는 항상 예기치 않은 갖가지 사고를 고려하여 보험에 대비하여야 한다. 이러한 보험가입은 화재·폭발, 기타 재해사고가 발생하였을 때 보험료를 배상받아 경제적 만족을 얻거나 또는 손해를 최소화할 수 있기 때문이다.

2. 화재보험의 법적 근거

건물의 화재보험의 법적 근거는 상법 제4편 손해보험편과 화재로 인한 재해보상과 보험가입에 관한 법률이다.

3. 특수건물 소유자 화재보험 의무가입

화재로 인한 재해보상과 보험가입에 관한 법률(보험가입법) 제5조에 의하면 특수건물 소유자는 소유권 취득일로부터 30일 이내, 신축건물의 경우 사용승인일로부터 30일 이내에 손해보험회사에 의무적으로 신체상해배상특약부화재보험 가입을 강제하고 있다.

특수건물의 범위는 다음과 같다(건물의 규모는 동법 시행령 참조).

① 국유건물
② 교육시설
③ 백화점
④ 시장
⑤ 의료시설
⑥ 흥행장
⑦ 숙박업소
⑧ 공장
⑨ 공동주택
⑩ 다수인이 근무하고 있거나 출입하는 건물로서 대통령령이 정한 건물

또한 특수건물 소유자는 매년 특약부 화재보험을 갱신해야 하고, 신규계약 체결시 또는 갱신할 때 반드시 한국화재협회로부터 안전점검을 의무적으로 받아야 한다.

4. 화재보험의 특징

화재로 인한 재산손해를 담보하는 보험으로서 보험가입대상으로는 빌딩, 구축물, 시설, 기계, 공구 · 기구, 가재, 집기비품, 차량, 재고자산 등이 있다.

5. 가입대상

주택 · 사무실 · 상가 · 공장 등의 일반건물과 특수건물 및 이에 수용된 모든 자산이 가입대상이 된다.

6. 상품의 종류

건물화재보험에는 다음과 같은 보험의 종류가 있다.

① 주택화재보험
② 일반화재보험
③ 공장화재호험

7. 담보내용

화재보험의 담보내용은 기본계약에 따르면 대체로 다음과 같다. 즉 기본계약에 따라 보상되는 손해를 말한다.

① 화재(벼락 포함)에 따른 손해
② 화재(벼락 포함)에 따른 소방손해
③ 화재(벼락 포함)에 따른 피난손해(피난지에서 5일 동안 생긴 화재·소방 손해)
④ 폭발·파열위험 : 주택화재는 보통약관에서 담보, 일반 및 공장화재에서는 특별약관으로 담보 가능
⑤ 특약으로 담보 가능한 손해 : 전기위험, 풍수재, 소요, 노동쟁의 등으로 인한 손해

8. 보상 안 되는 손해

화재보험에서 보상되지 않는 손해는 다음과 같다.

① 보험계약자·피보험자 등의 고의 및 중과실
② 피보험자와 세대를 같이하는 친족 및 고용인의 고의
③ 화재시의 도난·분실·폭발·자연발화 및 발효 등의 손해
④ 화재 당시 연기로 인한 손해
⑤ 완전히 타지 않았으나 그을린 손해
⑥ 피난행위로 인한 손해
⑦ 화재진화 등으로 파손 및 유실손해
⑧ 타버린 물건

9. 보험가입방법

화재보험 가입방법은 보험가입자의 신청→보험사접수 및 심사→다음의 사항을 확정한 후 계약체결순으로 진행된다.

① 건물 가입금액 확정(보통 평당 건축비의 시세로 결정)
② 보상받고자 하는 동산 등의 가입금액 확정(현금은 가입대상 제외)
③ 기본담보 이외의 추가위험이 있는지 추가위험담보 확정

10. 보험료의 결정

① 보험료는 가입하고자 하는 목적물의 업종 위험도에 따라 보험요율이 결정된다.
② 한 건물 내에 다수의 업종이 있으면 제일 위험한 업종으로 보험요율이 결정된다.
③ 건물의 구조급수에 따라 보험요율이 결정된다. 대체로 2층 이상의 콘크리트 슬라브 건물에는 1급요율이 적용되어 저렴하다.
④ 특수건물에는 특수건물 할인이 적용되어 보다 저렴하게 가입할 수 있다.

11. 지급보험금의 결정

① 계약자가 결정한 가입금액과 계약자의 실제보험가액(건물가・동산가) 일치시 지급보험금은 손해액×보험가입금액/보험가액으로 지급된다.
② 손해발생시 지급보험금은 손해액에 대하여 보험가액에 대한 보험가입금액의 비율로 보상하는 비례보상원칙이 적용되므로 보험계약 체결시 보험가액의 정확한 평가와 더불어 이에 대응한 적절한 보험가입금액의 설정이 매우 중요하다.

12. 보험료 부담

보험료의 부담은 건물의 성격에 따라 다음과 같이 부담한다.

① 분양공동주택 : 소유권자, 즉 입주자 부담
② 임대공동주택 : 소유권자, 즉 사업주체 부담
③ 일반건물 : 소유권자, 즉 소유주체 부담

13. 보험료 지급청구

화재사고 발생 후 보험지급청구서를 손해보험회사에 청구해야 한다. 청구서의 기재사항은 다음과 같다.

① 청구자의 주소, 성명
② 사망자에 대한 청구는 청구자와 사망자의 관계
③ 피해자와 보험계약자의 주소, 성명
④ 사고발생 일시, 장소, 그 개요
⑤ 청구금액과 산출 기준
⑥ 진단서 · 검안서, 기타 증빙서류

14. 보험료 지급

손해보험회사는 보험신청이 있는 경우 정당한 사유가 없을 때는 지체없이 보험금을 지급해야 한다.

제3절 영업배상 책임보험

1. 의 의

기업의 시설이나 업무수행과 관련한 사고로 인해 피보험자가 제3자에게 지게 되는 법률상의 배상책임을 담보한다.

2. 담보내용

시설소유관리, 각종 공사, 생산물의 하자, 건설기계 운행 및 작업수행 등 각종 시설 및 업무에 따른 사고로 인한 배상책임을 담보한다.

3. 종 류

건물영업배상 책임보험에는 다음과 같은 것이 있다.

① 시설소유(관리)자 배상책임보험
② 도급업자 배상책임보험
③ 화재 및 임차자 배상책임보험
④ 주차장 배상책임보험
⑤ 곤도라운영자 배상책임보험
⑥ 생산물 배상책임보험
⑦ 창고업자 배상책임보험
⑧ 선박수리업자 배상책임보험
⑨ 경비업자 배상책임보험
⑩ 가스사고 배상책임보험
⑪ 도로운송업자 배상책임보험
⑫ 체육시설업자 배상책임보험 등

4. 시설소유(관리)자 배상책임보험

(1) 특 징

피보험자가 소유・사용・관리하는 시설 및 그 시설의 용도에 따른 사무활동으로 발생한 우연한 사고로 제3자의 신체적・물적 손해를 보았을 경우 법률상의 배상책임 손해를 보상해주는 보험이다. 또한 시설소유(관리)자 배상책임보험은 영업배상책임보험의 일종으로서 형식적으로 보면 영업배상책임보험의 특별약관으로서 첨부되는 내용이다.

(2) 가입대상

1) 일반시설

상점(백화점・도소매시장 등), 음식점, 병원, 약국, 한약방, 사무용 빌딩, 목욕탕, 안마시술소, 숙박시설, 예식장, 사설강습소, 운전학원, 극장, 영화관, 독서실, 도서관, 박물관, 전시장, 교회, 성당, 사찰, 노래방, 비디오방, 오락실, 이용원, 미장원, 사진관, 세탁소, 모델하우스, 광고판, 엘리베이터, 에스컬레이터, 자동보도, 케이블카, 자동세차기 등이 가입대상이 된다.

2) 놀이시설

유아놀이시설, 낚시터, 주유소, 유원지, 스키장, 눈썰매장, 서울대공원 같은 위락시설 등 다양한 형태의 시설을 소유 또는 임차한 경우 시설소유(관리)자 배상책임보험의 가입 대상이 된다.

(3) 가입 필요성

가입 필요성은 다음과 같다.

① 배상책임사고에 대한 경제적 위험전가
② 이미지 제고 효과
③ 사고처리 관련시간 절약(보험자 소송대행)

(4) 보상하는 손해

보상하는 손해는 다음과 같다.

1) 손해배상금

한도액 내에서 피해자에게 지급한 법률상 배상금

2) 손해방지비용

사고가 발생한 후 손해의 방지 또는 경감을 위해 회사의 동의를 받아 지급한 필요 또는 유익하였던 비용, 단 사고시 인명피해에 대해 계약자가 취한 응급처치, 긴급후송비용

3) 소송비용

사전 회사의 동의를 받아 지급한 소송비용, 변호사비용, 중재화해 또는 조정에 관한 비용

4) 공탁보증료 보험

증권상 보상한도액 내의 금액에 대한 공탁보증보험료, 그러나 보증을 제공할 책임, 피보험자 협력비용

(5) 보상하지 않는 손해

① 보험계약자 또는 피보험자의 고의로 생긴 손해에 대한 배상책임
② 보험계약자 또는 피보험자가 소유·점유·임차·사용하거나 보호·관리·통제하는 재물이 손해를 입음으로써 그 재물에 대하여 정당한 권리를 가지는 사람에 대한 손해배상책임(보관시설을 갖추고 고객으로부터 받은 수탁물건 또는 임차한 물건에 대한 손해는 특약으로 담보됨)
③ 피보험자의 근로자가 피보험자의 업무에 종사중 입은 신체장해에 대한 손해배상책임
④ 시설의 수리·개조·신축 또는 철거공사로 생긴 손해에 대한 배상책임(단 통상적인 유지·보수작업으로 생긴 손해에 대한 배상책임은 보상한다)
⑤ 피보험자가 소유·점유·임차·사용 또는 관리하는 자동차·항공기·선박으로 손해에 대한 배상책임(주차장 배상책임의 경우는 제외됨)

(6) 가입시 필요사항

① 시설내용과 규모(면적, 영업시설 개수, 좌석수, 매출액, 이용인원 수 등)
② 사업자등록증 사본

5. 주차장 배상책임보험

(1) 의 의

피보험자가 소유·사용·관리하는 주차시설과 그 시설의 용도에 따른 주차업무의 수행 중 주차를 목적으로 수탁받은 차량이나 타인에게 입힌 법률상 배상책임손해를 담보로 하는 보험을 말한다.

(2) 담보범위

① 주차장에 주차한 차량이 도난되는 경우
② 주차관리인이 주차차량을 정리하다 타 차량과 충돌하여 손해를 입힌 경우

6. 가스사고 배상책임보험

(1) 의 의

가스사고로 인한 제3자에게 지게 되는 배상책임을 담보하는 보험을 말한다.

(2) 담보내용

가스폭발·파열·화재·누출로 일어난 사고로 인하여 발생한 신체장해, 재물손해

(3) 기 타

의무보험

(4) 다른 의무보험과의 관계

가스폭발로 인한 화재발생으로 상해사고 발생시 다른 의무보험인 화재보험으로 보상하고 초과손해에 대해서만 가스배상책임보험으로 보상한다. 그러나 사망의 경우는 타보험과 상관없이 전액 지급한다.

제4절 사회4대보험

사회4대보험에는 산업재해보상보험, 국민연금, 국민건강보험, 고용보험 등이 있다.

1. 산업재해보상보험

(1) 의 의

산업재해보상보험이란 산업재해보상보험법에 의하여 사용자(관리주체)가 근로자의 업무재해에 대한 재해보상책임을 보험화한 것으로 보통 산재보험이라고 한다. 관리주체는 근무자의 관리업무상 재해에 대하여 공정하고 신속한 보상을 위하여 산재보험에 가입해야 한다.

(2) 적용범위 및 보험가입

1) 적용범위

모든 사업 또는 모든 사업장을 적용범위로 한다(다만, 위험률 규모 및 사업장소 등을 참작하여 일정한 사업은 그러하지 아니한다).

2) 보험가입

① 당연가입

사업주는 당연히 산재보험의 가입자가 된다(법 제7조제1항). 일정한 경우에는 사업의 사업주는 근로복지공단의 승인을 얻어 보험에 가입할 수 있다(법 제2항).

② 의제가입

당연가입자가 되는 사업의 사업규모의 변동으로 인하여 일정한 사업에 해당하게 되는 경우에는 당해 사업주는 그 해당하게 된 날부터 근로복지공단의 승인을 얻어 보험에 가입한 것으로 본다(법 제8조).

3) 보험관계 성립과 소멸일

① 성립일(동법 제10조)

- 당연가입자, 당해 사업이 개시된 날
- 근로복지공단의 승인, 사업주가 승인을 얻은 다음날

② 소멸일

- 사업이 폐지된 날, 또는 종료된 날의 다음날
- 사업주가 보험계약을 해지한 경우에는 그 해지에 관하여 근로복지공단의 승인을 득한 날의 다음날
- 근로복지공단의 보험관계의 소멸을 결정·통지한 날의 다음날

4) 보험관계 등의 신고

사업주는 보험의 가입자가 되거나 사업의 폐지·종료로 인하여 보험관계가 소멸한 때에는 각각 사업일 또는 보험관계 소멸일로부터 14일 이내에 이를 근로복지공단에 신고하여야 한다(법 제12조).

5) 보험료

① 보험료의 산정

산재보험료는 사업주(관리주체)가 전담하여 사업의 임금총액을 동종 사업에 적용되는 보험률을 곱한 금액으로 사정한다. 이때 보험요율은 각 사업종류별 재해율을 기초로 하여 노동부 장관이 정한다.

즉, 보험료는 임금총액 보험요율의 산식으로 보험료를 정한다. 이때 보험요율의 기초란 매년 9월 30일 현재 과거 3년간의 임금총액에 대한 보험급여총액의 비율을 의미한다.

② 계산보험료의 신고와 납부

보험가입자(관리주체)는 매 보험연도마다 1년간 사용할 모든 근로자에게 지급할 입금 추정액에 보험요율을 곱하여 산정한 보험료를 보험연도 초일 또는 보험관계 성립일로부터 70일 이내에 공단에 신고·납부하여야 한다. 납부방법은 일시납부가 원칙이나 분할납부도 가능하다.

③ 확정보험료 신고와 납부

가. 보험가입자는 매 보험연도 말일, 또는 보험관계가 소멸하는 날까지 사용한 모든 근로자에게 지급한 임금총액에 보험요율을 곱하여 산정한 확정보험료를 대통령령이 정하는 바에 의하여 다음 보험연도 그날부터 70일 이내에 공단에 신고하여야 한다(소멸한 사업은 30일 이내).

나. 계산보험료와 확정보험료의 금액간의 초과액은 반환하여야 하며, 부족액은 다음 연도 초일부터 70일 이내 납부하여야 한다.

④ 보험의 청구

근로자는 업무상 재해를 당하여 부상하거나 사망한 경우 보험급여를 받을 수 있는 수급권자가 보험급여를 청구하게 되면 노동부 장관은 이를 지급한다. 보험급여에는 요양급여·휴업급여·장애급여·유족급여 등이 있다.

⑤ 소멸시효

보험료를 징수하거나 그 반환받을 권리 및 보험급여를 받을 권리는 3년간 행사하지 아니하면 소멸시효가 완성된다(법 제96조).

(3) 적용범위

전국민을 대상으로 하며 대통령령으로 정하는 사업장의 근로자는 당연히 직장의료보험조합의 보험자가 되나 다음은 제외된다.

① 일용근로자(2개월 초과해서 계속 사용되는 경우에는 그러하지 아니하다)
② 3개월 이내의 기간을 정하여 사용되는 근로자(그 기간을 초과하여 계속 사용할 때는 그때부터 그러하지 아니하다)
③ 소재지가 일정하지 아니한 근로자
④ 비상근 · 시간제근로자 등 사업장에서 상시 근로에 종사할 목적으로 사용된 자가 아닌 자
⑤ 지역의료보험조합의 상임 · 대표이사와 그 직원

한편 임의계속 피보험자의 범위는 다음과 같다.

① 사용관계가 종료된 때에 의하여 피보험자의 자격을 잃은 자가 그 자격을 잃은 날로부터 14일 이내에 신청을 하는 때에 피보험자가 계속하여 소속되어 있던 조합의 피보험자가 될 수 있는 기간은 6개월 이내로 한다.
② 임의계속 피보험자가 될 수 있는 자는 피보험자가 자격을 잃은 날의 전날까지 계속하여 3개월 이상 소속조합의 피보험자이었던 자라야 한다.

(4) 직장 피보험자 자격의 취득 및 상실

① 피보험자는 사업장에 사용된 날 그 자격을 취득하며 반면에 사망, 국정상실, 사용관계 종료, 의료보호 대상자가 될 때에는 그 자격을 상실한다.
② 자격을 상실 · 취득한 자는 그로부터 7일 이내에 조합에 신고하여야 한다.

(5) 보험료

1) 부담자

직장보험의 보험료는 사용자와 근로자가 각각 100분의 50을 부담한다(단 임의계속 피보험자는 자신이 전액 부담한다).

2) 보험료액

직장조합의 요액은 각 월에 대하여 피보험자의 표준 월 보수액에 보험요율을 곱하여 얻는다.

3) 보험요율

1,000분의 20 내지 1,000분의 80 범위 내에서 조합정관으로 정한다.

4) 납 부

직장 피보험자의 보험료는 사용자가 매월 납부하되 사용자는 직장 피보험자가 부담하여야 할 당월분의 보험료를 그 보수로부터 공제하여 그 다음날 10일까지 납부한다.

(6) 보험급여의 제한

① 피보험자 자신의 범죄행위나 고의로 사고가 발생했을 때
② 보험자, 요양취급기관의 지시를 따르지 않는 경우는 전부나 일부를 받지 못한다.
③ 다른 법령에 의하여 요양을 받거나 요양비를 지급받을 때에는 그 한도 내에서 보험급여를 받지 못한다.
④ 다른 보험급여나 보상을 받을 경우 보험금은 받지 못한다.

2. 국민연금

(1) 관련법령

1) 회사설립신고

국민연금법 제8조제1항 및 동법 시행규칙 제3조에 따라 회사설립 후 약 7일 이내에 신고해야 한다.

2) 피보험자 자격취득신고

국민연금법 제11조제1항 및 동법 시행규칙 제10조제1항에 따라 입사 후 7일 이내에 자격취득신고를 해야 한다.

(2) 피보험자 자격취득신고절차

피보험자 자격취득신고절차는 다음과 같다.

신고서제출→신고서접수 및 확인→신고서처리→자격취득 및 확인통지(소속회사)(국민연금관리공단)→수령(소속회사, 보험자)

(3) 필요서류

국민연금관리공단의 소정양식인 피보험자 자격취득신고서를 제출하면 된다.

(4) 보험료 납부

보험료 납부금액은 다음 방법에 따라 계산된다.
총 월급(식대 중 50,000원 공제)×보험요율(회사 : 50% 부담, 보험자 : 50% 부담)

(5) 피보험자 자격상실신고

1) 관련법

국민연금법 제12조제1항 및 동법 시행규칙 제11조제1항

2) 필요서류

사업장가입자 자격상실신고서(국민연금관리공단 소정양식)

3) 신고절차

취득신고절차와 동일하다.

3. 국민건강보험

(1) 관련법령

국민건강보험법 시행규칙 제3조가 국민건강보험의 근거법령조항이다.

(2) 신고절차

국민건강 신고절차는 다음과 같다.
신고서제출→신고서접수 및 확인→신고서처리→자격취득 및 확인통지(소속회사) (국민건강보험공단)→수령(소속회사, 보험자)

(3) 필요서류

피보험자 자격취득신고서(국민건강보험공단 소정양식)

(4) 보험료 납부

보험료 납부 금액은 다음과 같이 산정된다.
총 월급(식대 중 50,000원 공제)×보험요율(회사 : 50% 부담, 보험자 : 50% 부담)

(5) 피보험자 자격상실신고

1) 필요서류

직장가입자자격상실, 퇴직시 보수총액통보서(국민건강보험공단 소정양식)

2) 신고절차

취득신고절차와 동일하다.

4. 고용보험(실업급여, 고용안정, 직업능력개발, 임금채권부담금)

(1) 관련법령

1) 회사설립신고

고용보험법시행령 제5조 및 동법시행규칙 제6조제1항 또는 동법시행령 제6조제1항 및 동법시행규칙 제7조제1항

2) 피보험자(직원) 자격취득신고

고용보험법시행령 제10조제1항 및 동법시행규칙 제12조제1항

(2) 신고절차

신고절차는 다음과 같다.

신고서제출→신고서접수 및 확인→신고서처리→자격취득 및 확인통지(소속회사) (지방노동사무소장)→수령(소속회사, 보험자)

(3) 필요서류

필요서류는 다음과 같다.

신고서(지방노동사무소 소정양식)

(4) 보험료 납부

1) 관련법

① 고용보험법 제60조제2항, 제61조제1항, 동법시행령 제72조제1항, 동법시행규칙 제70조제1항, 제73조제1항

② 산업재해보상보험법 제65조제1항, 제2항, 제67조제1항(임금채권보장법 제14조)

2) 보험요율

① 보험자(직원) : 총 월급×보험요율
② 소속회사 : 연간 직원 총 급여×사업성격에 따른 요율 적용
(매년 초 당해 연도 보험료 개산 및 전년도 보험료 확정신고)

(5) 피보험자 자격상실신고

1) 고용보험(실업급여, 고용안정, 직업능력개발)

① 관련법

고용보험법시행령 제10조제1항, 제2항 및 고용보험시행규칙 제12조제1항 또는 동법시행령 제10조제3항 및 동법시행규칙 제12조제2항

② 필요서류

고용보험 피보험자 자격상실(이직확인서)신고서(지방노동사무소 소정양식)

③ 신고절차

취득신고절차와 동일하다.

제7장 건물자산관리 조세행정

- 제1절 건물자산관리 조세행정의 기초개념
- 제2절 부동산 관련 조세

제1절 건물자산관리 조세행정의 기초개념

1. 건물조세행정의 개요

건물자산관리는 건물재산권보호와 건물재산소득의 근대화 및 건물재산의 경제가치의 보존 유지 및 개량에 있으므로 건물자산의 취득·보유·양도에 관계되는 세금과 임대시 납부해야 하는 조세(세금)가 있으므로 이를 경시하거나 간과할 수 없다. 다시 말하면 건물임대 관련 세금을 이해하고 체계적으로 관리(납부)를 하지 않을 경우 건물재산이 압류될 수 있으며, 강제경매가 될 수 있다. 따라서 건물자산관리자는 건물재산관리 관련 조세(세금)에 관하여 체계적인 관리가 필요하다.

이하 절에서 건물조세에 관한 일반적인 내용을 설명하여 건물재산관리활동에 일조하고자 한다.

2. 건물자산관리와 조세

(1) 건물자산조세관리의 범위

일반임대용 건물인 경우 관리대상 건물과 토지에 대해 취득하거나, 보유·양도하는 경우 취득세·등록세·재산세·종합부동산세·소득세·양도세 등은 물론 임대관리주체의 사업자등록이나 관리업무를 담당하는 직원, 일용근무자, 용역제공자의 근로소득에 대한 보수에서 소득세를 원천징수하고 납부를 대행하는 업무 등이 건물조세관리 범위에 해당한다.

(2) 사업자등록

일반임대건물의 경우 건물소유자가 개인이거나 법인인 경우 개인이나 법인의 이름으로 임대사업자등록을 해야 한다.

공동주택 관리사무소인 경우에는 부가가치세법 제5조에 의거하여 관리사무소는 구부소유자로 구성되는 입주자 대표회의 회장명의로 관할 세무서에 사업자등록을 필하고 사업자등록증을 교부받아야 하며, 매년 1월과 7월에 관할세무서에 신청하여 사업자등록을 검열받아야 한다.

3. 공동주택 관리와 조세

(1) 갑종 근로소득세

1) 개 요

근로소득이란 근로를 제공하고 받는 대가로서 봉급(급료)·보수·임금·상여·수당 등 명칭이나 형식에 불구하고 모든 근로제공의 대가로 구성하게 되며, 현금이 아닌 현물 급여도 원칙적으로 근로소득에 포함된다. 그리고 근로소득은 지급자에 따라 갑종 근로소득과 을종 근로소득으로 구분된다. 이 중에서 갑종 근로소득은 다음과 같은 경우에 해당된다.

① 근로의 제공으로 인하여 받는 봉급·급료·보수·세비·임금·상여·수당과 이와 유사한 성질의 급여
② 법인의 주주총회, 사원총회 또는 이에 준하는 의결기관의 결의에 의하여 상여로 받는 소득
③ 법인세법에 의하여 상여로 처분된 금액
④ 퇴직으로 인하여 받는 소득으로서 퇴직소득에 속하지 아니하는 소득

근로소득의 징수방법은 다음과 같다.

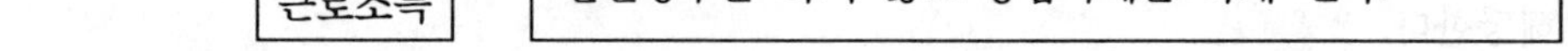

2) 갑종 근로소득세의 범위

갑종근로소득세의 범위는 다음과 같다.

① 당해 연도에 발생한 근로소득으로서 원천징수의 대상이 되는 소득이다.
② 근로의 제공으로 인하여 받는 봉급·급료·보수세비·임금·상여수당과 이와 유사한 성질의 급여
③ 법인의 주주총회·사원총회, 기타 이와 유사한 의결기관에서 상여로 받은 소득
④ 법인세법에 의하여 상여로 처분된 금액
⑤ 퇴직금으로 인하여 지급받은 소득으로서 이때 국민연금법 제75조의 규정에 의하여

사용자가 국민연금기금에 납부하는 종업원의 퇴직전환금은 퇴직급여에 포함되는 것으로 본다.

3) 갑종 근로소득 금액의 계산

갑종 근로소득금액의 계산방법은 다음과 같다.

① 일반급여는 급여액에서 보험료 · 의료비 · 교육비 · 근로소득 등을 공제한 금액
② 일용근로자가 일급 또는 시간급으로 받은 급여, 일급여에서 근로소득공제(1일 50,000)를 제한 금액

4) 소득세 징수 및 납부 대행

소득세의 징수 및 납부대행요령은 다음과 같다.

① 관리사무소에서는 관리직원 등에 대한 다음의 소득금액 또는 수입금액을 지급하는 경우 그 관리직원에 대한 소득세를 원천징수하여야 한다(소득세법 제142조).
② 대통령령이 정하는 자유직업에서 발생하는 사업소득에 대한 수입금액
③ 갑종에 속하는 근로소득 금액
④ 갑종에 속하는 퇴직소득 금액

5) 원천징수 납부시기

원천징수 납부시기는 다음과 같다. 근로소득에 대한 원천징수 시기는 원천징수 의무자가 매월분의 급여를 지급하는 때이다.

다만 관할 세부서장에게 직전 연도의 11월 1일부터 12월 31일까지 신청하여 다음 연도 1월 31일까지 분기별 납부승인을 얻은 자는 종업원의 근로소득에 대한 원천징수 세액을 매분기별로 분기의 마지막 달의 다음달 10일까지 납부할 수 있다.

(2) 부가가치세

부가가치세는 재화(상품 등)의 거래나 서비스(용역)의 모든 유통과정에서 나타난 부가가치(매출액－매입액)에 대하여 과세되는 간접세의 대표적인 세금이다.

우리나라에서는 1977년 7월 1일부터 시행되어온 세금이다.

1) 납세의무자

납세의무자는 사업자이다. 사업자는 일반과세자와 간이과세자, 과세특례자로 구분한다.

2) 과세기간

부가가치세의 과세기간은 6개월이다.

① 1기 : 1월 1일~6월 30일
② 2기 : 7월 1일~12월 31일

3) 과세대상

우리의 일상생활 중에는 여러 가지 경제적인 거래가 이루어지는데, 그 중에서 부가가치세가 과세되는 거래는 크게 재화의 공급, 용역의 공급, 그리고 재화의 수입으로 나누어볼 수 있다. 이 경우 재화와 용역의 공급은 반드시 사업상의 공급이 되는 것이어야 하나, 재화의 수입은 사업유무에 불구하고 외국으로부터 수입되는 재화는 모두 과세대상이 된다.

① 재화 : 재산적 가치가 있는 유체물 및 무체물
  - 유체물 : 상품, 기계 등
  - 무체물 : 전기, 동력, 열, 광업권 등
② 용역 : 재화 이외의 재산적 가치가 있는 서비스를 제공하거나 시설물 또는 권리를 사용하게 하는 것

(3) 주민세

주민세란 지방자치단체가 당해 시·군 내에 주소를 둔 개인이나 사무소 또는 사업소를 둔 법인에게 부과하는 조세로서 소득 유무에 관계없이 균일하게 부과하는 주민세와 소득세·법인세·농지세 등을 과세표준으로 하여 부과하는 소득할 주민세 등 두 가지 종류가 있다.

4. 일반임대건물관리와 조세

일반임대건물의 관련조세는 대체로 다음과 같으나 <부동산 관련 조세>에서 구체적으로 기술하고자 한다.

(1) 종합토지세

일반적으로 부동산을 보유하는 기간 중 토지에 대해서는 종합토지세를 부담하여야 하고, 주택과 같은 건물에 대해서는 재산세를 부담하여야 한다. 종합토지세는 개인이나 법인이 가지고 있는 전국의 모든 토지를 소유자별로 합산하여 그 토지가액에 따라 누진세

율을 적용하여 과세하는 지방세이다.

종합토지세는 원칙적으로 모든 토지를 합산하여 과세하여야 하나, 과세대상 토지를 종합합산 과세대상, 별도합산 과세대상, 분리 과세대상의 3가지로 나누어 각각 별도의 과세표준과 세율을 적용하고 있다. 이것은 이용형태가 다양한 전국의 3,200만 필지에 대하여 하나의 세금체계 속으로 획일적으로 과세한다는 것이 현실적으로 어려움을 나타내주고 있다.

(2) 재산세

재산세는 건물 · 선박 · 항공기 등 등록된 재산에 대하여 부과되는 세금이다.

재산세의 납세의무자는 5월 1일(과세기준일) 현재 재산세과세대장에 재산의 소유자로 등재된 재산명의자가 된다. 다만 권리의 양도, 도시계획사업의 시행, 또는 기타 사유로 인하여 재산세과세대장에 등재된 자의 권리에 변동이 생겼거나 재산세과세대장에 등재가 되지 아니하였을 때에는 사실상의 소유자가 재산세를 납부할 의무를 진다. 또한 소유권의 귀속이 분명하지 아니하여 소유권을 알 수 없을 때에는 그 사용자가 재산세를 납부할 의무를 진다.

(3) 취득세 및 등록세

지방세법상 부동산의 취득에 관련된 주요한 세금으로 취득세와 등록세가 있다.

취득세의 과세대상은 토지 · 건물뿐만 아니라 골프회원권 · 콘도회원권 · 차량 · 중기 · 항공기를 취득하였을 때에도 취득세가 부과된다. 또한 매매 · 신축 · 상속 · 증여 · 교환 등 일체의 방법에 의하여 유 · 무상으로 부동산을 취득하였을 경우에도 해당된다.

등록세는 재산권 및 기타 권리의 취득·이전·변경 등에 관한 사항을 공부에 등기 · 등록하는 경우에 부과되는 세금이다.

(4) 사업소득세

사업을 하는 경우에는 원칙적으로 부가가치세를 내야 하며, 모든 사업자는 소득세 납세의무가 있다. 또한 특별소비세를 내야 하는 업종도 있다.

1) 사업을 하는 경우 원칙적으로 부가가치세를 내야 한다

그러나 다음과 같이 생활필수품의 판매나 의료 · 교육관련 용역의 제공 또는 신문 · 도서출판, 판매의 경우에는 부가가치세를 내지 않는다.

① 곡물 · 과실 · 육류 · 생선 등 가공되지 아니한 식료품 판매
② 연탄 · 무연탄 · 담배 · 복권의 판매
③ 병 · 의원의 의료보건 용역업
④ 허가받은 학원 · 강습소 · 교습소 등 교육용역업
⑤ 도서 · 신문 · 잡지발간

2) 모든 사업자는 소득세 납세의무가 있다

사업을 해서 얻는 소득에 대해서는 소득세를 내야 한다. 그러나 소득세는 여러 가지 공제제도가 있어 영세사업자는 다음해 5월 중 소득세 확정신고를 하는 경우 공제혜택을 받아 소득세를 내지 않는 때가 있다. 사업을 위하여 종업원을 채용하여 급여를 지급할 경우 급여액에 따라 근로소득을 원천징수하여 납부하여야 한다.

3) 소득할 주민세를 신고 납부하여야 한다

소득세를 확정신고 납부한 후 이에 따른 소득할 주민세(소득세액의 7.5%)도 6월 30일까지 관할 시 · 군 · 구청에 신고하여야 한다.

4) 특별소비세를 내야 하는 업종도 있다

사업을 하는 사업자는 부가가치세와 소득세의 특별소비세를 다음과 같은 경우에는 납부하여야 한다.

① 카바레 · 나이트클럽 · 요정 · 사롱 · 디스코클럽 등 과세유흥장소
② 귀금속 · 고급가구 · 모피의복 등의 제조

특별소비세의 신고는 부가가치세 신고와 별도로 매월 신고를 하여야 한다.

(5) 부가가치세 · 주민세 · 갑종 근로소득세

1) 도 세

등록세 · 취득세 · 면허세이다.

2) 시군세

① 보통세 · 주민세 · 재산세 · 자동차세 · 농지세
② 목적세 · 도시계획세 · 소방공동시설세 · 사업조세

3) 재산세

① 재산세에는 개인이 소유하는 재산순액이 아니라 재산총액(순재산액+그 재산에 포함된 부채액)을 과세표준으로 하여 그 소유자의 조세부담 능력에 관계없이 부과하는 물세이다.

② 과세대상 및 과세표준

재산세의 과세대상은 토지 · 건물 · 광구 · 선박이고, 과세표준도 재산가액이다.

5. 환경개선부담금

(1) 과세대상

① 연면적 1000m^2 이상의 시설물(관리사무소의 경우 임대상가가 과세대상)

② 경유사용 자동차

③ 면제대상 : 사회복지시설, 주택, 분할 또는 공동소유로서 1인 기준 50m^2 미만인 시설물

(2) 납세의무자

과세대상 소유자(소유자가 불분명할 때에는 점유자)

1) 대기오염물질 배출

연료사용량×단위당 부과금액×연료계수×지역계수

2) 수질오염물질 배출

용수사용량×단위당 부과금액×오염유발계수×지역계수

3) 자동차부담료

8100×오염유발계수×차량계수×지역계수

(3) 납세방법

1) 부과기준일

① 상반기 : 6월 30일

② 하반기 : 12월 31일

2) 부과기간

① 상반기 : 1월 1일~6월 30일
② 하반기 : 7월 1일~12월 31일

3) 납 기

① 상반기 : 9월 16일~9월 30일
② 하반기 : 3월 16일~3월 30일

6. 세무처리실무

(1) 세금예입

징수된 갑종 근로소득세, 주민세는 예수금 과목으로 공제당일 은행에 예입한다.

(2) 세금납부

① 납부기한 : 익월 19일한
② 국세 : 국고금 또는 지정납입처에 납부한다.
③ 지방세 : 시금고 또는 지정납입처에 납입한다.

(3) 비치장부 및 서류

임대관련 조세업무 처리를 위한 필요장부와 서류 등은 다음과 같다.

① 원천과세 징수부
② 소득자별 근로소득 원천징수부
③ 부가가치세 원장
④ 부가가치세 매출장
⑤ 기타 연말정산에 필요한 서류 등

제2절 부동산 관련 조세

1. 부동산 관련 조세 분류

부동산의 취득·보유·양도에 관련한 조세를 분류하면 다음과 같다.

(1) 부동산의 취득(권리의 취득)

① 국 세

가. 직접세 : 상속세, 증여세
나. 간접세 : 부가가치세, 인지세

② 지방세

간접세 : 취득세, 등록세, 면허세

(2) 부동산의 보유(권리의 보유 및 변경)

① 국 세

가. 직접세 : 소득세(개인부동산 소득), 법인세(법인 부동산 소득), 종합부동산세
나. 간접세 : 부가가치세(부동산 임대업), 인지세

② 지방세

재산세, 도시계획세, 공통시설세, 농업소득세, 주민세

(3) 부동산의 양도

① 국 세

가. 직접세 : 양도세(양도 및 사업소득), 법인세
나. 간접세 : 부가가치세(부동산 매매업), 인지세

② 지방세

직접세 : 주민세

2. 부동산관련 주요 조세의 내용

(1) 취득세

취득세란 간접세 성격의 지방세로 부동산 기타 일정한 재산의 취득행위에 담세력을 인정하고 취득자에게 부과하는 세금이다. 취득세는 행위세, 유통세, 대물세, 실질과세 성격의 지방세이다.

1) 과세권자와 납세자

과세권자는 취득 당시 물건 소재지의 특별시장, 광역시장, 도지사가 부과하고 납세자는 사실상의 취득자와 간주 취득자가 된다.

2) 과세물건

과세물건에는 토지·건축물과 기타 부동산에 준하는 물건 또는 광업권·어업권 등이 있다.

3) 비과세대상

취득세의 비과세 대상은 다음과 같다.

① 국가, 지방자치단체, 외국정부의 취득이나 국가·지방자치단체 기부체납시
② 비영리사업자가 공익목적의 부동산 취득
③천재 기타 불가항력으로 인한 대체 취득
④ 토지수용으로 인한 취득
⑤ 형식적인 소유권의 취득(재산신탁, 환매권, 상혹, 법인합병, 건축물의 이전 등)

4) 취득시기

유상승계 취득의 취득시기는 사실상의 잔금지급일, 계약상 잔금지급일 또는 계약일로부터 30일 경과되는 날, 등기일 또는 등록일 사실상의 연부금 지급일이고 무상승계 취득일은 상속개시일, 계약일이다.

그러나 원시취득의 경우에는 허가 받은 건축물은 사용승인서 교부일 또는 사실상의 사용일 또는 임시사용 승인일을 취득시기로 보고 허가받지 아니한 건축물은 사실상의 사용일이 취득시기가 된다. 또한 토지의 경우에는 매립·간척 등은 공사준공인가일을 취득시기로 본다.

5) 세 율

표준세율은 취득물건의 가액의 1000분의 20으로 한다. 그러나 별장, 골프장 또는 고급주택을 취득할 경우에는 표준세율의 5배(10%) 중과하고 가밀억제권역의 사업용 부동산 취득이나 과밀억제권역의 공장신설, 증설 목적의 과세물건 취득 등에는 표준세율의 3배(6%)가 중과된다.

6) 부과징수

원칙적으로 취득일로부터 30일 이내 신고 납부해야 하며 상속의 경우에는 상속개시일로부터 6월로 한다. 부과징수절차는 취득자가 신고하면 물건소재지의 관할시장이 신고접수증과 OCR 납무서를 교부하게 되고 신고자가 물건소재지의 시 · 군 금고에 납부하면 된다.

(2) 등록세

등록세란 재산권 · 기타 권리의 취득이나 이전 변경 또는 소멸에 대한 등기등록시 부과되는 지방세를 말한다. 등록세는 행위세, 유통세, 응능과세 명의자 과세 원칙성격 및 수수료적 성격의 조세이다.

1) 과세권자와 납세의무자

과세권자는 등기일 또는 등록일 현재 재산의 소재지나 등기 또는 등록권자의 주소지를 관할하는 도에서 부과하나 납세의무자는 등기 · 등록을 받는 자가 된다.

2) 과세물건과 납세지

과세물건은 재산권 기타 권리의 취득, 이전, 변경, 소멸에 관한 사항을 공부에 등기 또는 등록하는 경우에 그 등기 등록행위를 과세의 객체로 하고 부동산의 납세지는 부동산 소재지로 한다.

3) 과세표준

원칙적으로 신고한 가액이 과세표준이 되나 신고가 없거나 시가표준액에 미달하는 경우 시가표준액이 예외적으로 과세표준이 된다.

4) 부동산등기의 세율

① 소유권

가. 상속의 경우 부동산가액의 1000분의 8
나. 유상취득의 경우 과세표준인 부동산가액의 1000분의 20
다. 소유권 보존의 경우 1000분의 8

② 소유권 이외의 물권과 임차권의 설정 및 이전

가. 가등기의 경우 부동산가액의 1000분의 2
나. 지역권의 경우 요역지가액의 1000분의 2
다. 전세권의 경우 전세금액의 1000분의 2
라. 임차권의 경우 월임대차금액의 1000분의 2
마. 저당권, 경매신청, 가압류, 가처분의 경우 채권금액의 1000분의 2
바. 위 이외의 등기의 경우 매 1건당 3,000 원

5) 부과징수

원칙적으로 등기 또는 등록을 하고자 하는 자가 납세지관할 지방자치단체장에게 신고하고 등기 또는 등록일 이전까지 납부해야 한다.

(3) 재산세

재산세라 함은 토지·건축물·주택이나 선박·항공기 등의 소유에 대하여 그 소유자에게 부과하는 지방세를 말한다. 재산세는 재산보유세의 성격과 대인세의 성격 및 수익세적 성격의 지방세이다.

1) 과세권자

① 토지 : 토지 소재지 관할 시·군·구
② 건축물 : 건축물 소재지 관할 시·군·구
③ 주택 : 주택 소재지 관할 시·군·구

2) 납세의무자

재산세 과세일(6월 1일) 현재 사실상 재산소유자가 납세의무자가 된다. 그러나 예외적으로 공부상의 소유자 또는 주된 상속자가 납세의무자가 된다.

3) 과세대상

토지 · 건축물 · 주택 · 선박 · 항공기인 재산이 과세대상이 된다.

4) 과세표준

① 종합합산과세 대상토지

납세자가 소유하고 있는 당해 · 시 · 군 · 구에 소재하는 종합과세대상 토지의 가액을 합한 금액의 0.2%~0.5% 3단계 누진세율을 적용한다.

② 별도합산과세 대상

납세의무자가 당해 시 · 군 · 구 안에 소재하는 별도 합산가세대상 토지가액을 합한 금액을 과세표준으로 하여 0.2%~0.4% 3단계 초과 누진세율을 적용한다.

③ 재산세 과세표준

2006년부터 2007년까지의 과세표준은 시가표준액에 일정 적용비율을 곱하여 적용함으로써 지방세법부칙 제5조를 반드시 참고해야 한다.

④ 건축물의 세율

건축물의 세율은 다음과 같다.

가. 골프장 · 고급오락용 건축물 : 과세표준액의 1000분의 40
나. 특별시 · 광역시 안 등의 공자 : 과세표준액의 1000분의 5

⑤ 주택세율

가. 4,000만원 이하 : 1000분의 1.5
나. 4,000만원 이상 ~ 1억원 이하 : 6만원 + 4,000만원의 초과 금액의 1000분의 3
다. 1억원 초과 : 24만원 + 1억원 초과 금액의 1000분의 5

5) 부과징수

납세기준일은 매년 6월 1일로 한다. 납기는 다음과 같다.

가. 토지 : 매년 9월 16일부터 9월 31일까지로 한다. 징수방법은 관할 시장 · 군수가 세액을 산정하여 보통 징수방법에 의하여 징수한다. 재산세에 부가세(지방교육세)와 병기세(도시계획세와 공동시설세)는 재산세와 함께 부과징수 할 수 있다.

(4) 기타 지방세

재산취득 관련한 지방세에는 부가세인 농어촌특별세, 지방교육세와 목적세인 도시계획세와 공동시설세 등이 있다.

(5) 종합부동산세

종합부동산세라 함은 재산세가 1차적으로 부과된 부동산 중 일정한 고액의 부동산소유자에게 2차적으로 재산세보다 더 높은 누진세율을 부과하는 국세로서 재산보유세의 성격과 응능과세의 성격 당해 재산에 부과되는 국세를 의미한다.

1) 과세권자

과세권자는 납세지를 관할하는 세무서장이 된다.

2) 납세의무자와 납세자

개인 또는 법인으로 보지 아니하는 단체는 소득법사의 납세지인 주소지가 납세지가 되고 법인 또는 법인으로 보는 단체는 법인세법상 납세지인 본점이나 주된 사무소 소재지가 납세지가 된다.

3) 과세구분 및 세액

① 주택부동산 세액과 토지종합부동산 세액을 합한 종합부동산 세액은 주택토지세액을 합한 금액을 그 세액으로 한다.
② 토지에 대한 종합부동산세의 세액은 토지분 종합합산세액과 토지분 별도합산세액을 합한 금액으로 한다.
③ 건축물의 경우에는 1차 재산세 납부 후 주택공시가격이 6억원을 초과하는 경우 주택분 종합부동산세를 납부해야 한다.
④ 일반건축물의 경우는 건물분 재산세만 납부하면 된다.
⑤ 토지의 경우 토지분 재산세 납부 후 토지공시지가가 40억원을 초과시 합산과세와 공시지가 3억원 초과의 종합합산과세를 합하여 토지분종합부동산세가 부과되는 2단계 종합부동산세가 된다.

4) 납세의무자

납세기준일 현재 재산세의 납세의무자로서 국내 재산과세 대상인 주택의 공시가격을 합한 금액이 주택분 과세금액인 6억원(개인은 세대별 합산)을 초과하는 자는 당해 주택에 대한 종합부동산(종부세)를 납부할 의무가 있다.

5) 과세표준

주택분 종합부동산세의 과세표준은 주택의 공시가격 합계액에서 6억원을 제한금액이 과세표준이 된다. 그러나 2006년도부터2008년까지 납세의무가 성립하는 주택분 종합부동산세는 과세표준은 연도별 2006년 70%, 2007년 80%, 그리고 2008에는 90% 적용하고 2009년에는 100%가 달성되도록 구성하고 있다.

6) 세액과 세율

주택분 종합부동산세액은(과세표준액 × 2006년 ~2008년 연도별 적용비율 × 종합부동산세율) 주택분 과세기준 금액 초과분에 대한 주택분 재산세 부과금액으로 한다.

주택분 종합부동산세의 세율은 다음과 같다.

① 3억원 이하 : 1000분의 10
② 3억원 초과 14억원 이하 : 1000분의 15
④ 14억원 초과 94억원 이하 : 1000분의 20
⑤ 94억원 초과 : 1000분의 30

7) 신고납부

과세기준일 매년 6월 1일로 한다.
납세의무자는 12월 1일부터 12월 15일까지 관할 세무서장에게 신고해야 한다.
납부기한은 12월 1일~12월 15일 사이에 납부하여야 한다.

(6) 양도소득세

개인이 당해연도에 일정한 양도를 하여 발생한 소득을 과세대상으로 하여 부과하는 소득세를 말한다. 즉, 자본이득세 성격과 대중세 성격, 실질과세 성격, 응능과세 성격을 가진 국세이다.

1) 과세권자와 납세지

과세권자는 납세지를 관할하는 세무서장이고 납세지는 원칙적으로 양도자의 주소지이다.

2) 납세의무자

양도세의 납세의무자는 개인인 거주자와 비거주자이다.

3) 과세대상

양도소득셍의 토지, 건물, 부동산권리, 기타 자산이 과세대상이 된다.

4) 비과세 대상

파산선고에 의한 처분, 일정한 농지의 교환 또는 분할, 1세대 1주택과 2주택 부수토지 등은 양도세의 비과세 대상이 된다.

5) 양도소득세의 세율

① 토지 · 건물 · 부동산권리 : 9~36% 4단계 누진세율
② 기타 자산 : 9~36% 4단계 누진세율
③ 보유기간이 1년 이상 2년 미만인 부동산의 경우(토지 · 건물) : 40%
④ 보유기간이 1년 미만인 경우 : 50%
⑤ 1세대 3주택의 경우 : 60%
⑥ 1세대 2주택의 경우 : 50%
⑦ 1세대 + 1조합원 입주권의 경우 : 50%
⑧ 비사업용 토지 : 60%
⑨ 미등기 양도자산 : 70%

6) 양도소득신고

1월 1일부터 12월 31일까지는 예정신고하고 5월1일부터 5월31일까지 확정신고해야 한다. 양도신고의무자는 양도이익이나 양도차손의 경우에도 자산양도거주자가 신고해야 한다. 신고기한 내에 양도소득과세 예정신고서 및 자진납부계산서를 첨부하여 납세지 관할세무서에 신고하여야 한다.

제8장 건물자산관리 재무행정

- 제1절 재무행정의 기초회계개념
- 제2절 건물관리비 산출방법
- 제3절 건물임대료 산정방법

제1절 재무행정의 기초회계개념

1. 회계의 일반개요

(1) 회계의 의의

회계는 건물자산을 관리함에 있어서 대단히 중요한 경영관리 실무분야이다. 따라서 건물자산관리자는 다음에 계속되는 회계의 이론과 실무에 대하여 이해해야 한다. 인간은 경제생활을 영위하면서 외부의 여러 개인·조직과 이해관계를 가진다. 종전의 회계의 개념은 이런 이해관계를 가지고 있는 조직에서의 경영활동 과정에서 발생한 거래를 인식하고, 기록하고, 요약하여 계산하는 과정을 회계라 인식했었다. 그러나 오늘날 회계를 보는 관점은 단순히 계산과 기록하고, 보고하는 단순기능이 아니라 정보를 생성하고 이를 해석·활용·응용하는 과정을 회계로 인식하고 있다. 즉 회계의 관점은 [그림 24]와 같이 변화되었다.

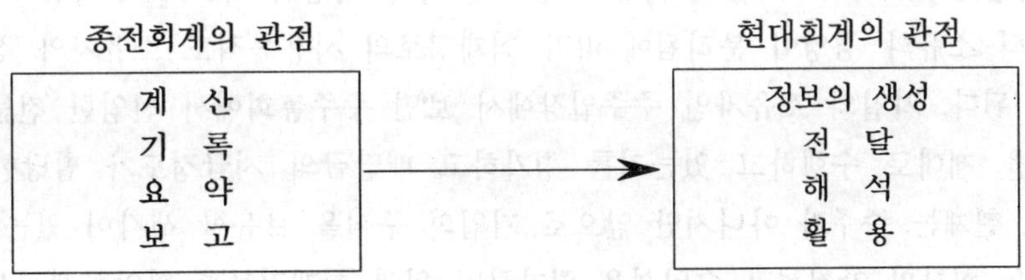

[그림 24] 회계관점의 변화

미국 회계학회(AAA : American Accounting Association)에 의하면 회계란 정보이용자가 합리적인 판단과 경제적 의사결정을 하는데 유용한 재무적 정보를 식별·측정·전달하는 과정이라 정의하고 있다.

(2) 회계정보와 의사결정

1) 일상생활의 의사결정과 회계정보

무심히 받아들이고 있는 우리생활 주변에서 회계정보의 산출에 의해 만들어지는 많은 의사결정들이 있다. 예를 들면 아침에 출근할 때 타는 지하철요금, 버스요금, 택시요금이 왜 이런 가격으로 책정됐는지에 대해서는 별 관심을 안 가지지만 이런 요금의 책정에는 각 운송기업이 작성한 회계장부와 담당 정부기관이 요구하는 여러 정보들이 종합되어 내려진 결정이다. 이처럼 수동적으로 받아들이는 회계정보 외에 우리가 주어진 목돈을 정기예금에 예치할 것인지, 환매채를 구입할 것인지, 양도성 예금증서를 구입할 것인지, 아니면 정기예금을 예치하더라도 어느 은행에 예치할 것인지를 결정하는 것은 우리가 능동적으로 회계정보를 사용하여 의사결정을 해야 하는 일상의 일들이다.

2) 일반경제사회와 회계정보

회계정보는 개인의 일상적인 생활의 미시적인 수준뿐만 아니라 거시적인 수준에서도 의사결정에 지대한 영향을 미친다.

2002년도에 한국은행이 발표한 자료에 의하면 2/4분기 국내경기가 호조를 보였지만 국민들의 실질구매력을 나타내는 실질국민총소득(GNP)은 국내총생산(GDP) 성장률보다 낮은 6.2% 증가에 그쳤다. 이런 국민소득 · 투자 · 저축 · 수출입 · 통화 · 물가 · 환율에 관한 대부분의 정보도 일반경제사회에서 사용하는 회계정보이다.

3) 기업과 회계정보

기업은 재화와 용역을 생산하여 외부의 소비자에게 제공하여 이익을 창출한다. 그러나 이런 기업은 <표 11>과 같이 기업의 형태에 따라 책임이 다르게 부여된다.

기업의 소유와 경영이 분리됨에 따라 회계정보의 사용목적도 소유자와 경영자에 따라 다르게 된다. 기업의 소유자인 주주입장에서 보면 주주총회에서 선임한 전문경영자가 경영활동을 제대로 수행하고 있는지를 평가하고 배당금의 지급정도가 합당한지를 파악할 것이고, 현재는 주주가 아니지만 앞으로 기업의 주식을 보유할 생각이 있는 잠재적인 투자자들은 회사의 안전성과 수익성을 평가하기 위해 회계정보를 파악하게 된다.

반면, 기업의 경영자는 기업에 배분된 자원을 효율적으로 사용 · 관리함으로써 이익을 창출하고, 기업의 궁극적인 목표인 기업가치의 극대화를 위해 노력할 것이다. 그 과정에 끊임없는 의사결정이 필요하게 되고, 좀더 합리적인 의사결정과 효율적인 의사결정을 위해서 회계정보를 사용하게 된다.

〈표 11〉 기업의 유형과 책임정도

기업유형	소유자	경영자	책임정도
개인기업	개인이나 그 가족		무한
합명회사	무한책임사원		무한
합자회사	유한 · 무한책임사원	무한책임사원	유한 · 무한
유한회사	유한책임사원		유한
주식회사	주주	이사 · 감사	유한

(3) 회계의 분류

회계란 앞에서 정의한 바와 같이 정보사용자가 올바르고 합리적인 의사결정을 내릴 수 있도록 정보를 제공하는 것이다. 그러므로 회계의 분류는 [그림 25]와 같이 정보이용자가 누구냐에 따라 각기 다른 정보가 제공되고 사용된다. 회계는 재무회계와 세무회계, 특수회계, 관리회계 등으로 분류된다.

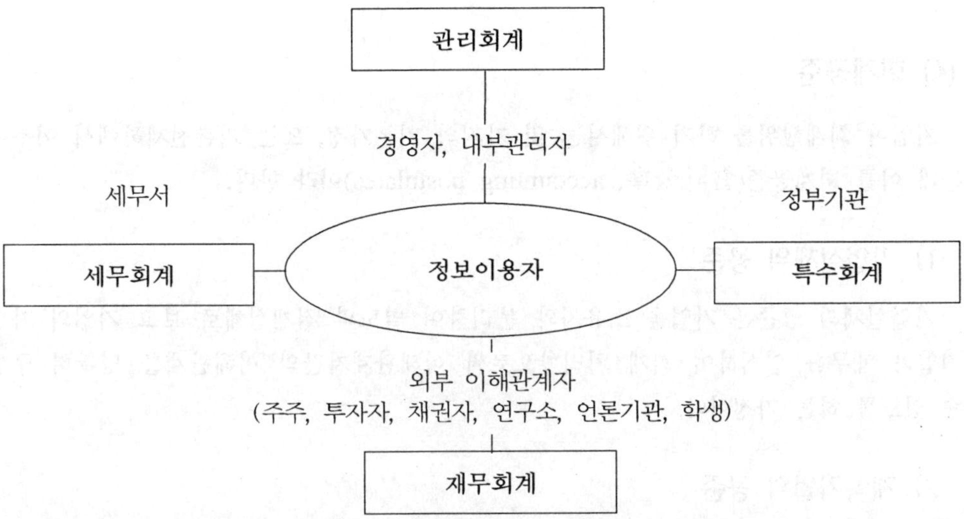

[그림 25] 회계의 분류

1) 재무회계

재무회계는 기업 외부에 있는 여러 이해관계자들이 정보를 사용할 수 있도록 제공하는 영역이다. 외부의 이해관계자들이란 기업의 소유자인 주주, 또는 증권시장의 투자에 관심을 가지고 있는 투자자, 기업에 자금을 대여하고자 하는 금융기관과 같은 채권자, 기업활동을 연구하고 분석하는 연구소, 언론기관, 학생 등 많은 이해관계자들이 존재한다. 그러므로 어느 한 정보이용자의 욕구만 만족시킬 수 없고 여러 명의 요구를 동시에 충족시킬 수 있는 객관적이고 신뢰성있는 회계정보를 만들어내야 한다. 이런 객관성과 신뢰성을 충족시키기 위해 재무회계로 작성된 정보는 일반적으로 받아들이는 기준(우리나라는 기업회계기준이라 한다)에 따라 작성되어야 한다.

또한 재무회계정보가 기업회계기준에 맞게 작성되었는지를 외부에 있는 감사자로 하여금 감사를 하게 하는데, 이를 외부감사라 한다. 또한 이 업무를 담당하는 사람을 공인회계사라 한다.

2) 관리회계

관리회계는 기업 내부에 있는 경영자·관리자들이 주어진 업무과정에서 의사결정을 할 때 필요한 정보를 제공하는 영역이다. 재무회계는 여러 이해관계자들이 사용하기 때문에 객관적이고 신뢰성있는 정보를 제공해주기 위해 기준을 정하고 이를 준수하여 정보를 제공하는 반면, 관리회계는 내부의 정보이용자가 사용하는 정보이므로 기준을 정할 필요가 없고 주관적인 방법으로도 정보를 만들고 제공할 수 있다.

(4) 회계공준

기업이 회계행위를 하기 위해서는 몇 가지의 기본가정, 또는 기본전제하에서 이루어지는데 이를 회계공준(會計公準, accounting postulates)이라 한다.

1) 기업실체의 공준

기업실체의 공준은 기업을 소유자와 분리하여 별도의 경제실체로 보고 기업의 자산과 기업의 채무를 인식하여 회계 처리함으로써 이해관계자간의 이해관계를 명확히 구별할 수 있도록 하는 가정이다.

2) 계속기업의 공준

계속기업의 공준이란 기업이 일단 영업활동을 개시하면 해산이나 청산을 하지 않고 계속적으로 영업활동을 할 것이라 가정하는 것이다. 기업은 이를 가정함으로써 자산평가시에 청산가치나 처분가치를 고려하지 않고 객관적이고 검증 가능한 취득원가로 평가할 수 있도록 한다.

3) 회계기간의 공준

기업은 계속기업의 공준에 따라 계속적으로 영업활동을 영위한다. 그러나 그 영업기간에 기업의 이해관계자들은 기업의 재무상태와 영업성과에 관심을 가지고 이에 대한 정보를 필요로 하므로 회계기간을 인위적으로 나누어 이 기간에서의 영업성과를 파악하고, 이 기간 말의 재무상태를 알 수 있도록 한다.

4) 화폐측정의 기준

회계현상을 측정하는 데 있어서 화폐단위로 측정하도록 가정하는 것을 말한다. 이는 화폐의 구매력이 변화하지 않는다는 것을 전제로 이루어졌으나 실제로는 인플레이션 현상으로 화폐구매력의 변화가 오므로 물가지수 등을 사용하여 화폐구매력의 변화를 고려한다.

(5) 회계원칙

1) 신뢰성의 원칙

이 원칙은 "회계처리 및 보고는 신뢰할 수 있도록 객관적인 자료와 증거에 의하여 공정하게 처리하여야 한다."는 것으로 모든 회계기록과 정보는 객관적인 회계자료와 증빙서류에 의하여 이루어져야 한다는 것이다.

2) 명료성의 원칙

이 원칙은 "재무제표의 양식 및 과목과 회계용어는 이해하기 쉽도록 간단·명료하게 표시하여야 한다."는 것으로 회계정보의 이용자가 재무제표에 의해 의사결정하여 판단하는 데 도움이 될 수 있어야 한다는 것이다.

3) 충분성의 원칙

이 원칙은 "중요한 회계방침과 회계기준·과목 및 금액에 관하여는 그 내용을 재무제표상에 충분히 표시하여야 한다."는 것으로 기본 재무제표뿐만 아니라 부속명세서, 주석, 주기 등을 사용하여 충분한 정보를 제공해야 한다는 것이다.

4) 계속성의 원칙

이 원칙은 "회계처리에 관한 기준 및 추정은 기간별 비교가 가능하도록 매기 계속하여 적용하고, 적당한 사유없이 이를 변경하여서는 아니된다."는 것으로 회계기준상에 선택이 가능한 처리방법 중 한 번 선택한 회계방법은 특별한 사유가 없는 한은 변경하지 않고 계속적으로 사용하여 회계정보의 기간별 비교가 가능하도록 한 원칙이다.

5) 중요성의 원칙

이 원칙은 "회계처리와 재무제표 작성에 있어서 과목과 금액은 그 중요성에 따라 실용적인 방법에 의하여 결정하여야 한다."는 원칙으로 관련 회계정보가 회계정보 이용자의 의사결정에 미치는 정도에 따라 중요성 정도를 정하는 원칙이다.

6) 안전성의 원칙

이 원칙은 "회계처리 과정에서 2개 이상의 회계처리 방법이 있는 경우에는 재무적 기초를 견고히 하는 관점에 따라 처리하여야 한다."는 것으로 자신은 과소계상할 수 있는 방법, 부채는 과대계상할 수 있는 방법을 선택하고, 예상비용은 계상하고 예상수익은 계상하지 않음으로써 기업의 건전성을 추구한다는 것이다.

7) 실질우선의 원칙

이 원칙은 "회계처리는 거래의 실질과 경제적 사실을 반영할 수 있어야 한다."는 것으로 형식적인 거래나 형식적인 자산평가가 아닌 실질의 가치를 반영한 회계정보를 제공해야 한다는 것이다.

2. 건물회계업무 처리기준

건물자산관리회계실무는 일일회계업무, 월말회계업무, 연말회계업무로 나누어 처리해야 한다.

(1) 일일회계업무

회계실무의 최종 산출물은 재무제표를 작성하는 것이지만, 기말에 재무제표를 작성할 수 있기 위해서는 매일매일 발생하는 거래에 대한 처리가 명확히 이루어지고 매일매일의 장부가 일치하여야 한다.

일상적으로 발생하는 매일업무의 처리과정은 [그림 26]과 같다.

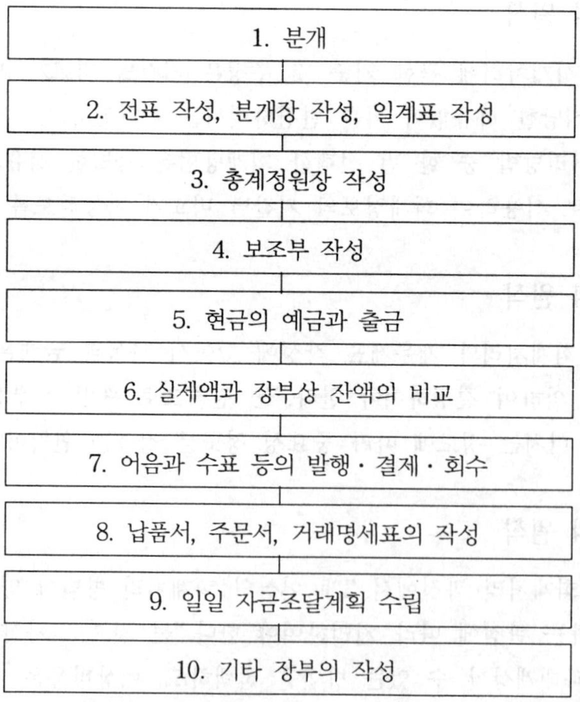

[그림 26] 일일회계업무 흐름도

1) 현금의 관리와 회계처리업무

현금은 일상 임대활동 중에서 입·출입이 빈번하여 도난의 위험이 매우 높은 자산이므로 현금에 대한 내부통제는 매우 중요한 부분이다.

현금의 관리를 위한 내부통제 기법으로는 다음과 같은 방법들이 있다.

① 현금·예금 등의 금고보관

현금·수표·예금통장증서 등은 안전한 금고에 보관하고, 금고의 접근을 통제하고, 열쇠는 출납담당자에 의해 적절하게 보관해야 한다. 또한 은행에 신고된 인장은 수표나 예금통장 등과는 별도로 보관해야 수표의 부정발행을 예방할 수 있다.

② 현금과 관련된 업무의 분장

현금수취 담당자는 현금수입자의 기록과 같은 회계기록업무를 담당하지 않도록 한다. 또한 현금지출 담당자는 현금지출장과 같은 회계장부의 기록업무를 담당해서는 안 된다.

③ 대금지급시 그 정당성 및 적법성의 확인

대금의 지급은 반드시 승인절차를 거친 정당한 금액만이 지출되어야 한다.

④ 매일의 장부확인

현금출납 담당자는 매일 업무마감 후 실물을 계산하여 장부잔고와의 일치여부를 확인해야 한다. 현금과 장부잔액이 일치하지 않으면 차이의 내용을 명확히 밝혀야 한다. 수시감사로 현금출납 담당자 이외의 사람에 의해 예고 없이 현금과 장부잔액에 대한 감사를 하면 현금출납 담당자의 부정이나 실수를 방지할 수 있다.

⑤ 임대관리자가 수취하는 모든 현금의 당일 내 은행예입

현금을 사무실 내 보유하면 도난과 분실의 위험이 존재하므로 현금을 보관하지 않고 은행에 예치하도록 해야 한다.

⑥ 수표를 이용한 대금의 지급

현금의 지급을 되도록 자제하고 수표를 통해 대금을 지급하도록 하여 현금지출에 대한 증거를 확보하도록 한다.

⑦ 정기적으로 은행계정 조정표 작성

기업의 예금잔액원장과 은행측의 은행계정 명세서 잔액의 일치여부를 확인하기 위한 은행계정 조정표를 정기적으로 작성하여 차이를 조정해야 한다.

가. 소액현금

관리주체나 임대관리조직에는 일상적인 업무를 수행하는 과정에서 소액의 현금지출을 필요로 하는 경우가 빈번히 발생한다. 이와 같은 적은 금액의 현금을 소액현금이라 하며, 이 소액현금을 관리하는 장부를 소액현금출납장이라고 한다. 경리담당부서에서 각 용도계의 소액현금 담당자와 필요한 소액현금을 설정하고 미리 지급하면 소액현금을 지급받는 담당자는 필요시 지출을 하고, 월말에 영수증과 함께 경리과에 보고한다. 그리고 경리과에서는 보고받은 지출금액 중 부족분을 다시 소액현금 담당자에게 지급한다.

나. 현금에 과부족이 있는 경우

현금출납장을 마감한 후에 실제 현금과 장부상의 잔액이 맞지 않는 경우가 있다. 이 경우 현금과부족이라는 계정과목을 만들어 현금과부족의 원인이 밝혀질 때까지 처리한다.

〈사례 1〉 금의 금고가액은 ₩150,000이나 장부상의 잔액은 ₩200,000인 경우 회계상의 처리는 일단 장부가액을 현금실재액에 맞춘다.

(차) 현금과부족 50,000 (대) 현금 50,000

그 후 현금과부족의 원인이 소모품을 현금으로 구입하고 이를 장부에 누락시킨 것을 발견했다.

(차) 소모품비 50,000 (대) 현금과부족 50,000

만약 현금과부족의 원인을 결산시까지 발견하지 못한 경우는 이를 잡손실 또는 잡이익으로 처리한다.

2) 수표 · 어음의 관리

① 수표의 발행

수표를 발행하기 위해서는 먼저 거래은행에 당좌예금 계좌를 개설해야 한다. 이때 기업이 현금이나 타인이 발행한 수표를 예입시키면 당좌예금계정이 증가하게 되고, 대금을 결제하기 위해 수표를 발행하면 당좌예금계정이 감소하게 된다.

발행인은 수표용지에 액면금액 · 발행일 · 발행지를 기재하고, 발행인이 기명날인하여 수취인에게 교부한다.

당좌예금의 주된 사용목적은 수표와 어음의 발행이다. 수표와 어음을 발행한 후 만기일이 되어도 당좌예금에 잔액이 없으면 부도처리되며, 1년에 3회 이상 부도를 내게 되면 은행과 거래정지처분을 당한다.

단, 미리 은행과 당좌차월약정을 맺어 예금잔액이 부족해도 차월 한도액 이내에서 발행한 수표와 어음은 지급이 가능하게 할 수 있다.

② 수표관련 용어

수표관련 용어의 의미는 다음과 같다.

가. 횡선수표

수표의 표면에 두 줄의 평행선을 긋고 그 사이에 은행 또는 이와 동일한 의미가 있는 문자를 기재한 수표를 말한다. 이를 은행에 제시하면 은행에서는 직접 현금으로 지급하지 않고 제시한 사람의 은행계좌에 입금시키므로 지급처가 명확하게 되고, 도난의 위험도 방지할 수 있다. 특정 횡선수표를 받은 경우 그 은행에 계좌가 없으면 지급을 받을 수 없게 된다.

나. 선일자수표

은행과 어음거래 약정을 맺지 못한 영세업자들이 주로 사용하는 방법으로 수표를 발행할 때 실제로 발행하는 날짜를 기입하지 않고 장래의 날짜를 발행일로 기입하는 수표이다. 실제 발행한 날짜에 지급제시를 하면 결제할 능력이 없으므로 미래의 지정한 날짜를 발행일로 하여 그날에 지급 제시하면 결제하겠다는 뜻이나, 수표법에서는 은행이 선일자수표 소지인에게 지급을 청구받더라도 지급을 하도록 되어 있기 때문에 선일자수표를 발행할 경우에는 상대방의 신용도를 잘 판단해야 한다.

③ 어음의 발행

일반적으로 많이 사용되는 어음은 약속어음인데 은행을 지급장소로 하는 어음을 발행할 때에는 수표의 경우와 마찬가지로 당좌예금계좌를 개설할 필요가 있다. 그러나 어음의 발행은 수표의 발행과 달리 은행에 한정되지 않고 신용금고나 신용조합 등의 금융기관에서도 취급하고 있다.

어음관련 용어의 의미는 다음과 같다.

가. 어음의 결제

어음의 만기일에 어음이 현금화되는 것을 어음의 결제라고 한다.

나. 어음의 개서

어음의 만기일을 연장하고 싶은 경우 수취인의 양해를 얻어 새롭게 어음을 발행하고 이전 어음과 교환할 수 있는데, 이를 어음의 개서라고 한다. 개서할 경우에는 연기한 날짜분만큼의 이자를 수취인에게 지급한다.

다. 어음기입장

어음거래가 빈번한 경우에는 총계정원장만으로는 상세한 내용을 알기 어려우므로, 상세한 내용을 기입해서 관리할 장부가 필요하다. 이런 어음의 명세를 기입하는 장부를 어음기입장이라고 한다. 어음 발행시 지급어음기입장에, 수취시 받을어음기입장에 기입한다.

〈표 12〉 일일자금운용표

2009년 3월 10일 현재

결제	담 당	대리	과장	부장	대표 이사

1. 자금운용

구분		전일잔액	증가액	감소액	금일잔액	비고
현금						
예금	정기예금					
	정기적금					
	신탁형저축					
	보통예금					
	계					
미수금	보험료					
	가산금					
	징수금					
	가산금					
	수입이자					
	계					

2. 가수금(본인부담 환급금)

구분	전일잔액	증가액	감소액	금일잔액	비고
현금					
보통예금					
계					

3. 거래내역

입금		출금	
적요	금액	적요	금액

3) 자주 발생되는 비용의 회계처리

① 복리후생비

복리후생비는 종업원의 복리를 증진하거나 건강관리를 촉진하기 위한 경비로서, 법정복리비와 회사가 독자적으로 실시하고 있는 복리후생시설, 사내의 각종 행사·의료·보건·소모품·음식·교양 등을 위한 비용으로 나눈다. 법정복리비는 근로기준법에 의해 의료보험이나 산재보험 등에 소요되는 비용이다.

② 통근비·여비교통비·출장비

통근비는 회사에 근무하는 사람이 통근하기 위해 소요되는 비용이다. 이를 회사에 따라서는 여비교통비로서 일괄적으로 처리하기도 한다.

반면, 회사의 업무상 교통수단을 이용해서 이동한다거나 출장을 가는 경우의 교통비나 숙박비 등을 여비교통비라고 한다. 여비교통비에는 전철·버스·택시의 운임, 고속도로·유료도로의 통행요금, 주차비, 여관이나 호텔의 숙박비, 출장수당 등이 포함된다.

출장이 장기인 경우 미리 출장비 견적을 내서 출장 전에 회사로부터 그 비용을 지급받는데, 이를 가지급금으로 회계 처리한다. 가지급금은 출장에서 돌아온 단계에서 정산하고, 여비교통비로 대체된다.

③ 소모품비

소모품이란 사용함에 따라 소멸된다거나 마모되는 자산으로 이 소모품 구입에 드는 비용을 소모품비로 처리한다. 소모품비는 표류·장부류·노트·용지·필기구·스탬프·도장·전자계산기·근무시간기록표 등 사무에 사용하는 소모품의 소비액인 사무용품비와 소모성 공구·기구·비품비 등으로 나누어진다.

소모품의 구입시 소모품비로 처리한 후 결산이 재고가 남아 있는 경우 미사용분을 소모품비로부터 소모품 또는 저장품 과목으로 대체하고 당기 사용분만을 손익계산서에 소모품비로 계상한다.

④ 수선비

수선비란 건물·집기·기계·자동차 등의 고장이나 성능저하를 원래상태로 복구하거나 현상태를 유지하도록 보수하기 위한 비용을 말한다.

예를 들면 벽을 새로 칠한다거나, 옥상의 수리·해체에 드는 비용이나 비품의 칠과 부품 교환, 자동차의 칠과 부품 교환, 기계의 부품 교환, 정기점검, 이동에 필요한 비용 등이 있다. 또, 가라앉은 지반을 다시 평평하게 하는 데 드는 비용, 배수가 잘 되도록 노면에 모래를 까는 데 드는 비용 등도 수선비에 포함한다. 이를 수익적 지출로 인식하여 당기의 비용으로 계상한다.

〈표 13〉 공동주택관리비의 세부내역(주택법시행령 제58조제1항 관련)

비 목	구 성 내 역
1.일반관리비	- 인건비 : 급여 · 제수당 · 상여금 · 퇴직금 및 산재보험료 · 고용보험료 · 국민연금 · 의료보험료 · 식대 등 복리후생비 - 제사무비 : 일반사무용품비, 도서인쇄비, 교통통신비 등 관리사무에 직접 소요되는 비용 - 제세공과금 : 관리기구가 사용한 전기료 · 전화료 · 우편료 및 관리기구에 부과되는 세금 등 - 피복비 - 교육훈련비 - 차량유지비 : 연료비 · 수리비 및 보험료 등 차량유지에 직접 소요되는 비용 - 그밖의 부대비용 : 관리용품구입비, 회계감사비, 그밖에 관리업무에 소요되는 비용
2. 청소비	용역시에는 용역금액, 직영시에는 청소원 인건비 · 피복비 및 청소용품비 등 청소에 직접 소요된 비용
3. 경비비	용역시에는 용역금액, 직영시에는 경비원 인건비 · 피복비 등 경비에 직접 소요된 비용
4, 소독비	용역시에는 용역금액, 직영시에는 소독용품비 등 소독에 직접 소요된 비용
5. 승강기 유지비	용역시에는 용역금액, 직영시에는 제부대비 및 자재비 등. 다만, 전기료는 공동으로 사용되는 시설의 전기료에 포함한다.
6. 난방비	난방 및 급탕에 소요된 원가(유류대 · 동력전기료 · 난방 및 급탕용수비)에서 급탕비를 뺀 금액.
7. 급탕비	급탕용 유류대 · 동력전기료 및 급탕용수비
8. 수선유지비	- 보수용역시에는 용역금액으로 하고, 직영시에는 자재 및 인건비 - 정화청소비 · 냉난방시설의 청소비 · 소화기충약비 · 옥상방수공사비 · 외부도장비 등 공동으로 이용하는 시설의 보수유지비 및 제반검사비

4) 일일업무의 회계처리 예시

매일매일 발생하는 회계상의 업무를 일일업무라 하며, 회계처리하면 <표 14>와 같다.

〈표 14〉 일일업무의 회계처리 예시

거래	차변		대변	
9/1. 청소비 ₩200,000을 현금으로 지급하다.	청소비	200,000	현금	200,000
9/1. 1305호로부터 9월분 관리비 ₩135,000를 미리 받다.	현금	135,000	선수관리비	135,000
9/1. 현금 ₩100,000을 통장에 예입하다.	제예금	100,000	현금	100,000
9/1. 502호가 이사를 가서 전에 선수하였던 관리비 ₩80,000을 예금통장에서 인출하여 환불하다.	현금 선수관리비	80,000 80,000	제예금 현금	80,000 80,000
9/1. B/C유를 입고하고 대금 ₩2,000,000은 나중에 지급하기로 하다.	저장품	2,000,000	미지급금	2,000,000
9/1. 1년간의 화재보험료 ₩1,200,000을 현금으로 지급하다.	선급보험료	1,200,000	현금	1,200,000
9/1. 종업원이 9월분 급여일부인 ₩500,000을 가불하다.	가지급금	500,000	현금	500,000
9/1. 전화설치와 관련설비비 ₩200,000과 설치비 ₩20,000과 수수료 ₩3,000을 현금 지급하다.	전신전화가 입권 통신비	200,000 23,000	현금	223,000
9/1. 공구 ₩2,000,000과 비품 ₩500,000을 예금통장에서 인출하여 구입하다.	현금 비품	2,500,000 2,500,000	제예금 현금	2,500,000 2,500,000
9/1. 테니스장을 1년간 임대하기로 하고 임대보증금 ₩10,000,000을 정기예금하다.	제예금	10,000,000	임대보증금	10,000,000
9/1. 종업원 김갑돌에게 교통비 ₩1,500을 현금 지급하다.	교통비	1,500	현금	1,500
9/1. 8월분 전화요금 ₩80,000을 현금납부하다.	통신비	80,000	현금	80,000
9/1. 8월분 일지 인쇄비 ₩200,000을 현금으로 지급하다.	도서인쇄비	200,000	현금	200,000
9/1. 회계장부 ₩10,000을 현금구입하다.	사무용품비	6,000	현금	6,000
9/1. 종업원의 회식비 ₩150,000을 현금으로 지급하다.	복리후생비	150,000	현금	150,000
9/1. 목장갑을 ₩5,000 현금으로 구입하다.	소모품비	5,000	현금	5,000
9/1. 위탁관리협회의 정기교육참가비 ₩50,000을 현금지급하다.	교육훈련비	50,000	현금	50,000
9/1. 곤도라 사용료 ₩30,000을 현금으로 받다.	현금	30,000	곤도라 사용 수익	30,000

(2) 월말회계업무

회계기간이 1년을 기준으로 이루어지지만 실무에서는 월단위로 장부를 마감하고 각 장부의 합계와 잔액을 산출하는 작업을 하게 된다. 또한 건물관리직원에게 월단위로 급여를 지급하므로 급여의 지급은 가장 대표적인 월말업무 중 하나이다. 월말결산과 함께 차월의 예산수립도 중요한 업무이다. 월말업무를 도식화하면 [그림 27]과 같다.

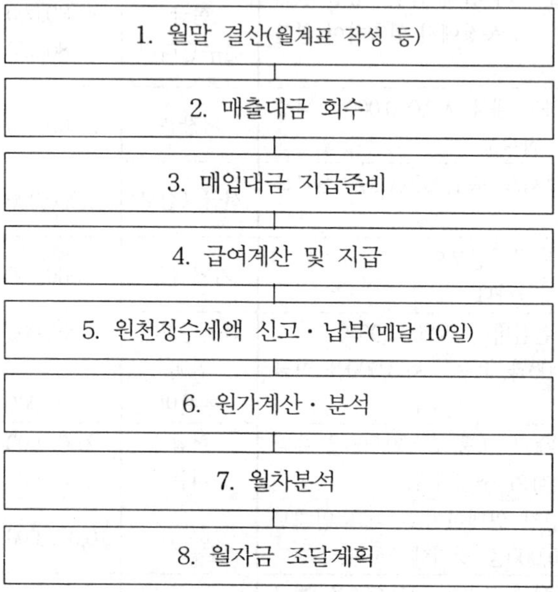

[그림 27] 월말회계업무

1) 급여계산 및 회계처리

① 급여의 종류

일반회사에서 임원에게 지급하는 것을 임원보수라 하고, 지원에게 지급하는 것을 급여라고 한다. 급여에는 크게 나누어 임금 · 급료 · 제수당 · 상여금 · 퇴직금 등이 있다. 임금은 제조활동과 관련된 종업원에게 지급하는 것으로 제조원가에 계산되고, 급료는 사무직이나 영업직에게 지급하는 것으로 복리후생비 · 접대비 등과 함께 판매비와 관리비의 한 계정과목이 된다.

② 급여처리 및 원장

급여처리원장에는 여러 가지 종류가 있는데 급여명세서와 원천징수부 첨부용지를 같이 사용한다. 계산순서는 다음과 같다.

> ① 급여는 먼저 기본급에 가족수당, 통근수당, 잔업수당, 정근수당 등의 각종 수당을 가산해서 급여총액을 계산
> ② 급여총액에서 비과세액을 빼고 과세분 급여액을 산출
> ③ 과세분 급여액에서 의료보험료 등의 차감
> ④ 원천징수세액표를 근거로 과세분 급여액에서 사회보험료를 뺀 금액에 대한 소득세 산출
> ⑤ 소득세와 주민세 차감 후 실제 현금지급액 산출

③ 원천징수 세액의 납부

가. 원천징수한 세액은 다음날 10일까지 은행 · 우체국 등 가까운 금융기관에 납부하고, 원천징수 이행상황 신고서는 세무서에 제출한다.
나. 반기별납부 승인을 받은 자는 상반기 원천징수한 세액은 7.10까지, 하반기 원천징수한 세액은 다음해 1.10까지 납부한다. 원천징수 이행상황 신고서도 반기별로 제출한다.
다. 원천징수할 세액은 간이세액표에 의하여 계산한다.

④ 일용근로자의 경우에 원천징수할 세액

원천징수할 세액=(하루 급여액-5만 원)×9%(세율)×55%(근로소득세액 공제를 감안한 비율)

〈참 고〉 근로소득의 경우에는 매월 급여지급시에는 간이세액표에 의하여 원천징수하고, 다음연도 1월 급여지급시에는 1년간의 근로소득에 대하여 연말정산을 하여야 한다.

월급여액은 비과세 소득만 제외한 급여액이므로 국민건강보험료 등을 차감하지 아니하고 과세대상금액 전액에 대하여 해당란에 간이세액표를 참고하여 세액을 적용한다.

공제대상 가족의 수는 기본공제 대상자인 본인 · 배우자 · 부양가족의 수로 계산한 것이므로 경로우대 또는 장애자공제 등의 추가인원은 공제대상 가족의 수 계산시 추가로 반영하지 아니한다. 간이세액의 내용은 <표 15>와 같다.

〈표 15〉 간이세액표

월급여액(비과세소득은 제외)		공제대상 가족의 수(본인·배우자를 각각 1인으로 봄)										
		1	2	3	4	5	6	7	8	9	10	11
천원 이상	천원 미만											
1,480	1,485	22,520	20,230	17,930	13,350	8,770	4,180	0	0	0	0	0
1,485	1,490	22,770	20,470	18,180	13,600	9,020	4,430	0	0	0	0	0
1,490	1,495	23,040	20,720	18,430	13,850	9,260	4,680	100	0	0	0	0
1,495	1,500	23,360	20,970	18,680	14,090	9,510	4,930	340	0	0	0	0
1,500	1,510	23,830	21,340	19,050	14,470	9,880	5,300	720	0	0	0	0
1,510	1,520	24,460	21,840	19,540	14,960	10,380	5,790	1,210	0	0	0	0
1,520	1,530	24,950	22,220	19,930	15,340	10,760	6,180	1,590	0	0	0	0
1,530	1,540	25,580	22,710	20,420	15,840	11,260	6,670	2,090	0	0	0	0
1,540	1,550	26,210	23,290	20,920	16,330	11,750	7,170	2,580	0	0	0	0
1,550	1,560	26,840	23,920	21,410	16,830	12,250	7,660	3,080	0	0	0	0
1,560	1,570	27,470	24,550	21,910	17,320	12,740	8,160	3,570	0	0	0	0
1,570	1,580	28,100	25,180	22,400	17,820	13,240	8,650	4,070	0	0	0	0
1,580	1,590	28,730	25,810	22,900	18,310	13,730	9,150	4,560	0	0	0	0
1,590	1,600	29,360	26,440	23,520	18,810	14,230	9,640	5,060	480	0	0	0
1,600	1,610	29,990	27,070	24,150	19,300	14,720	10,140	5,550	970	0	0	0
1,610	1,620	30,460	27,540	24,630	19,670	15,090	10,510	5,920	1,340	0	0	0
1,620	1,630	31,090	28,170	25,260	20,170	15,590	11,000	6,420	1,840	0	0	0
1,630	1,640	31,720	28,800	25,890	20,660	16,080	11,500	6,910	2,330	0	0	0
1,640	1,650	32,350	29,430	26,520	21,160	16,580	11,990	7,410	2,830	0	0	0
1,650	1,660	32,980	30,060	27,150	21,650	17,070	12,490	7,900	3,320	0	0	0

월급여액이 155만 원이고, 공제대상 가족이 4인(본인 포함)이면 원천징수할 세액은 14,470원이 된다.

③ 기본급

직책에 따라 설정된 기본급이 달라진다.

④ 충당금

가. 상여충당금

상여금 지급을 위해 적립하는 금액. 1개월을 넘는 기간마다 정기 또는 임시로 근로자의 근무성적 등을 감안하여 지급되고 있는 상여금은 근로계약에 의해 달라질 수 있다. 예를 들어 300%의 충당금을 설정한 경우 통상 '기본급×300%÷12월'로 계산한다.

〈표 16〉 건물관리종사자 급여산정 방법

비 목		세부내역
기본급		관리직 ○명 ○월분 기본급(급여)
		전기직 ○명 ○월분 기본급
		설비직 ○명 ○월분 기본급
		경비직 ○명 ○월분 기본급(용역인 경우 제외)
충당금		상여충당금 : 기본급×300%÷12월
		연차충당금 : 일급(日給)통상임금×10일÷12월 ={(기본급+자격수당+직책수당+출납수당+식대보조비)÷226×8}×10일÷12월
		퇴직충당금 : (1년 뒤의 퇴직금−현재 적립한 충당금 총액)÷12월
제수당	법정수당	월차수당 : 일급통상임금 생리수당 : 일급통상임금 연차수당 : 연차충당금으로 지급(별도부과 안 됨) 야간근로수당 : 시간급 통상임금×야간근로시간×1.5 휴일근로수당 : 시간급 통상임금×휴일근로시간×1.5(감시단속직 승인을 받은 경우 제외) 연장근로수당 : 시간급 통상임금×연장근로시간×1.5(감시단속직 승인을 받은 경우 제외)
	법정 외 수당	자격수당 : 주택관리사, 방화관리자, 전기기능사, 전기산업기사 출납수당 직책수당

*자료원 : 부산지역 공동주택 관리비 부과내역서 표준화 - 아파트를 중심으로(보고서)

나. 연차충당금

근로기준법에 의한 연차휴가는 1년간 개근한 근로자에게는 10일, 9할 이상 출근한 근로자에게는 8일의 연차유급휴가를 부여하며, 근속연수가 늘어남에 따라 1년당 1일의 연차유급휴가가 늘어난다.

근로기준법에 따라 계산하면 다음과 같다.

> 일급통상임금×10일÷12월
> 일급통상임금=월급통상임금÷226(월평균 법정근로시간)×8(1일 법정근로시간)

통상임금이란 근로자에게 정기적·일률적으로 소정근로 또는 총근로에 대하여 지급하기로 정하여진 시간급·일급·주급·월급금액 또는 도급금액을 말하는 것(근로기준법시행령 제31조제1항)으로 관리사무소 종사근로자들의 월급(月給)통상임금은 기본급 + 자격수당 + 직책수당 + 출납수당 + 식대보조비가 포함되며, 법정수당인 연장(시간외)근로수당, 휴일근로수당, 야간근로수당, 월차수당, 연차수당, 생리수당 등은 제외된다.

이에 따라 월급통상임금은 다음과 같다.

월급통상임금(기본급 + 자격수당 + 직책수당 + 출납수당 + 식대보조비)÷226×8

그리고 직원들의 근속연수에 따라 연차휴가일수도 다양할 수 있으나 일률적으로 10일로 계산한 것은 연차휴가 지급시기가 직원별로 다르므로 충당금이 부족한 일은 별로 없기 때문에 직원별로 세분화함에 따르는 불편을 없애기 위함이다.

다. 퇴직충당금

근로기준법상 계속근로연수가 1년 이상 된 근로자가 퇴사하는 경우 퇴직금을 지급하도록 되어 있는바, 아파트에서는 직원들의 퇴사에 대비하여 퇴직금을 매월 일정액씩 부과하여 적립하고 있다. 근로기준법상 기준에 따르면 퇴직금은 근속연수 1년에 대하여 평균임금 30일분 이상을 지급하게 되어 있는데 보통 아파트는 그 기준에 따라 평균임금 30일분을 지급하고 있으며, 누진제를 시행하는 단지는 거의 없다.

여기서 평균임금의 개념을 살펴보면 다음과 같다.

평균임금이란 산정하여야 할 사유가 발생한 날 이전 3개월간에 당해 근로자에게 지급된 임금의 총액을 그 기간의 총일수로 나누어 산정한 금액을 말한다. 평균임금은 통상의 생활임금을 있는 그대로 산정하려는 의도에서 산정하여야 할 사유가 발생한 날 이전 3개월간에 그 근로자에 대하여 지급한 임금의 총액을 그 기간의 총일수로 나눈 금액을 말하며, 취업 후 3개월 미만도 이에 준하게 된다고 규정하고 있다(근로기준법 제19조제1항). 또 통상임금보다 저액일 때는 근로자의 보호를 위해 그 통상임금을 평균임금으로 하게 되는데 그 산식은 다음과 같다.

평균임금 = 이전 3개월간의 임금총액/이전 3개월간의 총일수

평균임금에서의 임금총액에 해당하는 항목은 기본급 + 연차수당 + 월차수당 + 생리수당 + 연장근로수당 + 야간근로수당 + 휴일근로수당 + 직책수당 + 출납수당 + 자격수당 + 당직수당(당직인 경우 해당) + 식대보조비 + 상여금 + 업무추진비(관리소장의 경우에 해당) 등이 포함되며, 체력단련비 등은 제외된다.

월급평균임금 = (기본급 + 제수당(연차수당 + 월차수당 + 생리수당 + 연장근로수당 + 야간근로수당 + 휴일근로수당 + 직책수당 + 출납수당 + 자격수당) + 식대보조비 + 1개월치 상여금)

* 제수당에 당직수당이나 업무추진비(관리소장인 경우) 등이 포함될 수 있다.

그런데 많은 아파트에서 적립하고 있는 퇴직급여충당금의 계산방법이 잘못되어 있어 과다징수한 단지가 있는 반면 과소부과하여 직원 퇴사시 퇴직금이 부족하여 어려움을 겪는 단지도 있다.

일반적으로 사용되고 있는 아파트의 퇴직급여충당금 계산방법을 보면 다음과 같다.

(기본급 + 제수당(연차수당 + 월차수당 + 생리수당 + 연장근로수당 + 야간근로수당 + 휴일근로수당 + 직책수당 + 출납수당 + 자격수당) + 식대보조비 + 1개월치 상여금) ÷ 12 = 월적립금

위 식과 같이 개략적인 1개월치 평균임금을 12로 나누어 매년 같은 방식으로 적립하는데 재직 중에 임금에 변동이 없었다면 별 문제가 없겠으나 만약 임금이 인상되었다면 퇴직급여충당금이 부족하게 된다. 그 이유는 퇴직금 산정의 기준이 되는 평균임금은 퇴직하는 날 이전 3개월간의 임금을 기준으로 계산되기 때문이다. 구체적인 사례를 들어 설명해보면 다음과 같다.

〈사례 2〉 한 직원의 아파트 입사 첫 회의 30일분 평균임금이 100만 원이었고, 매년 10만 원씩 인상되었다. 이 아파트에서 10년 근속한 직원의 퇴직급여충당금 적립액을 계산한다고 하면 1,900만 원이나 현재의 방법으로는 1,450만 원이므로 450만 원이 부족한 결과가 나타난다.

즉, 매년 임금인상이 있었다면 퇴직금 계산은 퇴직금 산정 시점의 평균임금을 기준으로 하므로 인상되기 전 평균임금으로 산정하여 적립한 충당금은 그만큼 부족할 수밖에 없다.

반대로 남는 경우도 있는데 이 경우는 1년이 채 지나지 않아 퇴사한 직원들이 있을 경우 이미 부과하여 적립되어 있는 충당금만큼 남게 된다.

결론적으로 말하자면 임금 인상폭이 크고 인원이 많을수록, 또 장기근속자가 많을수록 종전의 방법대로 할 경우 부족액은 많아지게 된다. 이 경우 많은 인원이 한꺼번에 퇴직할 때에는 충당금이 부족하여 퇴직금 지급이 곤란하게 된다. 현재 퇴직급여충당금 계산방법은 <표 17>과 같다.

〈표 17〉 현재 퇴직급여충당금 계산방법의 예

(단위 : 만 원)

근속연수	평균임금30일분	현재의 방법		실제 지급해야 할 퇴직금	부족금액
		연 적립액	누계액		
1	100	100	100	100	0
2	110	110	210	220	10
3	120	120	330	360	30
4	130	130	460	520	60
5	140	140	600	700	100
6	150	150	750	900	150
7	160	160	910	1,120	210
8	170	170	1,080	1,360	280
9	180	180	1,260	1,620	360
10	190	190	1,450	1,900	450

따라서 이런 사태를 예방하기 위해서는 퇴직급여충당금 적립금 산정 시점에서 1년 뒤 전직원이 동시에 퇴사한다고 가정하고 퇴직금 총액을 계산한 뒤 현재 적립되어 있는 퇴직급여충당금을 뺀 나머지 금액을 12개월로 나누어 매월 적립하면 된다.

(1년 뒤의 퇴직금 총액 − 현재 적립한 충당금)÷12 = 매월 퇴직급여충당금 부과액

이런 방법을 매년 반복하면 퇴직급여충당금이 남거나 부족한 일이 발생되지 않을 것이다. 부족액이 너무 많다면 1년 만에 모두 메우기에는 무리가 따르므로 몇 년에 걸쳐 조금씩 채워나가면 좋을 것이다.

1년 뒤의 퇴직금 총액 계산방식의 예를 들어보자.

한 아파트 단지에 3명의 직원이 있고, 1년 뒤 전 직원이 동시에 퇴직한다고 가정하여, 1년 뒤의 퇴직금 총액 계산방법은 다음과 같다.

〈방법 1〉 1일평균임금×총근무일수/365×30일 = 직원의 1년 뒤 퇴직금 예상 총액

· 직원 A : 39,710×1,167/365×30일 = 3,808,896원(A의 1년 뒤 퇴직금 예상 총액)

· 직원 B : 42,310×930/365×30일 = 3,234,107원(B의 1년 뒤 퇴직금 예상 총액)

· 직원 C : 52,310×1,050/365×30일 = 4,514,425원(C의 1년 뒤 퇴직금 예상 총액)

계 11,557,428원 : 전직원의 1년 뒤 퇴직금 예상 총액

〈방법 2〉

(전직원 1일평균임금 합계/직원수)×(전직원 근속일수 합계/365)×30

(39,710 + 42,310 + 52,310)/3×(1,167 + 930 + 1,050)/365×30 = 11,581,908원

<방법 1>과 <방법 2>는 거의 비슷한 총액이 제시된다. 이를 통해 공식을 세운다면 다음과 같다.

> 전직원 1년 뒤 예상 퇴직금 총액＝전직원 1일 평균임금의 평균
> ×전직원 평균 근속연수×30

이를 다시 풀면 다음과 같다.

> 1년 뒤의 예상 퇴직금 총액＝(전직원 1일평균임금 합계/직원수)
> ×(전직원 근속일수 합계/365)×30

1년 뒤의 퇴직금 총액 계산방법은 <표 18>과 같다.

〈표 18〉 1년 뒤의 퇴직금 총액 계산방식의 예

<table>
<tr><th colspan="2">* 퇴직금 산출을 위한 기본 조건</th></tr>
<tr><td colspan="2">- 기본급 : 월급 800,000원
- 제수당 : 직책수당 월 100,000원
식대 월 50,000원
- 상여금 : 연 300%(기본급 기준)
- 임금지급일 : 매월 말일 당월 임금을 지급함
- 연차휴가수당 12일분 403,540원을 2001년 10월 31일에 지급할 예정
- 입사일 : 1998년 10월 4일 - 산정시점 : 2000년 1월
- 퇴직일 : 2001년 12월 15일자로 사직 - 총근무일수 : 1,167일</td></tr>
<tr><th colspan="2">* 계산식</th></tr>
<tr><td colspan="2">- 퇴직금 총액＝일일 평균임금×30일×근속연수
- 일일 평균임금＝과거 3개월간의 임금총액÷과거 3개월간의 역(曆)일수
- 근속연수＝총근무일수÷365일</td></tr>
<tr><th colspan="2">* 산출방법</th></tr>
<tr><th>가. 산정기간(임금계산 기간)</th><th>나. 평균임금계산기간</th></tr>
<tr><td>- 2000년 12월 퇴직급여충당금 부과를 위해 매월 충당금 액수를 정할 필요가 발생
- 98년 10월 4일 입사한 직원 홍길동이 2001. 12.15 퇴사한다고 가정하면 총근무일수 1,167일이 됨</td><td>2001. 9. 15 - 9. 30 : 16일
2001. 10. 1 - 10. 31 : 31일
2001. 11. 1 - 11. 30 : 30일
2001. 12. 1 - 12. 14 : 14일
계 : 91일</td></tr>
<tr><th colspan="2">* 임금내역</th></tr>
<tr><td>(1) 기본급
9월 : 800,000원×16일/30일＝426,667원
10월 : 800,000원
11월 : 800,000원
12월 :800,000원×14일/31＝361,290원
계 2,387,957원</td><td>(2) 직책수당 등
계산방법이 동일하므로 합쳐서 계산하여도 가함.
직책수당 월 100,000원, 식대 월 50,000원,
계 150,000원
9월 : 150,000원×16일/30＝80,000원
10월 : 150,000원
11월 : 150,000원
12월 : 150,000원×14일/31＝67,742원
계 447,742원</td></tr>
</table>

(3) 연차휴가수당 연차유급휴가는 3년 되는 시점인 2001년 10월 3일이면 12일(개근할 것으로 가정) 발생하여 403,540원을 지급받을 수 있으며, 이를 12로 나누어 3개월치만 계산하면 100,885원이 됨	(4) 월차휴가수당 매월 개근하여 월 31,600원 정도의 월차휴가수당을 수령하였다면 이도 평균임금 산정에 포함시켜야 한다. 다만 퇴사하는 12월은 개근하지 못하였으므로 월차수당이 없음. 9월 : 31,600원×16일/30=16,853원 10월 : 31,600원 11월 : 31,600원 계 80,053원

(5) 상여금
연간 지급총액을 월말 계산 후 당해 월액만을 산입함.
월분할액=기본급 800,000원×3배/12월=200,000원
9월 : 200,000×16/30=106,667원
10월 : 200,000
11월 : 200,000
12월 : 200,000원×14/31=90,323원

계 596,990원

＊평균임금 계산

3개월 간 임금총액=2,387,957+447,742+100,885+80,053+596,990원=3,613,627원
일일 평균임금=3,613,627원/총일수 91일=39,710원
퇴직금 총액=1일평균임금×총근무일수/365일×30일
=39,710×1167/365×30=3,808,896원

이상과 같은 방법으로 홍길동 외 전직원에 대하여도 퇴직금을 계산해야 한다.
각 직원들의 퇴직금을 계산하여 합계한 금액이 1년 뒤의 퇴직금 총액이 된다.

⑥ 제수당

법정수당과 법정외수당으로 구분한다. 법정수당으로는 월차수당·생리수당·연차수당·야간근로수당·휴일근로수당·연장근로수당이 있고, 법정외수당에는 자격수당·출납수당·직책수당 등이 있다.

경비원과 같이 감시업무에 종사하는 근로자와 야간당직기사 등과 같이 근로가 단속(斷續)적으로 행하여지는 근로자를 합쳐 감시단속직 근로자라 한다. 감시단속직으로 노동부장관의 승인을 받은 경우 근로기준법의 제4장과 제5장에서 규정하는 근로시간·휴게시간·휴일에 관한 규정의 적용이 제외되기 때문에 연장근로수당·휴일근로수당이 지급되지 않을 수 있다. 또한 판례는 월차수당도 적용이 되지 않는다고 해석하고 있다. 그러나 행정해석에 의할 경우 이러한 감시단속직으로 노동부 장관의 승인을 받더라도 야간근로에 대한 수당과 연·월차수당, 생리수당은 지급되어야하므로 이의 절충이 필요하다.

급여총액에 제수당을 포함하기로 하는 포괄임금제 근로계약을 체결한 경우 급여총액에 제수당이 이미 포함되어 지급이 되는 것으로 해석하여 따로 수당을 구분하여 지급할 필요가 없다. 이러한 포괄임금제 근로계약이 유효하기 위해서는 근로시간과 포함되는 수당의 범위를 명시하여야 한다.

가. 법정수당

㉠ 월차수당

근로기준법에 의한 월차휴가는 1개월 동안 개근하였을 때 1일의 유급휴가를 부여하는 제도로서 1년간에 한하여 적치하여 사용하거나 분할하여 사용할 수 있다. 그러므로 이미 발생한 월차유급휴가를 1년간 사용하지 않고 근로하였을 때에는 그에 대한 대가로 월차휴가 근무수당(통상 월차수당이라고도 함)을 통상임금으로 환산하여 지급하는 것이다. '월차수당 = 일급통상임금'

㉡ 생리수당

여직원에게 지급하는 수당이다. '생리수당 = 일급통상임금'

㉢ 연차수당

연차수당을 지급하기 위하여 연차충당금을 부과하고 있으므로 별도 부과가 이루어지지 않는다.

㉣ 야간근로수당

밤 10시~새벽 6시 사이에 근무할 경우 지급되는 수당이다.

야간근로수당 = 시간급 통상임금×야간근로시간×1.5

㉤ 휴일근로수당

법정휴일(주휴일, 근로자의 날)에 근무할 경우 시간수에 따라 지급되는 수당이다.

휴일근로수당 = 시간급 통상임금×휴일근로시간×1.5

(감시단속직 승인을 받은 경우 제외)

㉥ 연장근로수당(= 시간외 근로수당)

법정근로시간을 초과하여 근무하는 경우 지급되는 수당이다.

연장근로수당 = 시간급통상임금×연장근로수당×1.5

(감시단속직 승인을 받은 경우 제외)

나. 법정외수당

㉠ 자격수당

일반적으로 아파트 단지 규모에 따라 다르게 지급되고 있는 실정이다. 주택관리사·방화관리자·전기산업기사·전기기능사 등이 자격수당을 받고 있다.

㉡ 출납수당

회계업무를 담당하는 경리직원에게 지급되는 수당이다.

㉢ 직책수당

소장 또는 중간관리자의 직책에 따라 지급되는 수당이다.

예 경비반장·미화반장·소장 등에게 지급되는 수당

2) 월말 주요 회계처리

월말 주요회계 처리는 <표 19>와 같다.

〈표 19〉 월말 주요 회계처리

거 래	차 변		대 변	
9/30. 9월장부를 마감하여 관리비부과자료를 작성한 결과 비용계정과목의 금액합계가 ₩40,000,000이었다.	미부과관리비	40,000,000	제좌 (비용)	40,000,000

'미부과관리비'란 아직 고지되지 아니한 관리비를 의미하며, 전산처리 과정에서 발생하는 오차(부과차이)를 정리하고 부과하고자 하는 비용계정별 금액을 각각의 계정 대변에 정리함으로써 장부상 발생된 만큼 정확히 부과하였는가를 확인・점검하기 위하여 설정한 '임시계정과목'이다.

거 래	차 변		대 변	
9/30. 곤도라 사용료 ₩30,000을 현금으로 받다.	현금	30,000	곤도라사용 수익	30,000
9/30. 1월 1일부터 1월 31일까지의 B/C유와 경유 사용량을 선입선출법에 의하여 산출한 금액 ₩900,000을 관리비로 부과하기로 하다.	유류비 미부과관리비	900,000 900,000	저장품 유류비	900,000 900,000
9/30. 1년분 선급한 보험료 ₩1,200,000을 12개월로 균등분할하여 부과하다.	화재보험료 미부과관리비	100,000 100,000	선급보험료 화재보험료	100,000 100,000
9/30. 특별수선충당금 전입액 ₩2,500,000을 부과하다.	특별수선충당 금전입액 미부과관리비	2,500,000 2,500,000	특별수선충당금 특별수선충당 금전입액	2,500,000 2,500,000
9/30. 9월분 급여 ₩20,000,000에서 근로자부담의 갑근세 ₩200,000, 주민세 ₩10,000, 의료보험료 ₩50,000, 국민연금 ₩30,000을 공제한 금액을 현금인출 지급하다.	급여	20,000,000	예수금 현금	290,000 19,710,000
원천징수한 갑근세와 주민세를 현금납부하다.	예수금	110,000	현금	110,000
근로자 부담의 의료보험료 ₩50,000과 사업자부담의 의료보험료 ₩50,000을 현금납부하다.	예수금 복리후생비	50,000 50,000	현금	100,000
9/30. 9월 1일부터 9월 30일까지의 소모품비 ₩40,000을 관리비로 부과하다.	미부과관리비	40,000	소모품비	40,000
9/30. 9월 30일 전기료 부과를 위하여 세대 및 공동사용량을 점검・산출한 요금 ₩22,000,000을 부과하다.	전기료 미부과관리비	22,000,000 22,000,000	미지급금 전기료	22,000,000 22,000,000
9/30. 사용검사 후 1년이 경과하여 특별수선충당금 ₩2,000,000을 관리비로 부과하다.	특별수선충당금전입액 미부과관리비	2,000,000 2,000,000	특별수선충당금 특별수선충당금전입액	2,000,000 2,000,000

(3) 연말회계업무

기업은 결산을 하기 위해 정해진 사업연도를 정하는데, 사업연도의 개시일과 결산일은 각 회사마다 자유로이 정할 수 있지만, 상법의 규정에 따라 매년 1회 이상 결산을 해야 하므로 사업연도의 기간이 1년을 초과할 수는 없다.

결산서를 작성할 때에는 1년분 총계정원장의 계정과목을 모두 집계하고, 연간 합계를 내어야 할 뿐만 아니라 결산을 위한 감가상각 등과 같은 특별 회계처리도 해야만 한다. 감가상각이란 고정자산의 사용에 따른 가치의 감소 상당분을 고정자산의 사용기간 중 각 기간에 비용으로서 배분하는 절차를 말하며, 결산서에는 감가상각의 내용을 빠짐없이 정리해서 회사의 재무상태와 경영성적을 표시해야 한다. 결산서 작성은 다음 [그림 28]과 같다.

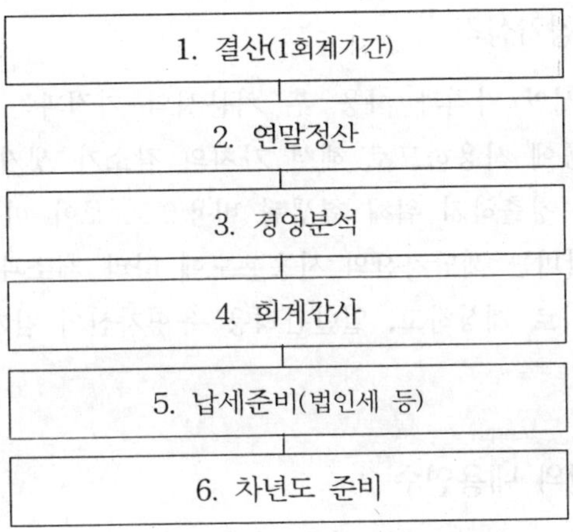

[그림 28] 결산서 작성

(1) 유형자산의 회계처리

1) 유형자산의 취득

유형자산의 취득시의 원가는 원칙적으로 매입대금에다 부대비용을 가산한 가격으로 기장된다.

① 구 입

구입대금 이외에 매입수수료·소개료·등기료·취득세·인수비·하역비·시운전비 등의 부대비용이 포함된다.

② 자가제작 · 건설

적정한 원가계산 방법에 의해 계산된 제조원가를 취득원가로 한다.

③ 현물출자

주식을 발행하여 고정자산을 취득한 경우에는 주식발행가액을 취득원가로 한다.

④ 교환에 의하여 취득한 경우

교환에 의해 제공되고, 제공받은 자산의 공정한 평가액을 취득원가로 한다.

⑤ 증여에 의한 경우

외부로부터 구입한 것으로 가정해 공정시장가치로 평가하여 자산의 취득원가로 한다.

2) 유형자산의 감가상각

유형자산은 취득시의 가격과 사용 후 처분시의 가격과는 차이가 생긴다. 그 이유는 유형자산을 영업활동에 사용하므로 해서 가치의 감소가 생기는 것이라 인식하고, 그 가치의 감소를 수익을 창출하기 위해 희생된 비용으로 보아 비용 처리한다. 이를 감가상각이라 한다. 감가상각비는 해당자산의 사용용도에 따라 제조과정에 사용된 유형자산의 감가상각비는 제조원가로 계상하고, 일반관리용 유형자산의 감가상각비는 판매비와 관리비로 계상된다.

3) 감가상각자산의 내용연수

내용연수란 감가상각자산을 취득하여 폐기할 때까지의 사용 가능한 연수(年數)를 말한다. 내용연수의 종류에는 물리적 내용연수, 경제적 내용연수, 법정 내용연수가 있다. 물리적 내용연수는 물리적으로 마멸될 때까지의 사용연수이고, 경제적 내용연수는 기술혁신 등에 의해 물리적으로 사용할 수 있지만 효익이 존재하지 않으므로 해서 더 이상 사용할 수 없게 될 때까지의 내용연수이다. 고정자산의 내용연수는 <표 20>과 같다.

법정 내용연수는 세법상 규정된 내용연수를 말한다. 회계실무에서는 주로 법정 내용연수를 기준으로 회계처리한다.

4) 감가상각의 잔존가액

잔존가액은 감가상각자산이 내용연수가 끝난 시점에서 폐기될 때 기대되는 추정처분액이다. 감가상각 방법에는 정액법, 정률법, 연수합계법, 비례법 등이 있으며, 회계에서는 이 중 회사의 특성 및 유형자산의 특성에 맞게 어떤 것을 사용하여도 상관없다.

〈표 20〉 고정자산의 내용연수(법인세법시행규칙 제15조)

구 분	재 질	내용연수(년)
공구	금속제	6
	기타	3
시험 · 측정기기		3
광학기기		3
음향기기		3
사용책상, 캐비닛	금속제	10
	기타	5
사무용의자, 사무기기		5
금고, 양수지		5
전화기		6
냉장고		6
침구류		3
난방기기		6
응접세트		8
주방용품	유리, 자기	2
	기타	5
알루미늄사다리, 시계		3

세법에서는 유형자산의 잔존가액을 없는 것으로 하되 정률법에 의한 상각률 계산시 취득원가의 5%로 하고, 동 잔존가액은 감가상각이 종료하는 연도에 전액 상각해야 한다. 또한 무형자산의 잔존가액도 0이다. 즉 취득가액 전부를 비용으로 상각할 수 있는 것이다. 세법에서는 건축물은 정액법, 건축물 이외의 유형자산은 정률법 또는 생산량비례법으로 하도록 정하고 있다.

① 정액법

정액법은 매기간 균등한 금액을 상각하는 방법으로서, 취득원가에서 잔존가액을 뺀 금액을 내용연수로 나누어 감가상각비를 산출한다.

감가상각비 = (취득원가 − 잔존가액)/내용연수

② 정률법

감가상각자산의 장부가액에 정률을 곱해서 계산하는 방법이다. 여기서 장부가액이란 취득원가에서 감가상각누계액을 차감한 금액을 말하며, 각각의 정률은 세법에 의해 정해져 있다.

감가상각비 = 장부가액×정률

③ 연수합계법

감가상각비가 감가상각 첫해는 많이 발생하고 점차 감소하는 방법이다.

감가상각비 = (취득원가 − 잔존가액)×(내용연수를 역으로 표시한 수/내용연수합계)

④ 비례법

비례법에는 생산량 비례법과 작업시간 비례법이 있다. 광산의 채굴권, 산림의 채벌권 등의 상각에는 생산량 비례법, 특수한 기계 · 자동차 · 항공기 등의 상각에는 작업시간 비례법이 이용된다.

<생산량 비례법> 감가상각비 = (취득원가 − 잔존가액)×(당기 실제생산량/총추정 생산량)

<작업시간 비례법> 감가상각비 = (취득원가 − 잔존가액)×(당기 실제작업시간/총추정 작업시간)

⑤ 유형자산의 감가상각 회계처리

컴퓨터를 ₩1,000,000을 주고 구입한 경우 내용연수 10년, 잔존가치를 0으로 하여 정액법으로 첫해 연도에 감가상각을 하게 되면 다음과 같이 분개한다.

(차) 감가상각비 100,000 (대) 감가상각누계액 100

이때 감가상각누계액은 자산의 평가계정으로 대차대조표에 각 자산의 금액 밑에 기록되어 자산의 가액을 차감하는 형식으로 기재한다.

B/S

비품 1,000,000 감가상각누계액 △100,000	

⑥ 처 분

유형자산의 처분시 유형자산의 장부가액이 처분가액보다 큰 경우에는 유형자산처분손실이 발생하고, 유형자산의 장부가액이 처분가액보다 작은 경우에는 유형자산처분이익이 발생한다.

〈사례 3〉 취득원가가 ₩1,000,000이고 감가상각누계액인 ₩300,000인 컴퓨터를 ₩400,000에 처분한 경우 다음과 같이 기록된다.

(차) 현금	400,000	(대) 비품	1,000,000
비품감가상각누계액	300,000		
유형자산처분손실	300,000		

(2) 충당금 설정

충당금에는 부채로 계상되는 부채성충당금과 대손충당금처럼 해당 계정과목을 평가하는 평가성충당금의 두 종류가 있다.

1) 부채성충당금

① 퇴직급여충당금

앞으로 종업원이 일시에 퇴직할 것에 대비해 기말에 퇴직급여로 인식하고 이를 퇴직급여충당금으로 전입하는 것을 말한다. 상여충당금과 마찬가지로 종업원이 대상이므로 임원은 포함되지 않는다.

<예> (차) 퇴직급여 ××× (대) 퇴직급여충당금 ×××

② 제품보증충당금

판매한 제품에 결함이 있는 경우 판매 후 일정기간 내에 무료로 수리하는 등의 서비스에 드는 비용을 미리 예상해놓은 충당금이다.

<예> (차) 판매보증비 ××× (대) 판매보증충당금 ×××

③ 기타의 부채성충당금

그밖에도 건설공사에 있어서 공사상의 하자나 보수공사에서 발생하는 채무에 대비한 공사보증충당금, 또는 회사가 판매한 제품에 대해 1년 이상의 장기 품질보증으로 인한 손해배상이나 각종 환경오염으로 인한 손해배상 등에 대비한 손해배상충당금 등이 있다.

④ 특별수선충당금

몇 년에 한 번 비율로 많은 금액의 비용이 드는 수선에는 특별수선충당금으로 수선한다. 공동주택 특별수선충당금의 대상 및 구성내역은 <표 21>과 같다.

〈표 21〉 특별수선충당금 징수대상 및 구성내역(주택법시행규칙 제30조)

비 목	구 성 내 역
특별수선충당금	–적립대상 : 300세대 이상의 공동주택, 승강기가 설치된 공동주택, 중앙집중식 난방방식의 공동주택 –사업주체가 공용부분과 부대시설 및 복리시설에 대해 수립한 장기수선계획에서 정한대로 공동주택의 사용검사 후 1년이 경과한 날로부터 매월 적립하여 장기수선계획에 의해 사용함. –장기수선계획이 수립되지 않은 공동주택의 경우에는 승강기유지비, 난방비, 급탕비, 수선유지비의 월별 금액을 합한 금액의 3~20%로 함. –월간세대별 장기수선충당금 산정방법은 다음과 같다. $$\text{월간세대별 장기수선충당금} = \frac{\text{장기수선계획기간중의 수선비 총액}}{\text{총공급면적}\times 12\times \text{계획기간(년)}} \times \text{세대당 주택공용면적}$$

2) 대손충당금

매출처의 도산 등으로 받을 어음・외상매출금 또는 대여금 등의 수취채권을 회수할 수 없을 경우를 인식하여 기말의 미회수액에 대해서 일정 대손추정률에 따라 대손예상액을 인식한다. 이 대손충당금은 해당계정 아래 차감하는 형식으로 표시한다.

(3) 연말정산

일용근로자를 제외한 소득자별 모든 근로소득자에 대하여 매과세연도마다 소득자별로 근로소득원천징수부를 1매씩을 작성하여 비치한다. 근로소득원천징수부에는 근로소득자에 대한 인적 사항, 가족사항, 세액공제 요건, 각 월별 근로소득 지급명세, 연말정산 등 일체의 모든 사항을 기록한다.

매월 급여에서 공제되는 원천징수세액은 1년간의 부담세액을 예상납부하는 것이므로, 매년 12월에는 1년간 산출된 소득세액과 지금까지 원천징수해온 세액과 비교하여 많으면 환급받고, 부족하면 추가로 납부하는 업무를 하게 된다.

연말정산은 일반적으로는 12월분의 급여를 지급하는 시기에 한다. 단, 부득이한 사정으로 연말정산을 하지 못한 경우에는 다음해 1월분 급여를 지급한 날까지 의무적으로 연말정산을 해야 한다. 이때에는 12월분 급여에 대한 세액을 간이세액표에 의하여 징수하여 다음달 10일까지 납부해야 한다. 12월분 급여를 다음해 1월 31일까지 지급하지 못한 경우에도 1월 31일에 지급한 것으로 보아 연말정산을 해야 하며, 세액은 다음 연도 2월 10일까지 납부해야 한다.

또한 당해 연도 중도에 퇴직한 자의 연말정산은 퇴직한 달의 급여를 지급하는 때에

한다. 참고로 근로자 급여 및 지출사항을 예시하면 <표 22>, <표 23>, <표 24> 등과 같다.

〈표 22〉 2008년 근로자 급여 및 지출사항

◆ 근로자 : 홍길동(621104-1138027. 서울시 종로구 낙원동 100) ◆ 근무처 : 세계(주) 김대표(210-81-21542. 서울시 강북구 수유동 123) 1. 급여상황 ① 월급여액(5월~12월) : 월 200만 원 ② 전 근무처[우리(주).108-81-00021] 급여액 : 500만 원 ③ 현근무처 상여금 연 300%(6, 9, 12월)과 특별상여금 100%(12월) ④ 월차 · 연차수당은 12월에 60만 원을 일괄 지급받음 ⑤ 현근무처에서 매월 식대 10만 원 지급받음(식사제공 없음) ⑥ 이미 납부한 원천징수 소득세액 50만 원, 주민세액 5만 원 2. 가족사항 배우자, 20세 이하 자녀 2명, 모(만 66세), 본인 외의 가족은 소득이 없음 3. 지출비용 ① 보험료 지출 • 국민건강보험료 : 연 30만 원 • 보장성보험 : 생명보험료 연 30만 원, 자동차보험 : 연 50만 원 ② 병원치료비 등 • 배우자와 자녀 병원치료비 200만 원 • 어머니 입원치료비 100만 원, 약품구입비 40만 원, 한약(보약) 30만 원 ③ 교육비 지출 • 6세 이하 자녀 : 유치원비 연 50만 원, 태권도도장비 연 36만 원 • 중학생 등록금 : 연 100만 원, 책 구입비 : 연 20만 원 ④ 기부금 지출 • 수재의연금 50만 원 ⑤ 국민연금보험료 • 납부액 : 연 100만 원 4. 저축금액 ① 근로자주택마련저축 불입액 : 연 100만 원 ② 장기주택저당차입금 이자상환액 : 연 100만 원 ③ 개인연금저축(2000년 10월 가입) 불입액 : 연 100만 원 5. 신용카드 사용액 ① 병원진료비 중 200만 원을 신용카드로 결제 ② 2001. 11월 가전제품 구입 200만 원(1년 할부) ③ 기타 잡화 등 구입비 600만 원 ④ 2001. 9월 현금서비스 50만 원 받음

*국세청 제공 종합사례(http://www.nts.go.kr)

〈표 23〉 항목별계산금액

1. 총급여(3,000만 원)
① 주(현)근무처 급여총액 : 1,700만 원
－급여액 1,600만 원(200만 원×8개월)＋월 · 연차수당 60만 원＋식대 40만 원(월 5만 원까지 비과세. 5만 원×8개월)
② 주(현)근무처 상여총액 : 800만 원(200만 원×400%)
③ 종(전)근무처 급여총액 : 500만 원
※ 비과세급여 : 40만 원
2. 근로소득공제(1,050만 원)
－900만 원＋(3,000만 원－1,500만 원)×10%＝1,050만 원
3. 기본공제 및 추가공제(550만 원)
① 기본공제 : 500만 원(본인, 배우자, 부양가족 3명)
② 추가공제 : 50만 원(경로우대자 1명)
4. 특별공제(690만 원)
① 보험료공제 : 100만 원
－국민건강보험료(의료보험료) : 30만 원(전액)
－보장성보험 : 70만 원(일반보장성보험 지출액 80만 원이나 한도 70만 원)
② 의료비공제 : 250만 원
－공제대상의료비는 의료비총액 340만 원(보약값 제외)에서 총급여액의 3%(90만 원)를 차감한 250만 원으로 공제한도 300만 원 이내
③ 교육비공제 : 150만 원
－6세 이하 자녀 유치원비 50만 원, 중학생 등록금 100만 원
*태권도도장비와 책 구입비는 공제대상이 아님
④ 주택자금공제 : 140만 원
－근로자주택마련저축 불입액의 40%(40만 원)와 장기주택저당차입금 이자상환액(100만 원)의 합계액(140만 원)으로 공제한도 300만 원 이내
⑤ 기부금공제 : 50만 원
－수재의연금 50만 원(전액)
5. 연금보험료공제(50만 원)
－납부보험료 등의 50%(100만 원×50%)
6. 기타 소득공제(180만 원)
① 개인연금저축 소득공제 : 40만 원[불입액의 40%(40만 원)]
② 신용카드 등 소득공제 : 140만 원
－공제대상 사용액(1,000만 원) 중 총급여액의 10%(300만 원)를 초과하는 금액 700만 원의 20%(140만 원)를 공제[500만 원과 총급여의 20%(600만 원) 중 적은 금액 한도]
*현금서비스 사용액은 공제대상이 아님
7. 세액공제(21만6천 원)
① 근로소득 세액공제 : 21만6천 원[산출세액(48만 원)×45%]

〈표 24〉 소득공제신고서

☑ 근로소득자 소득공제신고서 ☐ 소득공제신고서				
소득자	① 성명	홍길동	② 주민등록번호	621104-1138027
	③ 주소	서울시 종로구 낙원동 100		
근무처	④ 명칭	세계(주)	⑤ 대표자 성명	김대표
	⑥ 사업자등록번호	210-81-21542	⑦ 소재지	서울시 강북구 수유동 123

소득공제명세(2001년)

공제대상	구분	⑧관계	⑨성명	⑩자산합산대상 소득외의 소득	⑪주민등록번호	⑫주소	⑬공제액
기본공제	본인	본인	홍길동		6211041138027	종로구낙원동 100	1,000,000
	배우자	배우자	김○○		6401011234567	〃	1,000,000
	부양가족	자	홍○○		8705051234678	〃	1,000,000
	〃	자	홍○○		9611122345892	〃	1,000,000
	〃	모	이○○		3510102356895	〃	1,000,000
	〃						
	〃						
추가공제	경로우대	모	이○○		3510102356895	〃	500,000
	〃						
	장애자						
	부녀자						
	자녀양육비						
	〃						
소수공제자추가공제							
특별공제	보험료	본인	홍길동				1,000,000
	의료비	모외	이○○외				2,500,000
	교육비	자	홍○○외				1,500,000
	주택자금	본인	홍길동				1,400,000
	기부금	본인	홍길동				500,000
	계						6,900,000
	표준공제						
연금저축	2001.1.1이후 가입분						
	2000.12.31이전가입분	본인	홍길동				400,000
투자조합출자공제							
신용카드소득공제		본인외	홍길동외				1,400,000
공제액계							14,200,000

※ 참고사항(세액공제명세)

공제종류	공제대상(저축)금액	공제율	세액공제액	공제한도액

2008 12월 일

신고인 홍길동 (서명 또는 인)

세계(주) 귀하

(4) 경영분석

경영분석이란 회사의 재무활동·생산·판매·관리 등 경영활동 전반에 대한 분석으로 기업의 안정성·수익성·생산성·비용효율 등을 다루고, 재무상태나 경영성적을 비교 분석한다.

1) 회사의 재무능력 분석

① 유동비율

유동비율은 기업의 채무지급능력을 알 수 있는 비율이다. 기업의 신용도 평가에 가장 많이 영향을 미치는 비율로서 지급어음·외상매입금 등 이러한 채무에 대한 지급능력이 어느 정도인가를 평가하는 데 있어 사용되는 비율이 유동비율이다.

유동비율이 클수록 그 회사의 지급능력이 안정되어 있다고 말할 수 있다.

유동비율(%) = 유동자산/유동부채×100

② 당좌비율

당좌비율은 유동자산 중 비화폐성 자산을 제외한 당좌자산과 유동부채의 비율로 계산한 비율이다. 이는 유동비율보다 재무상환능력을 더욱 명확하게 나타내는 실질적인 비율이다.

당좌비율(%) = 당좌자산/유동부채×100

③ 고정비율

고정비율이란 설비투자와 자금의 균형상태를 알 수 있는 비율로 고정자산을 자기자본으로 얼마만큼 충당했는가를 나타내는 비율을 말한다. 고정자산은 장기에 걸쳐서 운용되는 자산이기 때문에 이에 투하된 자본은 원칙적으로 장기간 이용이 가능한 자기자본으로 조달하는 것이 건전하다. 고정비율은 통상 100% 이하인 것이 바람직하다고 본다. 고정비율이 너무 높아지면 안정성 있는 회사라고 말할 수 없게 된다.

고정비율(%) = 고정자산/자기자본×100

④ 고정장기적합률

고정자산에의 자본의 비중을 타인자본과 자기자본을 합쳐 분석한 비율이다. 타인자본 중 장기차입금·사채 등의 고정부채는 장기에 걸쳐 상환하는 것이므로 안정된 자본이라 할 수 있으므로, 이에 자기자본을 더해서 고정자산과의 비율을 산출한 것이다.

고정장기적합률(%) = 고정자산/(자기자본 + 고정부채)×100

⑤ 이자보상비율

이자보상비율은 회사의 영업이익으로 회사가 지급하는 이자비용을 감당할 수 있는가를 측정하는 비율이다.

이자보상비율 = (세전순이익 + 금융비용)/금융비용×100

2) 회사의 수익력 분석

① 총자본순이익률

회사의 수익력을 알 수 있는 비율로 투하한 자본에 대해서 얼마만큼의 이익을 얻을 수 있는가로 판단한다.

총자본순이익률(%) = 당기순이익/총자산(= 총자본)×100

② 자기자본순이익률

이는 자기자본이 올린 이익률을 알아보는 것으로 당기순이익을 자기자본으로 나눈 비율을 말한다.

자기자본순이익률(%) = 당기순이익/자기자본×100

③ 총자본경상이익률

총자본경상이익률은 총자본에 대한 경상이익의 비율로서, 투하자본에 대한 회사 본래의 수익력을 표시한다. 따라서 총자본경상력이 안정되었다는 것을 알 수 있게 해준다.

자기자본순이익률(%) = 당기순이익/자기자본×100

(5) 회계감사

1) 주식회사의외부감사에관한법률

주식회사의외부감사에관한법률은 간단히 '외감법'이라고도 하는데 주식회사가 독립된 외부의 감사인으로 하여금 해당 회사에 대하여 회계감사를 실시하여 회계처리의 적정성에 대한 의견을 표명하게 함으로써 이해관계자를 보호하기 위해 제정되었다.

이 법에 의하면 직전사업연도 말 자산총액 70억 원 이상인 회사는 반드시 외부감사계약을 체결하고 외부감사를 받도록 하고 있으며, 감사계약 체결사실을 증권선물위원회에 보고하도록 하고 있다. 또한 회사는 정기주주총회 이후 2주 이내 증권선물위원회에 감사보고서를 제출하여야 한다.

2) 공동주택관리업무의 회계감사

관리주체는 공인회계사 등에 의한 감사실시 여부를 사전에 입주자 대표회의와 협의하여 결정한다. 또한 관리주체는 공인회계사 등에 감사를 받은 경우 그 결과를 입주자 대표회의에 보고하고, 감사보고서를 비치하여 입주자 또는 이해관계인이 열람할 수 있도록 해야 한다.

3) 납세준비

결산 후에 법인이 내야 할 세금은 법인세, 법인세할주민세, 농어촌특별세, 사업소제 등이 있다.

① 법인세

기업회계기준에 따라서 작성된 재무제표의 이익 또는 손실은 법인세법의 규정에 따라 이를 수정하는 세무조정을 한다. 여기서 세무조정이란 기업회계기준에 의한 기간손익이 세법의 규정과 비교하여 과소계상되어 있는 부분을 가산하고, 반대로 과대계상되어 있는 부분은 차감하는 절차를 말한다.

납세의무가 있는 모든 회사는 결산확정일로부터 15일(외부조정 계산서 첨부시는 30일) 이내에 과세표준과 세액을 서면으로 세무서에 신고해야 한다. 여기서 결산확정일이란 주주총회에서 당해 사업연도의 결산과 잉여금 처분을 확정한 날을 말한다. 신고서의 제출은 관할세무서 접수처에 직접 가지고 가서 접수도장을 받아 후일의 증거로 남기는 것이 원칙이다.

세금의 납부는 은행에서도 가능하며, 법인세의 납부기한은 사업연도 종료일로부터 3월 이내에 과세표준과 세액을 관할세무서장에게 신고납부하여야 한다. 따라서 정해진 기한 내에 자진납부를 하지 않으면 가산세를 물게 된다.

법인세의 중간예납이란 법인세의 사업연도 종료 후 세액을 확정하여 신고납부하게 되어 있는데, 법인들의 사업연도가 대부분 비슷한 시기에 있어 세액의 납부가 일정기간에 집중적으로 행해지고 있다. 따라서 이러한 집중납세현상을 해소하기 위해 중간예납이라는 제도를 두고 있다. 이는 사업연도가 6개월을 초과한 법인에 대해서 중간예납기간(사업연도 개시일에서 6개월간)을 두어 그 기간의 법인세액을 중간예납기간이 경과한 날로부터 60일 이내에 신고 납부하도록 하는 제도이다.

② 주민세

회사는 소재지인 시나 군에 주민세를 납부하고 지방 재정에 공헌하는 것이 의무로 되어 있다. 회사에 부과되는 주민세에는 균등할과 법인세할이 있다. 균등할은 회사의 자본금이나 종업원 수에 의해서 세액이 결정되며, 이것은 회사의 손익과는 관계없이 일률적으로 부과된다. 반면 법인세할은 당해 사업연도의 법인세액을 토대로 부과되며, 법인세액이 많을수록 세액이 증가한다.

법인이 두 군데 이상의 시나 군에 사무소를 두고 있는 경우의 법인세할은 법인세액을 사업소 종업원 수 등의 기준으로 나눈 후 주된 사무소, 또는 본점 소재지의 관할 시나 군에 균등할을 첨가하여 납부해야 한다.

③ 사업소세

사업소세는 도시 등의 환경개선과 정비에 필요한 비용에 충당하기 위하여 특정지역 내에 사업소를 두고 사업을 경영하는 사업주에게 부과되는 목적세이다. 사업소세에는 재산할과 종업원할이 있다.

재산할의 과세표준은 납기개시일 현재의 사업소의 연면적이며, 종업원할의 과세표준은 매월 말일 지급한 종업원의 급여총액으로 한다.

제2절 건물관리비 산출방법

1. 개 요

관리비라 함은 건물을 사용하거나 점유한 자가 필요로 하는 건물의 기능 및 사용상의 편리를 위하여 제공되는 관리용역비, 에너지 사용료, 청소비, 쓰레기 수거비, 경비비 그리고 일반관리비 등에 대하여 지불하는 비용을 말한다. 다시 말하면 사용자나 점유자가 요구하는 안전성·편리성·쾌적성·보건성 등의 건물기능에 대한 보상적 성격을 가지고 있는 비용을 의미한다. 또한 건물관리비는 건물관리자의 무형의 관리 서비스에 대한 비용이라고도 할 수 있다.

관리대상건물을 직영관리(자치관리)하는 경우는 관리비의 성격이 유지비의 성격을 띠게 되나 관리대상건물이 수익성 건물인 경우에는 추상적인 관리 서비스 제공에 대한 대가성의 성격을 띠게 된다. 결론적으로 건물관리비란 건물을 유지·관리하는 데 필요하거나 소요되는 총비용을 의미한다. 또한 양질의 관리 서비스를 요구하는 입주자나 점유자는 그에 상응하는 관리비 납부를 원하고 있으나, 그 양질의 기준을 임대인과 임차인 사이에 객관적으로 정하기는 쉽지 아니하므로 관리비의 적정 여부가 항상 분쟁의 대상이 된다.

임대건물의 관리는 입주자 스스로 할 수 없기 때문에 부득이 소유자체에 의하여 관리업무가 대행 형태로 운영되고 있다. 그러나 공동주택인 아파트나 집합건물인 오피스텔의 경우 구분소유자들에 의하여 구성된 관리자치기구나 관리단에 의하여 관리대상건물을 관리하게 되는데 이 경우에는 관리비의 성격이 유지쪽에 비중을 두게 된다.

건물관리비는 넓은 의미의 임대료 범주에 포함되나 좁은 의미의 임대료에는 제외되는 것이므로 반드시 적정한 관리비 산정이 요구된다.

2. 건물관리비의 분류

건물관리비의 분류는 관리비 성격에 의한 분류, 사용면적에 의한 분류, 관리비 징수방법에 의하여 다음과 같이 분류된다.

(1) 관리비 성격에 의한 분류

1) 직접관리비

건물관리에 직접 사용되는 관리비를 말한다. 건물의 유지관리에 있어서 소요되는 에너지 사용료, 인건비, 용역비, 재료비, 원료비 등을 말한다.

2) 간접관리비

건물유지관리에 간접적으로 필요로 하는 관리비용을 말한다. 예컨대 제세공과금, 보험료, 특별수선충당금, 회의비용, 광고비, 사무용품비 등이 이에 해당된다.

(2) 건물사용면적에 의한 분류

1) 전용관리비

건물(특히 공동주택) 사용자(임차인, 테넌트)가 건물을 사용함에 있어서 독립적으로 사용하는 면적에 발생되는 관리비용을 말한다. 예컨대 독립적으로 사용하는 면적의 수도요금, 가스요금, 전기요금 등이 이 범주에 해당된다.

2) 공용관리비

공동주택과 같이 구분소유자가 공동소유형태의 공유면적이나 공동시설 등의 관리에 소요되는 유지관리비용을 말한다. 예컨대 공동전기료, E/L 유지보수비, 공동수도료 등이 이 범주에 해당된다.

(3) 관리비 징수방법에 의한 분류

관리비 징수방법에 의한 관리비의 종류에는 고정관리비, 실비관리비, 혼합관리비 등으로 분류된다. 이를 분설하면 다음과 같다.

1) 고정관리비

고정관리비란 연간 건물관리비의 지출비용을 예상하여 관리비 총액을 미리 산정한 후 건물의 연면적으로 나누어 평당 관리비를 산정하고 사용면적을 곱하여 납부관리비를 확정한 후 사용자에게 부과징수하는 관리비를 말한다. 따라서 연중물가 변동요인이 발생하더라도 변동없이 고정하여 부과징수하므로 정액제관리비라고도 한다.

고정관리비 징수방법은 전술한 바와 같이 연간 관리비 총액에 연건평을 나누어 평당 관리비를 산정하고 이를 임차인(테넌트)에게 임차면적에 곱하여 나타난 금액에 부과세 10%를 추가하여 부과징수하게 된다. 건물관리비산정시 관리대상건물의 시설 수준과 인근 경쟁 대상건물의 관리비 수준을 고려하여 책정해야 한다.

고정관리비의 적용 대상건물에는 개방검침이 곤란한 빌딩이나 업무용빌딩(오피스용도 빌딩) 등에 적용된다. 서울의 경우 대부분의 오피스빌딩이 이에 해당된다. 따라서 관리비 종류 중 가장 많이 사용되고 있는 관리비 부과징수방법이라 할 수 있다.

고정관리비의 장 · 단점은 다음과 같다.

① 장 점

가. 매월 동일방법으로 관리비를 부과징수하므로 관리비 관련 업무가 단순하고 용이하다.
나. 최소인원으로 관리비 처리가 가능하다.
다. 관리비 부과징수에 관한 테넌트(입주자, 임차인)의 불만이나 민원 발생이 줄어든다.
라. 관리주체 및 입주사 공히 연간 관리비 예산편성이 쉬워진다.
마. 관리비의 선청구와 선입금이 가능하여 관리주체의 관리비 자금부담이 줄어든다.
바. 물가상승이나 관리비 인상요인에 관계없이 입주사의 관리비는 동일하므로 부담이 일정하다(단, 관리계약서에 물가상승률 반영조건시 예외임).

② 단 점

가. 관리주체는 계절적 요인(여름, 겨울)으로 인한 관리비 상승에도 추가관리비를 인상할 수 없다. 따라서 계절적으로 추가적으로 관리비 자금부담이 발생한다.

나. 입주사의 사정에 관계없이 산정된 평당금액으로 관리비를 부과하므로 입주사는 불평등하게 된다.

다. 관리비 절감의 혜택이 입주사에게 돌아가지 아니한다.

라. 관리비 사용내역을 입주사의 요청시 합리적인 근거자료 제출의 어려움이 있다.

마. 관리비의 증감에 관계없이 동일한 관리서비스 제공으로 입주사가 손해보는 경우가 있다.

2) 실비관리비

실비관리비란 다른 말로 실비정산제 관리비라고도 하며, 관리기간 매월 말일까지 발생된 관리비 총금액을 각각 해당 입주사(테넌트)별로 실제 사용량과 면적으로 계산하여 부과징수하는 관리비를 말한다. 관리비 산정방법은 항목별로 발생된 비용을 면적 구분이 가능한 항목은 면적으로 계산하고, 검침이 가능한 항목은 사용량만큼 해당 입주사에 부과징수하면 된다.

실비정산제 관리비에 대한 부과방법은 대체로 다음과 같다.

① 검침 가능한 개별사용량

가. 가스료 · 전기료 · 수도료 · 층별 투입인원 총액÷총사용량＝사용단가

나. 사용단가＋세대별 사용량＝입주자별 부과관리비

② 검침 불가능한 면적

가. 인건비 · 일반관리비 · 수선유지비 · 공용에너지비용 · 특별수선충당금 · 용역비 · 도급비와 같이 공동사용하는 비용 중 면적으로 구분이 가능한 비용 총액÷총면적＝평당단가

나. 평당단가×사용면적(임대면적)＝입주자별 부과관리비

③ 사용 수혜자 부담

입주자 개별요청에 의해 발생된 관리비용은 수혜입주자가 별도 부담

④ 잡수입의 계산

가. 주차장 · 자판기 등의 잡수입은 총액 ÷ 총면적＝평당 공제단가

나. 부과면적 평당 금액－평당 공제단가＝관리비 부과단가

다. 관리비 부과단가×면적＝청구관리비

⑤ 실비관리비의 부과 일정은 다음과 같이 처리하면 편리하나 관리대상 건물의

사정에 따라 융통성 있게 처리하면 됨

가. 전월 1일에서 말일까지 인건비나 수도광열비 등을 각 항목별로 개별 취합한다.
나. 전월 말일에서 금월 초일에 세대별(입주사별) 검침량을 일제히 조사하고 입력해야 한다.
다. 당월 2일에서 10일 사이에 관리비 부과내역서 작성, 부과내역 내부결재 및 전산입력하고 고지서·세금계산서 또는 계산서 등을 출력하여 개별 발송해야 하며
라. 입금확인 및 당월 미수에 대하여 20일에 일제히 확인하고
마. 당월 21일자로 미수관리비 독촉장을 개별 발송한 후 개별사후 관리한다.

⑥ 실비관리비 적용대상 건물에는 대형상가나 개별 검침이 가능한 대형 집합건물 및 아파트·분양건물 등이 있다. 실비관리비의 장·단점은 다음과 같다.

가. 장 점
- 사용면적과 사용량에 따라 청구하므로 입주사의 부당청구에 의한 손해가 없다.
- 관리비 청구 근거가 확실하고 투명하다.
- 입주사는 스스로 관리비 에너지 절약의 노력을 하게 된다.
- 임대인과 임차인 사이에 관리비에 대한 신뢰가 증대된다.
- 차년도 관리비 예산산정이 용이하게 된다.
- 관리비 청구 시스템 도입시 관리비 청구 등의 시간이 절약된다.

나. 단 점
- 계절적으로 관리비가 상승되어 입주자가 상승된(여름 전기료, 겨울 가스료) 에너지 비용을 추가로 부담하게 된다.
- 관리비 사용 금액과 사용료 매월 말일 기준으로 확인하므로 관리비 청구와 납부가 늦어진다(통상 익월 10일 청구, 20일 납부).
- 납부의 지연으로 세금계산서 등 행정처리의 어려움이 있다.
- 관리비의 보증금을 미리 별도로 징수하므로 입주사의 추가부담이 생긴다.
- 에너지 검침을 위한 별도 설비 설치로 임대인 추가부담이 발생한다.
- 매월 상이한 관리비 청구로 민원의 소지가 증대되고 분쟁이 자주 생긴다.
- 입주사의 관리비 예산책정은 매월 다른 관리비 내역으로 인하여 어려움이 생긴다.

3) 혼합관리비

건물의 관리비 산정에 있어서 일부항목은 고정관리비로 적용하고 검침 가능 또는 변동이 있을 수 있는 관리항목은 추가로 계산하여 관리비를 부과징수하는 관리비를 혼합관리비라고 한다.

다시 말하면 일반관리 항목에는 고정관리비를 적용하고 전기·수도·가스 등 검침이 가능한 것은 실비관리비 방법을 적용하여 사용량만큼 해당 입주자에게 부과하여 징수하는 관리비로서 고정관리비 단점의 하나인 사용자 고정부담 원칙을 보완, 실제 사용부분

에 적용하는 관리비를 말한다. 적용대상건물은 대형 빌딩의 아케이드에 주로 적용된다.

혼합관리비의 장·단점은 고정관리비와 실비관리비의 장·단점을 참고하기 바란다.

3. 관리비의 내역

건물의 용도와 관리비의 성격에 따라 관리비 내역이 조금씩 차이가 있을 수 있으나 일반 임대용 건물을 기준하여 관리비 내역을 기술하면 다음과 같다.

① 관리종사자 인건비 등의 일반관리비
② 전기·수도·가스 등의 사용료
③ 제세공과금
④ 냉난방비 및 급탕료
⑤ 전기설비, 냉난방설비, 위생설비, 이동설비, 통신설비, 방재설비 등 유지보수비 및 검사비
⑥ 자재비·원료비·소모품비·비품비·사무용품비
⑦ 조경시설 관리비
⑧ 보험료
⑨ 수선유지비(임차인 부담분)
⑩ 청소비·소독비·오물수거비
⑪ 위탁관리시 위탁수수료 및 용역비
⑫ 기타 관리항목에 관계된 제비용

4. 적정 관리비 부과징수

수익성 건물임대에 있어서 적정한 관리비를 산정하고 이를 부과징수하는 문제는 단순한 업무가 아니며, 또한 쉬운 문제가 아니다. 왜냐하면 전기·수도·가스 같은 에너지 사용료는 직접 눈으로 확인할 수 있는 사항이나, 건물관리업무는 대부분 눈에 보이지 않는 추상적이고 무형의 관리 서비스에 대한 보상적 성격을 가지고 있으므로 임차인의 입장에서 볼 때 언제나 임대인이 부과하는 관리비가 과도한 관리비로 인식되기 쉽기 때문이다.

이와 같은 관리비 과다징수에 대한 불만 표출은 임대인과 임차인 사이에 항상 존재하는 이해관계가 서로 상반되고 있기 때문이며, 입주자(임차인)는 항상 입주한 건물로부터 양질의 관리 서비스와 쾌적성·안정성·편리성·보건성과 같은 양질의 건물기능을 얻고자 하기 때문이다. 이와 같은 관리상의 분쟁을 미연에 방지하기 위하여 임대인과 임차인이 입주 계약시에 관리대행 계약을 동시에 맺게 되지만 입주하고 있는 동안 관리 서비

스의 질에 대하여 계속적으로 분쟁이 발생하게 된다.

따라서 임대인(관리자)은 인근 지역의 유사한 건물의 관리비를 조사하여 관리비가 과다 책정되지 않도록 비교해야 하고, 관리대행 계약시에 관리비 내역의 종류와 관리 서비스의 질에 대하여 상호 합의를 하도록 해야 한다. 또한 관리 계약시에 관리비 종류를 분명히 해야 하며 적정한 관리비의 기준과 금액을 정하여 관리대행 계약서에 서명날인하고, 후일에 관리비 집행내역에 대한 공개요구가 있을 시 이를 공개할 수 있도록 관리내역마다 증빙서류를 항상 비치해야 한다.

관리비는 좁은 의미의 임대료에 해당되지 않기 때문에 과다책정과 부과징수는 법률적 분쟁으로 확대될 가능성이 있으므로 세심한 주의를 요하는 관리항목이다(경우에 따라 형법상 횡령에 해당될 수 있음). 실비관리비를 채택하고 있는 공동주택의 경우는 관리비 과다징수는 전혀 발생될 수 없으나 고정관리비나 혼합관리비만 관리비 과다 문제가 발생된다. 일반건물의 관리비 산정내역은 현재로서 가장 체계적이고 모든 관리비의 구성요소가 포함된 것으로 보이는 공동주택 관리비 산정내역을 참고하는 것이 타당하나 각 건물의 규모와 설비 및 사정에 따라 다소 가감하는 것이 바람직해 보인다.

5. 공동주택 관리비 산출방법

(1) 공동주택 관리비의 개념

일반건물이나 공동주택을 관리하는 관리자는 관리대상 건물의 관리에 관한 비용을 미리 산출하고 그 필요경비를 조달할 방안을 수립해야 한다. 공동주택의 경우 구분소유자가 전용부분과 공용부분, 기타 주거목적 외의 부대시설 등 이용시설에 대한 유지관리를 위하여 의무적으로 부담하는 비용을 관리비라 한다. 또한 관리비란 관리주체나 관리종사자들의 관리서비스에 대한 대가의 의미도 가지고 있다.

공동주택의 관리비 기본항목은 다음과 같다.

① 일반관리비
② 청소비
③ 경비비
④ 소독비
⑤ 승강기유지비
⑥ 급탕비
⑦ 수선유지비(난방시설 청소비 포함)

(2) 공동주택 관리비의 예외항목

공동주택의 관리비의 예외항목은 다음과 같다.

① 장기수선충당금
② 시특법상의 안전점검의 대가
③ 안전점검 비용, 안전진단 실시비용

(3) 공동주택 사용료

공동주택 사용료는 관리비의 항목이 아닌 것으로서 입주자 본인이 사용한 에너지 비용이나 공과잡비 등을 말하며 관리비 납부시에 관리주체가 징수자를 대행하여 부과징수하는 일종의 본인사용료이다.

공동전기료나 공동수도료 등은 입주자가 부담해야 하는 관리비의 일종이다. 입주자 부담사용료는 다음과 같다.

① 전기료
② 수도료
③ 가스사용료
④ 지역난방 방식인 공동주택 난방비와 급탕비
⑤ 정화조 오물수수료
⑥ 생활폐기물 수수료
⑦ 건물전체대상 보험료
⑧ 입주자 대표회의 운영비

(4) 공동주택 관리비 세부내역

공동주택관리비 세부내역은 <표 25>와 같다.

〈표 25〉 공동주택 관리비의 세부내역(제58조제1항 관련)

비 목	구 성 내 역
① 일반관리비	- 인건비 : 급여 · 제수당 · 상여금 · 퇴직금 및 산재보험료 · 고용보험료 · 국민연금 · 의료보험료 · 식대 등 복리후생비 - 제사무비 : 일반사무용품비, 도서인쇄비, 교통통신비 등 관리사무에 직접 소요되는 비용 - 제세공과금 : 관리기구가 사용한 전기료 · 전화료 · 우편료 및 관리기구에 부과되는 세금 등 - 피복비 - 교육훈련비 - 차량유지비 : 연료비 · 수리비 및 보험료 등 차량유지에 직접 소요되는 비용 - 그밖의 부대비용 : 관리용품 구입비, 회계감사비, 그밖에 관리업무에 소요되는 비용
② 청소비	용역시에는 용역금액, 직영시에는 청소원 인건비 · 피복비 및 청소용품비 등 청소에 직접 소요된 비용
③ 경비비	용역시에는 용역금액, 직영시에는 경비원 인건비 · 피복비 등 경비에 직접 소요된 비용
④ 소독비	용역시에는 용역금액, 직영시에는 소독용품비 등 소독에 직접 소요된 비용
⑤ 승강기 유지비	용역시에는 용역금액, 직영시에는 제부대비 및 자재비 등. 다만, 전기료는 공동으로 사용되는 시설의 전기료에 포함한다.
⑥ 난방비	난방 및 급탕에 소요된 원가(유류대 · 동력전기료 · 난방 및 급탕용수비)에서 급탕비를 뺀 금액
⑦ 급탕비	급탕용 유류대 · 동력전기료 및 급탕용수비
⑧ 수선유지비	- 보수용역시에는 용역금액으로 하고, 직영시에는 자재 및 인건비 - 정화청소비 · 냉난방시설의 청소비 · 소화기충약비 · 옥상방수공사비 · 외부대장비 등 공동으로 이용하는 시설의 보수유지비 및 제반검사비

(5) 공동주택 관리비의 각 비목별 관리비 산출방법

공동주택 관리비 세부내역에 따라 공동주택 관리현장에 적용하여 해당 관리비내역을 산출하면 대체로 다음과 같다. 다만 각 현장의 규모 · 성격 · 사정 등에 따라 각 비목이 일정하게 적용되지 않으며, 비목별 관리비 산출내역은 <표 26>과 같다.

〈표 26〉 공동주택 관리비 세부내역과 비목별 관리비 산출내역(예)

항 목 \ 구 분		11월 발생금액	12월 발생금액	발생 차익 내역
일반관리비		7,929,200	7,644,300	
청소비		2,145,000	2,145,000	변동사항 없음
소독비		331,500	331,500	변동사항 없음
경비용역비		3,800,000	3,800,000	2003. 12월분 경비용역비
수선유지비		273,890	162,390	단지 수선비용으로 인하여 다소 변동 있음
보험료		77,720	77,720	2004. 5. 30까지 단지 보험료 (12개월 분할부과됨)
전기료	공동전기료	1,938,170	1,779,770	단지 내 공동전기 시설물, 가로등, 관리소, 마을회관, 지하주차장
	승강기 전기료	528,514	555,024	3층 이상 승강기 사용 전기요금
	동력 (급수)	778,890	834,690	상수도, 정화조 동력전기요금
	기화기실 사용요금	10,480	16,880	신한가스 부담
	MDF	86,386	80,937	한국통신 부담
사용료	세대전기료	10,621,190	13,867,000	세대별 전기사용 요금
	TV수신료	850,000	850,000	장애인, 유공자 사용 50kW 미만 사용세대는 공제됨
	세대수도료	3,625,860	3,724,380	2004. 1월부터 수도료 인상됨
	유선방송비	495,000	495,000	세대 유선방송 공급요금 (공동계약, 부가세 포함)
	주차관리비	570,000	570,000	1대 이상 차량보유 세대 관리비
승강기유지비		841,500	762,300	9대 승강기 정기점검 유지비
위탁관리수수료		331,580	331,580	변동사항 없음
전기안전대행료		440,000	440,000	단지 전기 정기점검 유지비
특별수선충당금		1,004,800	1,507,200	특별한 수선을 위한 충당금 (2004. 1월부터 시행, 평당 150만원)
정화조유지비		350,000	350,000	단지 정화조 정기점검 유지비
총 계		37,029,680	40,325,671	

1) 일반관리비 산출방법

① 인건비 산출방법

구 분	금 액	내 역
급 여	3,832,500	관리소장 외 3인 급여 지급
상여금	958,130	관리소장 외 3인 상여금 지급(급료 × 300% ÷ 12월)
월차수당	151,600	관리소장 외 3인 월차수당 지급
제수당	582,130	자격 및 직책수당, 보건수당, 연장수당 지급
계	5,524,360	

② 충당금 산출방법

구 분	금 액	내 역
연차충당금	126,300	(급여+상여금) ÷ 30 × 10 ÷ 12
퇴직충당금	470,000	(급여+상여금+연·월차+자격수당) ÷ 12
계	596,300	

③ 복리후생비 등 산출방법

구 분		금 액	내 역
복리후생비	중식보조비	200,000	관리소장 외 3인 식대비
	의료보험료	105,590	주민부담금(직원 4명)
	국민연금	230,850	주민부담금(직원 4명)
	산재보험료	82,840	994,030÷12회차 중 10회차 주민부담금
	고용보험료	54,440	860,360÷12회차 중 10회차 주민부담금 71,700－직원부담금(17,260)
	소계	673,720	
제경비	공기구비품 감가상각비	36,670	(사무실 컴퓨터 : 1,320,000)×1/36 : 25회차
	통신비	106,970	전화요금 및 우편발송
	교통비		
	사무용품비	11,140	A4규격 봉투, 1000판압핀, 컬러파일 구입 외 1건
	소모품비	111,000	염화칼슘 구입 외 8건

구 분		금 액	내 역
제경비	지급수수료	120,050	(전기안전 점검검사 수수료 : 702,310)÷1/6 3회차 및 갑근세 수수료
	판공비	100,000	소장 12월 판공비
	입주자대표업무비	240,000	입주자 대표회의 12월 업무추진비
	교육훈련비	10,000	경비원 직무교육비
	잡비	84,090	컴퓨터 수리비 외 6건
	도서인쇄비	30,000	12월분 관리비고지서 인쇄비
	소계	849,920	
계		1,523,640	

- 평형별 부과내역 : ①+②+③/총평수=평당단가 7,644,300÷10,048=760,80원/평
- 평형별부과금액

평 형	평 단 가	세대금액	세 대 수	금 액	비 고
24	760.80	18,260	160	2,921,600	
32	760.80	24,350	194	4,723,900	
계			354	7,645,500	+1200

2) 청소비 산출방법

- 산출내역 : 2,145,000÷10,048=213.48원/평
- 용역업체 : 00회사
- 평형별 부과금액

평 형	평 단 가	세대금액	세 대 수	금 액	비 고
24	213,48	5,120	160	819,200	
32	213,48	6,830	194	1,325,020	
계			354	2,144,220	-780

3) 소독비 산출방법

- 산출내역 : 331,500÷10,048=33원/평
- 용역업체 : 00방역
- 평형별 부과금액

평 형	평 단 가	세대금액	세 대 수	금 액	비 고
24	33	790	160	126,400	
32	33	1,060	194	205,640	
계			354	332,040	+540

4) 수선유지비 산출방법

항 목		금 액	내 역
충당금	정화조청소비	70,760	850,000÷12 ; 12회차
	물탱크청소비	91,630	1,100,000÷12 ; 12회차
	계	162,390	

- 산출내역 : 162,390÷10,048＝16.16원/평
- 평형별 부과금액

평 형	평 단 가	세대금액	세 대 수	금 액	비 고
24	16.16	390	160	62.400	
32	16.16	520	194	100.880	
계			354	163.280	+890

5) 보험료 부과방법

- 산출내역 : 932,600×1/12＝77,720÷10,048＝7.73원/평
- 평형별 부과금액

평 형	평 단 가	세대금액	세 대 수	금 액	비 고
24	7.73	190	160	30,400	
32	7.73	250	194	48,500	
계			354	78,900	+1,180

6) 전기요금 산출방법

전월 지침	금월 지침	지 차	배 율	총사용량(Kw/h)
823.46	1097.72	274.26	480	131.645

내 역	사용량(kW/h)	집 행 금 액	부 과 금 액	비 고
공 동 전 기	18,977	1,779,770	1,779,750	−20
승 강 기	5,918	555,024	555,010	−14
동 력 급 수	8,900	834,690	834,890	+200
세 대	96,807	13,867,000	13,867,000	
TV수신료	340세대	850,000	850,000	
기 화 기 실	180	16,880	16,880	신한가스 부담
MDF	863	80,937	80,937	한국통신 부담
계	131,645	17,984,300	17,984,467	+166

① 공동전기료 단가

(총사용요금 − 세대 사용요금)÷(총사용량 − 세대 사용량)

(17,984,310 − 14,717,000)÷(131,645 − 96,807) = 93.7858

② 공동전기 사용요금

사용량×공동전기 단가

18,977W/h×93.7858 = 1,779,770원

③ 전기단가

공동전기 사용요금÷사용평수

1,779,770÷10,048 = 177.13원/평

④ 평형별 부과금액

평 형	평 단 가	세대금액	세 대 수	금 액	비 고
24	177.13	4,251	160	680,160	
32	177.13	5,668	194	1,099,590	
계			354	1,779,750	−20

⑤ 승강기 사용요금

사용량×공동전기 단가

5,918kW/h×93.7858 = 555,024원

⑥ 승강기사용 요금 단가

승강기 사용요금÷사용평수

555,024÷9,264평 = 59.91원

⑦ 평형별 부과금액

평 형	평 단 가	세대금액	세 대 수	금 액	비 고
24	59.91	1,438	146	209,950	
32	59.91	1,917	180	345,060	
계			326	555,010	－14

- 기화기실 사용요금 : 사용량×공동전기 단가/180kW/h×93.7858원＝16.880원
- MDF실 : 사용량×공동전기 단가/863kW/h×93.7858원＝80,937원
- 동력 사용요금 : 사용량×공동전기 단가 / 8,900kW/h×93.7858원
＝834,690원
- 동력 사용요금 단가 : 동력 사용요금÷사용평수 / 834,690÷10.048＝83.07원

⑧ 평형별 부과금액

평 형	평 단 가	세대금액	세 대 수	금 액	비 고
24	83.07	1,994	160	319,040	
32	83.07	2,659	194	515,850	
계			354	834,890	＋200

7) 수도요금 산출방법

(단위 : 톤(t))

전 월 지 침	금 월 지 침	메인계량기 지차	비 고
382,865	389,175	6,310	

내 역		세대계량기 누계	집 행 금 액	부 과 금 액	비 고
세대	상수도	5,659	2,677,440	2,677,440	
	하수도		756,620	756,620	
공동 상·하수도			290,320	290,290	
계			3,724,380	3,724,350	－30

	사용량(t)	적용단가	금 액
수도요금	6,310	460	2,796,400
		550	
		680	
	관정요금		115,380
	합계		2,911,780

	사용량(t)	적용단가	금 액
하수도요금	3,540	1톤당120	424,800
	2,770	140	387,800
		170	
	합계		812,600

• 요율적용표(가정용)

	단 계 별 요 금	
	사용량	요금
수도요금	0~20	460
	21~30	550
	31 이상	680

	초 과 사 용 요 율	
	사용구분(m^{2}원)	m^{2}당 단가(원)
하수도요금	1~10	120
	11~20	140
	21~30	170
	31~40	220
	41~50	290
	51 이상	360

• 공동수도요금(공동수도료÷총평수＝평당단가)
• 평형별 수도요금 부과금액(평당단가×평형별＝부과금액×세대수＝세대부과 금액)

평 형	평 단 가	세대금액	세 대 수	금 액	비 고
24	28.89	693.36	160	110,940	
32	28.89	924.48	194	179,350	
계			354	290,290	-30

8) 승강기유지비 산출방법

• 용역업체 : W엘리베이터
• 산출내역 : 762,300÷10,048평＝75.87원/평
• 평형별 부과금액

평 형	평 단 가	세대금액	세 대 수	금 액	비 고
24	75.87	1,820	160	291,200	
32	75.87	2,430	194	471,420	
계			354	762,620	＋320

9) 위탁관리 수수료 산출방법

- 용역업체 : 00(주)
- 산출내역 : 331,580÷10,048평 = 33.00원/평
- 평형별 부과금액

평 형	평 단 가	세대금액	세 대 수	금 액	비 고
24	33.00	790	160	126,400	
32	33.00	1,060	194	205,640	
계			354	332,040	+460

10) 전기안전 대행료 산출방법

- 용역업체 : 전기안전기술(주)
- 산출내역 : 440,000÷10,048평 = 43.79원/평
- 평형별 부과금액

평 형	평 단 가	세대금액	세 대 수	금 액	비 고
24	43.79	1,050	160	168,000	
32	43.79	1,400	194	271,600	
계			354	439,600	−400

11) 특별수선충당금 산출방법

- 산출내역 : 1,507,200÷10,048평 = 150원/평
- 평형별 부과금액

평 형	평 단 가	세대금액	세 대 수	금 액	비 고
24	150	3,600	160	576,000	
32	150	4,800	194	931,200	
계			354	1,507,200	

12) 정화조유지비 산출방법

- 용역업체 : 00(주)
- 산출내역 : 350,000÷10,048평 = 34.83원/평
- 평형별 부과금액

평 형	평 단 가	세대금액	세 대 수	금 액	비 고
24	34.83	840	160	134,400	
32	34.83	1,120	194	217,280	
계			354	351,680	+1,680

13) 유선방송비 산출방법

- 용역업체 : C유선방송
- 산출내역 : 495,000÷354세대 = 1,400원
- 평형별 부과금액

평 형	세 대 단 가	세 대 수	금 액	비 고
24	1,400	160	224,000	
32	1,400	194	271,600	
계		348	495,600	+600

14) 주차관리비 산출방법

- 근거 : 2002년 12월 28일 입주자 대표회의 결의에 따라 세대당 1대초과 차량을 보유한 입주자 등에게 월 10,000원 부과
- 세대별 부과금액

평 형	세 대 단 가	세 대 수	금 액	비 고
24	10,000	16	160,000	
32	10,000	41	410,000	
계			570,000	

15) 경비용역비 산출방법

- 용역업체 : 00관리
- 산출내역 : 3,800,000÷10,048 = 378.18원/평
- 평형별 부과금액

평 형	평 단 가	세대금액	세 대 수	금 액	비 고
24	378.18	9,080	160	1,452,800	
32	378.18	12,100	194	2,347,400	
계			354	3,800,200	+200

(6) 관리비의 수납과 지출

1) 관리비의 수납

① 공동주택의 경우 납부고지서는 동호 입주자의 성명, 관리비 등의 비목별 금액, 납부기한 및 납부장소 등을 명시하여 납기일 7일 전에 입주자에게 도달하여야 한다.
② 일반건물의 경우에는 납부고지서는 층별 호수와 사용자의 회사명, 대표자명을 기재하고, 당월 관리비 금액과 납기일·납부장소를 명기하여 납기일 10일 전에 입주자에게 발송하여야 한다.
③ 공동주택의 경우 입주자 대표자회의 회장과 관리소장이 공동으로 지정한 금융기관에 납부하여야 한다. 그러나 임대용 건물의 경우 지정은행 또는 관리사무소에 납부한다.
④ 납기일이 국경일이거나 공휴일인 경우 그 다음날 납기일로 하며, 매월 말일을 납기일로 정한다.
⑤ 관리비 등을 납부하지 못할 경우 일정한 연체료를 내야 한다. 연 25%를 초과할 수 없다.

2) 관리비의 지출

① 관리비 지출은 배정된 예산의 범위 내에서 관리주체의 책임하에 지출원인 결의서를 작성하여야 한다.
② 공동주택의 경우 서울시 표준관리규약에 의하면 지정시설 사용료 해당시설관리 소요비용을 충당하고 남은 잔액, 기타 잡수입 등은 특별수선충당금으로 적립하여야 한다.
③ 공동주택 관리비는 매월말 잔고증명을 발급받아 대조하여야 한다.

3) 관리비의 법적 규제

공동주택 관리비는 다음과 같은 관계법의 규제조항에 따라 관리되어야 한다.

① 징수업무에 있어서 선량한 관리자의 주의의무
② 장부작성 열람의무
③ 관리규약에 세대별 부담액, 부담액 징수, 보관, 예치 사용절차 미납자 조치사항을 반드시 포함

④ 예산의 확정공시 의무화
⑤ 관리비 산정내역방법 법정화

6. 빌딩 관리비 산출방법

일반 오피스빌딩의 관리비 구성내역은 전술한 바와 같이 관리비 비목은 동일하지 아니하다. 그러나 대형 업무용 오피스빌딩의 경우 다음과 같은 관리비 구성내역과 각 비목별 세부내역은 다음과 같다.

(1) 빌딩 관리비 구성내역

비 목	구성내역	비 고
일반관리비	직원인건비, 여비교통비, 복리후생비, 접대비, 교육훈련비, 식대, 차량유지비, 소모품비, 지급수수료, 광고선전비, 기타 일반관리비 항목	
수선유지비	각종 기계정비, 보수, 기계수리, 기타 건물유지관리비용	
특별수선충당금	중장기 건물수선 특별적립비용	준공 1년 후부터 발생
건물관리도급비	시설관리, 청소, 경비보안, 주차관리도급비	
외주용역비	통신시설 : 방역, 조경, 승강기, 정화조, 전문 아웃소싱 용역비	
전기료	전기기본료, 전체공용전기료, 층별공용전기료, 개별사용전기료	
가스료	공동가스료, 개별 가스사용료(개별 검침 후)	
수도료	공동수도료, 개별 수도사용료(개별 검침 후)	
냉동기(방축열)	냉동전기 소모비요	

참고사항

- 기타 항목은 회계항목에 의하여 추가할 수 있다.
- 대형상가 건물 등에서는 주차수익금과 자판기 등의 잡수입을 관리비에서 면적비로 공제처리해야 한다.

(2) 빌딩 관리비 지출내역

오피스빌딩의 전체관리비 지출내역과 비목은 일반적으로 <표 27>과 같다.

〈표 27〉 관리비 전체 항목표

(단위 : 원)

항목 \ 구분	관리비내역			비고
	년 월	년 월	증감	
일반관리비	6,527,150	2,486,950	-4,040,230	
수선유지비	560,370	240,000	-320,370	
건물관리도급비(계약)	82,592,680	86,625,406	4,032,726	
건물관리도급비(별도)				
외주용역비	4,126,100	3,469,500	-656,600	
전기요금	49,849,817	44,494,497	-5,355,320	
가스요금	18,694,135	9,731,645	-8,962,490	
수도요금	14,033,448	16,729,120	2,695,672	
비과세	23,622,727	7,230,500	2,596,500	종량제봉투, 방역보험료 등
주차수익금	23,622,727	23,965,190	342,463	
합계	20,4640,457	194,972,808	-9,667,649	
평당단가	21,458.77	19,422.77	-963.07	
적용면적	10,038,364	10,038,364		

(3) 일반관리비(과세) 산출방법

① 산출내역 : 총비용합계 / 부과면적 = 평당단가

② 세대부과금액 : 평당단가 × 사용면적

③ 과세항목(일반소모품 및 통신비)

(단위: 원)

구분	항목	금액	면적(평)	층별적용단가			
				할인점	극장	1층	2층
과세	여비교통비	87,500	10,038.36		8,717	8,717	8,717
	교육훈련비	0	10,038.36				
	접대비	0					
	복리후생비	480,000	10,038.36		47,817	47,817	47,817
	차량유지비						
	통신비	598,870	10,038.36		59,658	59,658	59,658
		59,500	24,894,441	2.39	2.39	2.39	2.39
	소모품비	2,676,380	10,038.36		266,615	266,615	266,615
			5,422.26		26,023		
	지급수수료		10,038.36				
광고선전비		160,000	10,038.36		15,939	15,939	15,939
공제액(카드, 창고수입)		-1,716,400	10,038.36		-136	-211	-211
합계		2,486,950		35,507	1,578,725	367,304	510,386

④ 일반관리비(비과세) 산출방법

비과세항목(종량제봉투, 방역 등 부가세가 포함되지 않는 금액)

(단위 : 원)

구분	항 목	금 액	면적(평)	층 별 적 용 단가			
				할인점	극장	1층	2층
비과세	종량제봉투(극장)	3,729,000	5,422,229		687.725		
	종량제봉투(전체층)	246,000	24,894,441	9.882	9.882	9.882	9.882
	종량제봉투(지상층)	726,000	4,616,135				
	음식물처리비용	500,000	식당적용				
	차량진입로정기납세	1,396,500	24,894,441	56.097	56.097	56.097	56.097
	방역대금	633,000	10,038.36		63.058	63.058	63.058
층별 면적 비율단가					816.761	286.311	286.311
합계		7,230,500			4,4283.667	553.087	1,268.554

(4) 수선유지비 산출방법

산출근거 : 일반관리비와 동일

층 별	항 목	금 액	면적(평)	초 별 적 용 단 가			
				할인점	극장	1층	2층
전체	공조기수리		24,894,414				
지상	급탕탱크	24,000	10,038.384		23.908	23.908	23.908
1층	열교환기수리		1,931.803				
2층	필터교환		2,684.332				
1, 2층	필터교환		4,616.135				
극장	공조기수리		5,422.229				
할인점	세관청소		14,856.077				
합계		24,000			23.908	23.908	23.908
층 별 납 부 금 액		24,000			139,639	46,186	64,178

(5) 건물시설관리 용역도급비 산출방법

구분	금 액		면 적	해 당 단 가					
	인원	금액		1층	2층	극장	할인점	합계	부과금액
관리	4	9,908,380	10,038.36	987.05	987.05	987.05	0	987.05	9,908.380
기계	6	10,258,110	10,038.36	1,021.89	1,021.89	1,021.89	0	1,021.89	10,258.110
전기	6	10,258,110	10,038.36	1,021.89	1,021.89	1,021.89	0	1,021.89	10,258.110
방재(실장)	1	2,293,910	24,894.44	92.15	92.15	92.15	92.15	92.15	2,293.910
방재	3	4,642,550	10,038.36	462.48	462.48	462.48	0	462.48	46,423.743
보안(1층)	6	8,211,240	1,931.80	4250.56	0	4250.56	0	4,251.56	8,213.273
보안(2층)	4	5,474,160	2,684.33	0	2039.3	0	0	2,039.3	5,474.158
보안(공용)	3	4,398,470	10,038.36	438.17	438.17	438.17	0	438.17	4,398.711
보안(극장)	3	3,670,000	5,422.23	0	0	676.84	0	0	3,670.000
주차	9	12,375,140	10,038.36	1,232.78	1232.78	1232.78	0	12,32.378	12,375.140
미화(공용)	2	2,616,860	10,038.36	260.69	260.69	260.69	0	260.69	2,616.860
미화(1,2층)	16	21,147,510	4,616.13	4,581.22	4581.22	0	0	4,581.22	21,147,510
미화(전체)	1	950,000	10,038.36	94.64	94.64	94.64	94.64	94.64	950.000
합계	64	96,204,440		1,4443.5	1,2232.2	6,288.58	186.78	3,3151.1	96,206.905

(6) 건물보안관리 용역도급비 산출방법

구분	금 액		면적(평)	해 당 단 가					
	인원	금액		1층	2층	극장	할인점	합계	부과금액
극장	3	3,670,000	5,422.229			6,463.84		676.84	3,670,000
1층	3	4,105,620	1,931.803	2,125.28				2,125.28	4,105.620
2층	2	2,737,080	2,684.332		1,019.65			1,109.65	2,737.080
지상공용	3	4,398,470	10,038.36	438.17	438.17	438.17		438.19	4,398.470
합계	11	14,911,170		2,563.44	1,457.82	1,115.01		4,259.936	14,911.170
층별부과액				4,941.070	3,913,263	6,045.836			

① 산출방법 : 해당되는 인원의 비용을 직접 또는 간접적으로 수혜를 받는 층으로 면적당 부과함

② 산출내역 : 총비용합계 / 부과면적 = 평당단가

③ 세대 부과금액 : 평당단가 × 사용면적

구분		인원	금액	대휴인원	합계	부과면적	평당단가					부과금액	비고	계	부과금	비고
							판맺총공용평당단가	판매동공용평당단가	전체공용당단가	사무동평당단가	계					
전체공용	보안상황실	6	5,320,000	655,514	6,275,514											
	제1초소	3	3,600,000	477,757	4,077,757											
	제2초소	2	2,400,000	31,8505	2,718,505											
	제3초소	1	1,400,000	15,925	1,559,252											
	지하철 연결통로	2	2,000,000	318,505	2,318,505											
	ㅇㅇ점포옆	2	2,640,000	318,505	2,958,505											
	대퓨	14	17,040,000	2,229,533	2,229,533											
소계		30	17,360,000	477,7570	2,213,7570	73,902.74			299.55							
판매총공용	B1	9	9,890,000	1,433,271	1,131,3271	5,472.92	2,067.14	386.71	299.55		2,753.40	15,069,138		2,753.40	15,069,138	
	1F	2	2,600,000	318,505	2,918,505	4,485.07	650.82	386.71	299.55		1,336.98	59,963,449		1,336.98	5,996,449	
	2F	4	4,800,000	637,009	5,437,009	4,208.70	1,291,385	386.71	299.55		1,978.11	8,325,272		1,978,311	8,325,272	
	3F	4	4,800,000	637,009	5,437,009	4,227.47	1,286.11	386.71	299.55		1,972.37	8,338,135		1,972.37	8,338,135	
	4F	4	4,800,000	637,009	5,437,009	4,211.47	1,291.00	386.71	299.55		1,977.26	5,327,171		1,977.26	8,327,171	
	5F	4	4,800,000	637,009	5,437,009	4,227.48	1,286.11	386.71	299.55		1,972.37	8,338,155		1,972.637	8,338,155	
	6F	4	4,800,000	637,009	5,437,009	4,211.52	1,290,399	386.71	299.55		1,977.25	9,327,228		1,977.25	8,327,288	
	7F	6	6,920,000	637,009	7,875,514	4,220.23	1,866.13	386.71	299.55		2,552.39	10,771,673		2,552.39	40,771,673	
	8F	6	6,920,000	637,009	7,875,514	4,328.61	1,819.41	386.71	299.55		2,505.67	10,846,068		2,505.67	40,846,068	
	9F	5	5,680,000	796,262	6,476,262	291,488	2,271.79	386.71	299.55		2,908.05	8,476,617		2,908.05	8,476,617	
소계		48	5,600,000	7,644,112	63,644,112	42,508.35						92,815,905			92,815,905	
판매동공동	정문(B1)	2	2,400,000	318,505	2,718,505											
	정문, 복도 (1F)	5	5,890,000	796,262	6,676,262											
	순찰, 교대	5	4,240,000	796,262	5,036,262											
	내부	4	4,800,000	637,009	5,437,009											
소계		16	17,320,000	2,548,037	19,868,037	51,377.68	51,377.68	386.71								
기타	10~12F				0	3,931.08	3,931.08	386.71	299.55		683.26		극장, 골프장	686.36	2,697,743	극장, 골프장
	B2				0	4,938.25	4,938.25	386.71	299.55		683.26		롯데 한전	686.36	3,388,923	롯데 한전
소계					0	8,869	8,869								6,086,666	
사무동공동	B1로비	3	3,600,000	477,757	4,777,57											
	1F로비	3	3,600,000	477,757	4,777,57											
	20F	2	2,400,000	318,505	2,718,505											
	30F	1	2,400,000	318,505	2,718,505											
	순찰	1	1,200,000	159,252	1,359,252											
소계		11	12,800,000	1,751,776	14,551,776	22,525.06	2,525.06		299.55	646.03	945.58			945.58	21,299,246	
전용경비 (10F)		1	1,200,000	159,252	1,359,252								CGV 극장 전용 구역		1,359,252	CGV 극장 전용 구역
전용경비 (38,39F)		1	1,200,000	159,252	1,359,252								37,38, 39층 전용		1,359,252	37,38, 39층 전용
합계		10	105,880,000	1,7040,000	122,920,000	73,902.74	73,902.74								122,920,322	

(8) 외주용역비(과세) 산출방법

구 분		면 적	금 액	해 당 단 가					
				1층	2층	극장	할인점	합계	비고
정화조		24,894.4	400,000	16.1	16.1	16.7	16.1	16.1	
통신		750(회선수)	500,000	138.1	138.1	18.44		666.7	
복사기		10,038.3	60,000	5.98	5.98	5.98		5.98	
기타		4,616.1	100,500	21.8	21.8			21.8	
승강기	비상용	24.894.4	220,000	8.8	8.8	8.8	8.8		
	E/C	20,038.3	1,138,500	113.4	113.4	113.4			
	화물용	2,684.3	92,000		34.3				
	CGV	5,422.2	9,58,200			176.7			
합계			3,469,500	587.457	671.197	1,840.774	369,993	3,469,421	

외주용역비 적용시 과세적용과 비과세적용 부분을 구분하여 해당 층에 적용함

예) 비과세 적용부분 : 방역, 음식쓰레기 기타

(9) 전기요금 청구서 내역 및 전기요금 산출방법

① 한전전기요금 계산서(4월)

(단위 : 원)

구 분		월 전기료				비 고
		전체	방축열	전월차액	총계	
기본요금		11,593,800	6,038,80		12,197,680	
역률요금(-)		579,690	0		579,690	
기본요금부과액		11,104,110	603,880		11,617,990	
사용요금	주간부하	13,629,042	0		13,629,042	
	저녁부하	10,674,569	0		10,674,569	
	심야부하	8,572,896	0		8,572,896	
	소계	32,876,507	0		32,876,507	
전력기금		1,926,560	26,500		1,953,060	비과세로 처리
합계		43,890,671	603,880		44,494,497	

• 한전 전기사용량(4월)

구 분		4월 전기 사용량			비 고
		전체	방축열	총계	
사용량	전월	555,300	0	555,300	
	금월	530,460	4,205	534,665	
증감		−24,840	4,205	−20,635	

② 전기료 산출방법

가. 기본요금

구 분	금 액	산출내용	비 고
기본요금	11,593,500	한전계약금액	
역률요금	-579,690	11,593,800 × 5/100	
부과요금	11,014,110	11,593 − 579,690	
평당단가	1,097.2	11,014,110/10,038.4평(면적)	

나. 사용요금

구 분	금 액	산출내용	비 고
총사용요금	32,876,507	32,876,507원	
총사용량	530,460kw	32,976,507원/530,460kw	
1kW당 사용단가	61.98		

다. 세대 사용요금

구 분	금 액	산출내용	비 고
세대사용량	364,985kW	각 세대별 사용량	
세대사용요금	22,620,804	364,985 × 61.98원	

라. 총공용 사용요금

구 분	금 액	산출내용	비 고
총공용 사용량	431,151kW	각 층별 공용 사용량 산출	
총공용 사용요금	2,674,385원	43,151kW × 62.98원	
총공용 평당단가	층별단가별도	층 전체 평단단가를 면적대비를 각각 산출	

마. 전체공용 사용요금

구 분	금 액	산출내용	비 고
전체공용 사용량	107,852kW	전체공용 사용량 – 상온냉동기사용량	
전체공용 사용요금	6,584,382원	107,852kW × 61.87원	
전체공용 평당단가	665,88	6,684,382원 / 10,038.36평	

바. 층별 사용단가

구 분	금 액	산출내용	비 고
1층	648.87	1,253,485 / 1,931.80평	
2층	529.33	1,420,885원 / 2,684.33평	
합 계	1,178.2		

(10) 냉방비 산출방법(빙축열)

① 사용량 내역(4월)

(단위 : 원)

구분	기본요금	역률요금	실기본요금	사용량(kW)	사용요금	총계	비고
빙축열	603,880	0	603,880	4.205	0	603.880	
상온냉동기	-	-		14,472	896,936	896,936	
총계				18,677	896.936	1.500,816	

② zone(배관)별 사용내역

(단위 : 원)

구 분	면 적	사용량(k)	k/당/금액	층당금액	층당단가	비 고
1,2층	4,616.14	5,731	102.34	586,511	127.06	
극 장	5,422.23	8,934	102.34	914,306	168.62	
계	10,038.36	14,665	102.34	1,50,816	295.68	

③ 산출방법

가. 빙축열(kW)을 계산하여 산출된 금액을 각층별로 균등 배분함

나. 층별로 냉각 열량계 사용량을 산출하여 총금액에서 총사용량을 나눠 칼로리당 금액을 산전하여 계산한 층별 단가를 산정하여 층별 면적으로 곱하고 층에서 해당되는 냉방비용의 금액을 부과함

(11) 수도료 산출방법

① 상수도 사용량 및 요금내역(4월)

항목	사용량(m^3)	사용톤수(t)	단가(원)	금액(원)
정액요금				12,900
기본수량	0 ~ 30	30	560	16,800
초과수량	31 ~ 50	20	770	15,400
	51 ~ 100	50	1,070	53,500
	101이상 사용량	8,020	1,240	9,944,800
합 계		8,120		10,043,400

② 하수도 사용량 및 요금내역서(4월)

항목	사용량(m^3)	사용톤수(t)	단가(원)	금액(원)
기본수량	0 ~ 30	30	273	8,190
초과수량	31 ~ 50	20	317	6,340
	51 ~ 100	50	431	21,550
	101 ~ 500	400	637	254,500
	501이상 사용량	7,620	722	5,501,640
합 계				5,792,520

③ 산출방법

가. 환경부담금 : 8,120(톤) × 110(원) = 893,200(원)
나. 톤당단가 : 부과금액 / 총사용톤
다. 2,060.24 = 16,729,120 /8,120

(12) 가스료 산출방법

① 가스사용료 산출내역

구분	전월지침	금월지침	사용량	m^3당단가	금액	기타	총액	비고
난방	910,378	930,679	20,301	442.33	8,979,741	86,950	9,066,691	
급탕용	63,085	64,447	1,362	442.33	602,500	62,500	664,953	
합계			21,663	506.86	9,582,195	159,450	9,731,645	

② 납부고지서를 납기일 7일 전에 입주자에게 도달해야 한다.
③ 관리비 납부고지서는 동호, 입주자 성명, 관리비 비목별금액, 납부장소, 납부기한 등을 명시해야 한다.

④ 납부기일은 매월 말일로 하되 공휴일인 경우 다음날(익일)로 한다.
⑤ 관리비 납부는 입주자 대표회의 회장과 관리소장이 공동으로 지정하는 금융기관에 납부해야 한다.
⑥ 관리비, 사용료, 수선충담금을 연체할 때는 다음과 같은 연체료를 추가로 납부해야 한다.
가. 1~3개월 : 5%
나. 4개월 이상 : 매 1개월 경과마다 1.6%씩 가산 부과

(13) 오피스빌딩 관리비 부과방법

오피스빌딩 관리비 부과방법은 대체로 다음과 같다.

① 납기일은 매월 15일로 정한다.
② 납기일 7일 전까지 납부고지서를 입주자에게 도달하도록 한다.
③ 지정된 은행구좌에 입금토록 한다.
④ 매월 1일~7일 사이에 입주사별(세대별) 검침량 조사 및 입력, 부과내역서 작성 및 전산입력, 고지서 출력, 고지서, 세금계산서, 계산서 등의 발송이 이루어져 도달해야 한다.

제3절 건물임대료 산정방법

1. 개 요

건물의 임대료는 좁은 의미의 임대료와 넓은 의미의 임대료로 구분된다. 전자는 보증금(이자)과 월임대료만을 의미하며, 후자는 보증금과 월임대료 그리고 관리비, 사용료 등을 모두 포함하는 개념이다.

임대료 산정은 부동산 감정평가방식으로부터 출발해야 한다. 부동산 감정평가방식에는 비용성·시장성·수익성 등 3가지 측면을 고려하여 비용성에 기초하는 원가방식과 시장성에 기초하는 비교방식, 그리고 수익성에 기초하는 수익방식이 있다.

원가방식이란 어느 정도의 비용을 투입하여 건물을 만들 것인가의 비용성에 기초를 두고 당해 부동산의 완성에 소요되는 원가에 착안하여 그 가격과 임대료를 구하는 방식을 의미한다.

비교방식은 시장에서 어느 정도의 가격으로 거래되는가의 시장성에 기초하여 부동산 거래사례의 비교에 착안하여 가격과 임대료를 구하는 방식이다. 마지막으로 수익방식은 당해 부동산을 이용하여 얼마의 수익을 얻을 수 있는가의 수익성에 기초하여 부동산으로부터 발생될 수 있는 수익에 착안하여 가격과 임대료를 구하는 방법이다.

2. 임대료 산정방법

임대료 산정방법에는 부동산 감정평가방식에 따라 원가방식에 의한 적산법, 비교방식에 의한 임대사례 비교법, 수익방식에 의한 수익분석법 등 3가지가 있다.

이를 분설하면 다음과 같다.

(1) 적산법

1) 의 의

적산법은 부동산 감정평가방식의 하나인 원가방식에 기초한 임대료 산정방법으로서 가격시점에서 대상물건의 가격을 기초가격에 기대이율로 곱하여 산정한 금액에 대상 건물을 계속하여 임대하는 데 필요한 경비를 가산하여 임대료를 산출하는 방식이다.

2) 내 용

여기서 기초가격이라 함은 적산법에 의한 임대료를 계산하는 데 기초가 되는 가격으로서 임대료의 가격시점에 대상 부동산(목적 부동산)이 가지고 있는 원본 가치를 의미한다.

예를 들면 완성된 건물의 가격이 토지 80억, 건물 120억인 경우 200억이 기초가격이 된다. 기대이율은 임대에 제공되는 물건을 취득하는 데 투입한 일정한 금액의 자본에 대하여 기대되는 임대수익 비율이다. 대체로 기대이율은 15%를 적용하는 경우가 일반적이다.

필요제경비의 내용은 임대대상 건물을 유지하는 데 필요한 경비를 임대료산정에 고려해야 하는바, 여기서는 건물 감가상각비, 유지관리비, 제세공과금, 손해보험료, 결손준비금 공식에 따른 손실상당액 등이 포함된다.

건물 감가상각비는 국세청의 당해 건물과 설비의 법정 내용연수를 참고해야 하며, 유지관리비는 관리예산을 참고하여 산출해야 한다.

3) 적산임대료 산출공식

적산법에 의한 임대료 산출공식은 다음과 같다.

(기초가격＋기대이율)＋필요경비＝연 임대료

① 기대이율＝15%(예)
② 필요제경비＝감가상각비＋유지관리비
③ 기초가격＝예시하면 200억(건물 120억, 토지 80억)

(2) 임대사례 비교법

1) 의 의

임대사례 비교법이라 함은 부동산 감정평가방법인 비교방식에 기초하여 임대료를 구하는 방법으로서 대상건물과 유사성이나 동일성이 있는 인근지역의 다른 건물의 임대사례와 비교하여 대상건물에 맞게 사정보정과 시점수정을 가하여 임대료를 산출하는 방법을 의미한다.

2) 내 용

① 사정보정

수집된 건물의 임대사례에 거래 상대방의 특수한 사정이나 개별적인 동기가 개입되어 있거나 시장사정 등의 원인으로 그 건물의 임대료가 적정하지 못할 경우에는 사정보정을 통하여 정상 임대료수준으로 정정할 필요성이 있는데 이를 사정보정이라 한다.

② 시점수정

선택된 건물의 임대사례 자료에서 얻어진 임대료는 대상건물의 가격시점과 시차가 발생되는 경우에 시점수정을 통하여 사례 임대료를 가격시점의 임대료 수준으로 수정해야 하는데 이를 시점수정이라 한다.

③ 개별요인과 지역요인 분석

건물의 거래사례가 유사지역에 위치하는 경우는 개별요인과 지역요인을 동시에 비교하여 격차를 판단해야 한다. 건물 거래사례가 인근지역에 맞는 경우 지역요인은 같다고 할 수 있으므로 지역요인 분석은 생략하고 개별적 요인만 비교작업에 고려하면 된다.

3) 임대사례 비교법의 임대료 산출공식

임대사례 비교법에 의한 임대료 산출공식은 다음과 같다.

비교임대료＝사례임대료×사정보정치×시점수정치×지역요인비교치×개별요인×비교치×면적비교치

(3) 수익분석법

1) 의 의

수익분석법이란 부동산 감정평가방법의 하나인 수익방식에 기초하여 임대료를 구하는 방법으로 일반 기업경영에 의하여 산출되는 총수익을 분석한 후 대상건물로부터 일정한 기간에 산출될 것으로 기대되는 순이익을 구한 다음 대상건물을 계속해서 임대하는 데 필요한 제경비를 가산해서 대상건물의 임대료를 산정하는 방법을 의미한다.

2) 내 용

수익순임대료는 통산 1년을 단위로 산정되며, 연간 순수익에 일반관리비, 판매비매출액, 정상 운전자금의 이자상당액과 기타 공제해야 할 공제금액을 공제해야 한다.

수익임대료는 수익순임대료에 임대료가 포함되어지는 필요제경비, 즉 이를테면 조세공과금, 유지관리비, 감가상각비, 손해보험료, 결손준비금, 공실손실상당액을 가산하여 임대료를 구해야 한다.

3) 수익분석법의 임대료 산출공식

수익분석법에 의한 임대료 산출공식은 다음과 같다.

수익임대료＝수익순임대료＋필요제경비

제9장

건물자산관리 법무행정

제1절 법무행정의 의의와 내용

1. 법무행정의 의의

건물자산관리에 있어서 법무행정이라 함은 건물자산관리에 관계되는 법령이나 계약 및 소송 등에 대한 관리사무를 의미한다.

법령과 계약 및 소송 등에 대한 사무관리란 기업경영에서 경영관리활동의 합리화를 위한 일들을 문서나 장부 등을 통하여 계획·통제·조정·수행하는 일을 의미하므로 건물자산관리에 있어서 법무행정이란 결론적으로 무서와 장부를 통하여 건물자산관리에 관계되는 법령이나 계약 및 소동 등을 계획·통제·조정·수행하는데 필요한 관리사무를 의미한다.

법무행정이 건물자산관리에 있어서 중요한 이유는 건물자산관리에 관계되는 공법과 사법의 종류가 다양하고 복잡할 뿐 아니라 공법상의 관계법령을 준수하지 않거나 이행하지 않는 경우 건물 관리주체 또는 소유자나 관리자는 법적 책임을 져야 할 뿐 아니라 경제적 손실을 보게 되며 건물자산관리에 관계되는 법무의 종류가 공법상의 관계 법령 관리사무 외에 사법상의 계약, 채권관리를 위한 소송, 등기, 제한물권 설정 및 말소, 가압류, 가처분 등 매우 다양하고 복잡하여 법무행정의 관리사무에 대한 체계적 관리가 크게 요구되기 때문이다.

2. 법무행정의 내용

건물자산관리에 필요한 법무행정 사무를 크게 대별하면 다음과 같다.

① 건물자산관리 법령관리사무
② 건물자산관리 관련 계약 관리사무
③ 건물자산관리 자치법규관리사무
④ 건물자산소유권(재산권) 관리사무
⑤ 건물자산관리 민사관리사무

제2절 건물자산관리 법령관리사무

1. 건물자산관리의 법령체계

우리나라 건물자산관리 법령체계는 크게 미흡한 상태이나 이를 인위적으로 분류하면 건물자산관리 사법체계와 공법체계로 분류된다. 건물자산과리사법은 건물자산관리 계약, 소유권 등에 관계되는 법령들이고 공법은 건축물(시설물)의 유지관리, 안전관리, 환경관리, 건축설비관리, 건축대지관리 법령들로 이루어져 있다. 건물자산관리개념을 보다 구체적으로 이해하고 건물자산관리업무를 효과적으로 처리하려면 그 나라에서 제정, 공포되고 효력을 갖는 법령 중에서 건물자산의 경영관리에 관계되는 법령을 이해하는 것은 필수적 연구과제이다.

우리나라에서도 건물자산관리에 관련하여 의무적 관리대상인 공동주택에 관해서는 건물관리 공법이 비교적 체계를 갖추어 효율적으로 대응하고 있으나 그 밖의 주상복합건물, 오피스텔 등의 집합건물이나 상업용도의 오피스빌딩 및 1종 시설물과 2종 시설물, 심지어 임대목적의 임대주액에 있어서도 관계법령은 있으되 기본법의 관리내용 부실과 내용의 미흡으로 체계적 관리와는 거리가 먼 관리관계법령들만이 부분적으로 산재하고 있다. 이와 같은 문제점은 경제적 방법으로 안전하게 그리고 효율적으로 적합하게 관리해야 하는 건물자산의 경영관리에 있어서 크고 작은 문제점을 계속 던져 주고 있다. 특히, 건물자산은 재화성과 재산성의 양면성으로 인하여 시설물관리관계법령과 재산관리관계법령이 별도로 존재함에 따라 매우 복잡하고 체계성이 없어 건물자산관리상의 이해와 적용이 쉽지 아니하다. 그러나 건물자산관리 관계법령들을 보다 쉽게 이해하고 숙지하여 활용하려면 관리관계법령의 인위적 체계화가 필요하다. 따라서 여기서는 건물자산관리공법과 사법을 모아 하나의 인위적 체계화를 도모하여 소개하고 있다.

(1) 건물자산관리관계법령의 이해 필요성

건축법 제35조에서 건물의 소유자, 관리자는 건축물, 건축대지, 건축설비의 관리에 관하여 건축법의 유지관리 기준에 맞게 관리하도록 규정하고 있다. 따라서 건물자산관리 관계법령의 이해는 반드시 필요하다.

또한 시특법에서는 1종시설물과 2종시설물 관리 역시 시설물의 안전관리에 관한 특별법(시특법)관련조항에 따라 관리하도록 규정하고 있다. 뿐만 아니라 주택법에서는 의무관리대상 공동주택 아파트의 관리는 주택법에 따라 관리하도록 명시하고 있다(주택법 제42조).

기타 설비관리 역시 관련법에 따라 관리하도록 해당 법령에서 명시하고 있다.

그러므로 건물자산관리자는 건물자산관리와 직접 관련이 있는 법령들을 발췌하여 숙지하고 이해할 필요가 있다. 왜냐하면 건물의 자산관리는 관계법령에 따라 관리관계법령의 기준에 맞게 관리해야 하므로 자산관리관계법령의 이해없이는 건물자산관리를 완벽하게 할 수 없기 때문이다. 또한 건물자산관리관계법령들이 요구하는 법적 조치사항을 이행할 수 없기 때문이다.

(2) 건물자산관리관계법령체계의 의의

건물자산관리법령체계라 함은 경제적 가치가 있는 건물(부동산)에 대하여 보존, 이용 개량과 건물 소유자와 사용자의 요구 목적을 달성하는 데 필요한 경영·관리측면의 종합관리 활동에 직접 관련이 있는 여러 가지 법률과 명령(법령) 중에서 같은 용도, 같은 관리항목, 관리관계 유사법령끼리 한데 모아 계통을 세워 하나의 용도로 통일된 법령 전체를 의미한다.

우리나라의 법령은 헌법을 기본법으로 하여 법률, 명령, 규칙, 조례 등으로 법규범의 체계를 유지하고 있다. 그러나 우리 나라 건물자산관리에 대한 구체적이고 통일적인 법령체계는 의무관리대상 공동주택관리에 대한 주택법, 주택법시행령, 주택법시행규칙 등 주로 건축물(시설물)의 유지관리관계법령 체계정도에 그치고 있다.

다시 말하면 의무관리대상 공동주택의 관리에 대해서만 주택법을 모법으로 하여 동시행령, 동시행규칙 등에서 체계적으로 관리하도록 여러 조문에 걸쳐 규정하고 있을 뿐이다.

그러나 일반건물에 있어서는 건물관리를 위한 법령체계는 통일적으로 확립되지 못한 상태에서 부분별로 관계법령에서 산발적으로 규정하고 있을 뿐이다. 그러나 건축법 제35조와 동시행령 제23조에서 건축물의 유지관리는 건축법에서 규정하고 있는 관리기준에 따라 관리하도록 명시하고 있으며 필요한 경우 관리규칙을 제정할 수 있음을 선언적으로 명시하고 있다. 그런 관계로 건물자산관리(유지관리, 환경위생, 안전 등)에 대한 관리기준은 건물자산관리사법과 관리공법 등 개별법령에서 산발적으로 규정하고 있어 그 내용이 매우 복잡하고 난해하여 체계적 이해와 이행하기가 쉽지 않다.

따라서 건물자산관리를 효율적으로 수행하기 위하여 법률관리항목 전체를 체계적으로 관리하는 것 외에 건물자산관리에 관계되는 관리관계법령들을 한데 모아 같은 관리항목에 관계되는 법령을 다시 세분하고 분류하여 인위적으로 체계를 세움으로써 전체 건물자산관리 법령의 체계를 수립할 필요가 있다.

이와 같은 인위적 건물자산 관리법령의 체계화작업은 산발적으로 규정하고 있는 법령의 내용을 용이하고 효율적으로 관리하여 관리법령 사고를 미연에 방지하고 건물자산관리관계법령의 관리기준에 적합하게 관리하기 위함에 있다.

(3) 건물자산관리관계법령체계의 내용

건물을 건축물(시설물)로만 인식하는 것 외에 자산(경제적 가치가 있는 재산)으로 인식하는 건물자산관리학 측면의 관리개념에는 최광의 관리개념이 적용되고 있다.

최광의 관리개념은 전술한 바와 같이 전체 건물자산 관리영역을 경제관리 영역, 행정관리영역, 기술관리영역, 환경관리영역, 위험관리영역 및 법률관리영역 등 6개 관리영역으로 분류하고 각 관리영역별 관리대상을 각각 상정하여 과학적 관리방법으로 경영관리하여 건물의 유익과 양질의 관리 서비스를 개별적 관리활동을 통하여 창출하고 마침내 전체 관리영역별 건물유익과 관리 서비스를 종합적으로 통합하여 건물자산최유효 사용수익화를 도모함으로서 건물자산관리목표를 최유효하게 달성하게 하는 신개념의 건물자산 관리개념이다.

특히, 건물자산관리학은 건물을 시설, 부동산, 자산 등으로 규정하고 이들 모두를 건물경영관리대상으로 상정하고 있으므로 법령 역시 건물자산경영과 관리대상건물에 직접 관계되는 법령들이 건물자산경영관리 관계법령이라 부르고 있다.

다시 말하면, 건물자산관리학에서 말하는 건물은 자산인 동시에 시설이며 부동산의 성질이 있으므로 이에 관계되는 법령들을 건물자산경영관리법령이라 규정할 수 있다.

이와 같은 의미의 법령들을 유사법령끼리 한데 모아 체계화하면 다음과 같이 계통화할 수 있다.

① 건축물유지관리관계법령
② 건축설비관리관계법령
③ 건축대지(토지)관리관계법령
④ 건물안전관리관계법령
⑤ 건물위생환경관리관계법령
⑥ 건물(부동산)공시관계법령
⑦ 건물(부동산)조세관계법령
⑧ 건물(부동산)소유권 및 계약관계법령
⑨ 건물리모델링관계법령
⑩ 건물재건축관계법령
⑪ 건물자산투자관계법령

이상과 같이 인위적으로 분류한 법령체계의 구체적 내용을 기술한 순서에 따라 설명하면 다음과 같다.

1) 건축물유지관리관계법령

건축물유지관리법령이란 완성된 건축물의 기능을 보전하고 이용자의 편의와 안전을 높이기 위하여 일상적으로 점검 정비하고 손상된 부분은 원상복구하며 경과연수에 따라 보수, 보강, 재량에 필요한 활동에 직접 관계되는 다음의 법령을 의미한다.

① 의무관리대상 공동주택 유지관리법령

- 집합건물의소유및관리에관한법률
- 건축법
- 주택법

② 일반건물 유지관리법령

- 건축법
- 건축법 시행령
- 건축법 시행규칙

③ 임대주택 유지관리법령

- 임대주택법
- 임대주택법 시행령
- 임대주택법 시행규칙

④ 국유재산(건물) 유지관리법령

- 국유재산법
- 국유재산법 시행령
- 국유재산법 시행규칙

⑤ 집합건물 유지관리법령

집합건물소유및관리에관한법률

⑥ 승강기유지관리법령

승강기제조및관리에관한법률

⑦ 주차장관리법령

- 주차장법
- 주차장법 시행령
- 주차장법 시행규칙

⑧ 소방시설유지관리법령

소방시설설치유지및안전관리에관한법률

⑨ 시설물(1종시설물, 2종시설물)유지관리법령

- 시설물의 안전관리에 관한 특별법
- 시설물의 안전관리에 관한 특별법 시행령

2) 건축설비관리관계법령

건물은 건축대지, 건축시설(건축물), 건축설비로 구성되어 있다.

건축설비관리관계법령이란 건물에 장착된 전기설비, 전화설비, 가스설비, 급수배수설비, 환기설비, 난방설비, 냉방설비, 소화설비, 오물처리설비, 굴뚝설비, 승강기설비, 피뢰설비, 국기게양대, 우편물 수취함, 기타 유사한 설비로 건물의 기능과 성능을 나타내는 Building Facilities에 직접 관계되는 다음 법령을 말한다.

① 전기설비관리법령

- 전기사업법
- 건축법
- 건축물의 설비기준 등에 관한 규칙

② 난방설비(보일러) 관리법령

- 에너지이용합리화법
- 도시가스사업법
- 고압가스안전관리법

③ 급수배수설비관리법령

- 수도법
- 수질환경보전법
- 오수분뇨및축산폐수처리에관한법률
- 공중위생관리법

④ 소화설비관리법령

- 소방시설의설치유지및안전에관한법률
- 건축법

3) 건축대지(토지)관리관계법령

건축물은 전술한 바와 같이 건축대지와 건축시설, 건축대지로 구성되어 있다. 건축대지는 토지이므로 토지관리는 토지관리관계법령에 따라 관리되어야 한다. 이와 같이 건축대지(토지)관리와 관계되는 다음의 법령을 건축대지(토지)관리법령이라 한다.

① 국토기본법
② 국토의계획및이용에관한법률
③ 도시및주거환경정비법
④ 건축법
⑤ 농지법

⑥ 산림법
⑦ 도시개발법
⑧ 개발제한구역의지정및특별조치법
⑨ 지방자치단체의회조례

4) 건물안전 및 보안관리관계법령

안전 및 보안에 관한 법령이란 사람의 생명에 대한 사망, 상해, 부상, 위해, 질병감염과 재산의 감손을 방지하는 것에 직접 관계되는 법령을 의미한다.

즉, 사람과 재산의 안전에 관계되는 법령을 말한다.

건물자산의 감손과 인명피해에 관계되는 위험에는 화재, 가스 등 위험물 폭발, 붕괴, 추락, 전기감전, 절도, 강도, 살인 등의 범죄, 작업위험 등이 있다.

이와 같은 사고의 직접 원인인 위험방지에 대한 안전관리관계법령은 대체로 다음과 같다.

① 방화관리법령

- 소방기본법
- 소방시설설치유지및안전에관한법률
- 공공기관의 방화관리규정
- 화재로인한재해보상과보험가입에관한법률

② 산업안전관리법령

- 산업안전보건법
- 산업안전보건법 시행령
- 산업안전보건법 시행규칙

③ 시설물안전관리법령

- 시설물안전관리에관한특별법
- 시설물안전관리에관한특별법 시행령
- 시설물안전관리에관한특별법 시행규칙

④ 위험물안전관리법령

- 위험물안전관리법
- 도시가스법
- 고압가스안전관리법
- 전기사업법
- 액화석유가스의 안전관리 및 사업법

⑤ 건물(빌딩)범죄관리법령

- 경비업법
- 경비업법 시행령

5) 건물위생환경관리관계법령

건물위생환경관리관계법령이란 건물의 청소, 위생생활환경, 건물환경과 관계되는 수질, 대기, 소음, 진동, 실내공기, 전염병 관리에 직접 관계되는 다음 법령을 말한다.

① 환경관리법령

- 환경정책기본법
- 대기환경보전법
- 수질환경보전법
- 소음진동규제법
- 악취방치법

② 청소관리법령

- 폐기물관리법
- 자원의절약과재활용에관한법률
- 공중위생관리법

③ 수질관리법령

- 수도법
- 먹는물관리법
- 오수분뇨및축산폐수의처리에관한법률

④ 건물실내공기질관리법령

다중시설 등의 실내공기질관리법

⑤ 건물위생관리법령

- 전염병예방법
- 공중위생관리법

6) 건물(부동산)공시관계법령

건물은 부동산이므로 소유권의 이전을 등기함으로써 소유권이 취득된다.

공시법령은 권리의 존재를 등기공부상에 표시함으로써(표상함으로써) 권리자를 표상하는 데 관계되는 법령을 의미한다. 건물자산관리는 건물자산 위의 소유권 등을 보호해야 하고 득실변경을 관리해야 하므로 공부상의 공시가 반드시 이루어져야 한다.

이와 같이 건물(부동산)의 소유권 등 권리를 일정한 공부(등기부, 행정공부)상에 표시하는데 직접 관계되는 다음의 법령을 건물(부동산)공시관계법령이라 한다.

① 부동산등기법
② 부동산실권리자명의등기에관한법률
③ 부동산등기특별조치법
④ 부동산등기특별조치법에 따른 대법원 규칙
⑤ 지적법
⑥ 민법(물권법)

7) 건물(부동산)조세 부담금관계법령

조세란 국가(중앙 정부)와 지방자치단체가 재정수요에 충당하기 위하여 국민(담세자)으로부터 강제적으로 징수하는 세금을 말한다.

강제 징수되는 조세는 조세법정주의에 따라 부과됨으로써 반드시 징수관련법령이 필요하다. 이와 같이 조세징수와 관련된 법령을 조세관리관계법령이라 한다.

부담금이란 원인자부담원칙에 따른 납부해야 하는 환경개선부담금이나 교통유발부담금 등을 의미하며 이와 같은 조세와 부담금을 합쳐 건물(부동산)조세관리관계법령이라 한다. 조세관리관계법령에는 다음과 같은 법령들이 있다.

① 지방세법
② 소득세법
③ 법인세법
④ 부가가치세법
⑤ 인지세법
⑥ 종합부동산세법
⑦ 조세특례 제한법
⑧ 지방자치단체의회조례
⑨ 환경개선비용부담법
⑩ 도로교통정비촉진법
⑪ 도로법
⑫ 전파법

8) 건물(부동산)소유권 및 계약관리관계법령

건물은 부동산이므로 소유권이 존재한다. 소유권은 사용수익처분의 함께 사용가치와 교환가치를 함께 가지고 있는 기본물권이다.

부동산(건물)은 경제적 가치가 있는 재산이므로 재산관리는 전적으로 소유권을 온전히 보존하는 데서 출발한다. 따라서 건물의 소유권은 언제나 온전하게 보존 유지해야 한다. 또한 건물자산관리 과정에는 필연적으로 수십 종류의 계약이 등장하게 되는데 이와 같은 소유권이다. 계약은 관련 법령에 근거해서 처리되므로 관련 법령의 이해가 필요하다.

이와 같은 자산관리에 있어서 소유권과 계약관리에 직접 관계되는 다음 법령을 건물소유권및계약관계법령이라 하는 바 이에는 다음과 같은 법령들이 있다.

① 민법의 물권법
② 민법의 채권법(계약법)
③ 주택임대차보호법
④ 상가건물임대차보호법
⑤ 부동산등기법

9) 건물리모델링관계법령

건물의 리모델링관계 주요 법령에는 다음과 같은 법령들이 있다.

① 주택법
② 건축법
③ 국토의계획및이용에관한법률
④ 서울시도시계획조례
⑤ 조세특례제한법
⑥ 도시및주거환경정비법

10) 재건축관계법령

건물의 재건축에 관계되는 주요 법령은 다음과 같다.

① 집합건물소유및관리에관한법률
② 주택법
③ 도시및주거환경정비법

11) 건물자산(부동산)투자관계법령

부동산(건물자산)투자관리관계 주요 법령에는 다음과 같은 법령들이 있다.

① 부동산투자회사법
② 간접투자자산운영업법
③ 기업구조조정 투자회사법

(4) 건물자산관리관계법령체계도

[그림 29] 건물자산관리법령체계도(1)

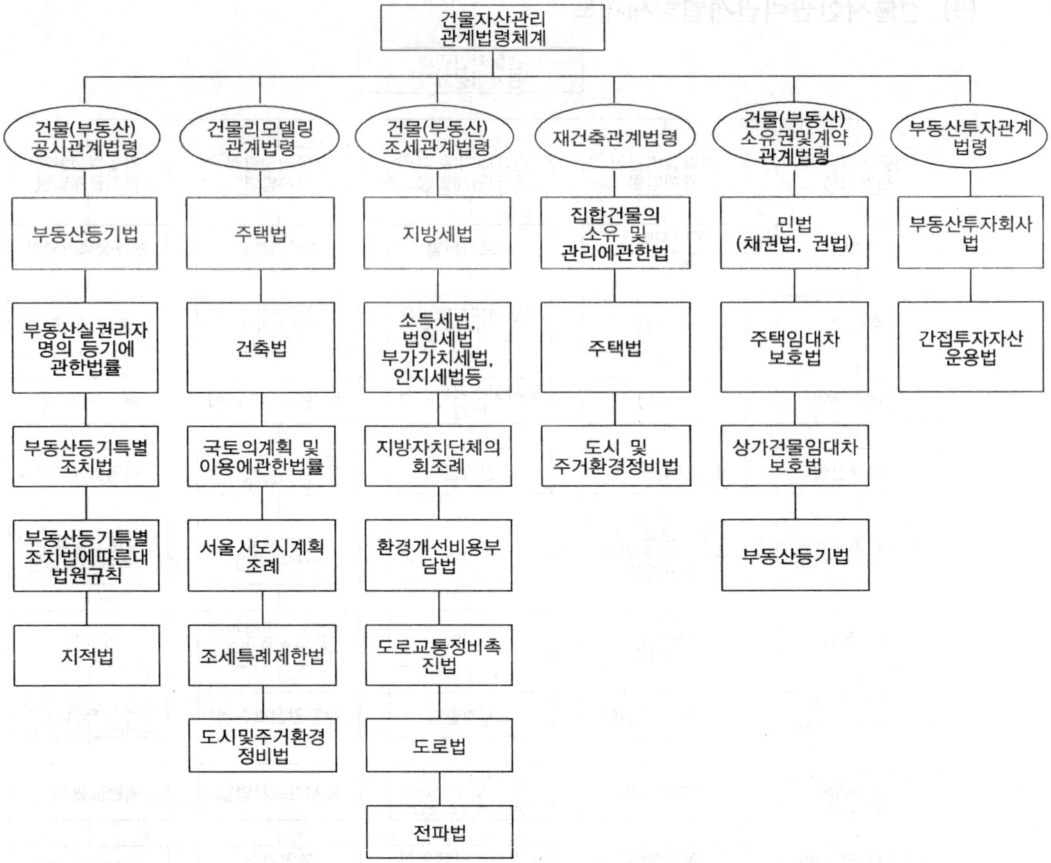

[그림 29] 건물자산관리법령체계도(2)

건물자산관리관계법령은 전술한 바와 같이 특정법령에 의하여 체계화된 것은 의무관리대상 공동주택 아파트 관리를 위한 주택관리법령체계 정도에 불과하다. 일반건물의 경우 유지관리나 기타 설비, 안전, 위생, 환경 등의 관리는 여러 관계법령에서 산발적으로 명시하고 있을 따름이다. 그러나 건물자산관리는 단순한 시설관리가 아니므로 건물자산관리관계법령에서부터 안전, 환경위생 등의 법령에 대한 체계적 연구와 이해가 필요하다. 따라서 체계적 연구와 이해를 위하여 건물자산관리관계법령을 한데 모아 인위적이나마 체계를 구성하여 연구와 학습에 대비할 필요가 있다.

이와 같은 목적으로 건물자산관리관계법령의 통일된 전체를 하나의 그림으로 구성하면 앞의 [그림 29](1), (2)와 같다.

유의할 점은 본서에 수록하고 있는 건물자산관리관계법령체계는 고층, 수익성, 업무용 빌딩에 적용되는 법령을 중심으로 구성되었음을 참고하기 바라며 관리법령의 종류와 내용의 적용은 경영, 관리대상 건물자산의 규모나 성격, 용도, 설비의 종류와 용량 등에 따라 상당부분 달라질 수 있음을 유의해야 한다.

참고할 사항은 건물자산관리관계법령에는 하나의 관리항목에 관계되는 법령도 있으나 법령에 따라 여러 개의 관리항목에 중복 관계되는 법령도 있음을 참고하기 바란다. 또한 건물자산관리법령체계도에 등재된 법령은 해당 관리항목관리에 대한 주요 법령만을 명시한 것임을 참고하기 바란다.

2. 건물자산관리법정면허자 선임사무

(1) 법정면허자 개요

건물(빌딩)의 환경, 위생시설과 설비 및 위험물을 관리하기 위하여 관계법령에서 법정면허자 선임을 요구하고 있는 경우를 말하며 이에 따라 법정자격자(면허자)를 선임하고 선임결과를 해당 관청에 보고해야 한다.

이와 같은 법정면허 선임은 관리대상건물의 시설의 종류와 규모, 설비의 종류와 용량 및 위험물의 종류에 따라 선임법정면허의 종류와 법정면허자의 수가 달라진다. 통상 단일건물 연면적이 약 3,000평 이상인 경우 법정면허자의 수는 6명 내지 9명 정도가 선임되어야 한다.

(2) 건물자산관리법정면허자 선임대상

건물자산관리(공동주택 포함)에 있어서 현행법상 선임을 요구하고 있는 공통적인 법정면허대상자현황을 살펴보면 대체로 <표 28>과 같다.

〈표 28〉 건물자산관리면허자 법정선임대상

관리영역	선임직종	관련분야	자격증	관련법규	소관처	세부내용
공동주택관리분야	관리책임자(소장)	공동주택총괄관리	주택관리사(보)	주택법 시행령 제72조	건설교통부	500세대 이상-주택관리사 500세대 미만-주택관리사 또는 주택관리사보
경비분야	경비지도사	경비지도 및 감독	경비지도사	경비업법 제12조	경찰청	경비원 200명까지 경비지도사 1인, 초과 100인당 1인씩 추가배치, 경비원배치 근무하고 있는 지방경찰청 관할구역별 1인
소방안전가스분야	방화관리자	소방시설물	- 1급방화관리대상 소방시설관리자, 소방시설기사 2급 이상, 산업안전기사 1급	소방시설설치유지및안전관리에관한법률 제20조	소방서	1급대상 : 연면적 10,000m^2 이상
			- 2급방화관리대상 1급대상 자격자, 건축기사, 전기기사, 방화관리자 강습과정 수료자			2급대상 : 연면적 2,000m^2 이상 판매시설 : 1,000m^2 이상 자탐시설 설치대상
	위험물안전관리자	유류설비(탱크) 위험물소비	위험물취급기능장 위험물취급기능사 2급 이상 위험물취급자	위험물안전관리법 제15조	소방서	- 위험물 취급주임 : 정수량의 10배 이상 - 위험물 취급지 : 지정수량의 10배 미만 난방용으로 사용시 수량에 관계없이 취급자로 선임가능(호텔제외) 각각의 지정수량을 더하여 지정수량 결정
소방안전가스분야	안전관리자	LPG사용신고시설	- 가스기사 2급 이상 - 고압가스급기능사 2급 이상 - 고압가스기계기능사 2급 이상 - 고압가스화학기능사 2급 이상 - 안전관리원 양성 교육자 이수자	액화석유가스의 안전관리 및 사업법 제14조 동법 시행령 제7조	구청 산업과	- 저장량 250kg 이상 안전관리 총괄자 1인, 안전관리책임자 1인 - 저장량 250kg 미만, 안전관리 총괄자 1인 · 총괄자 : 당해 사업운영의 최고 상급책임자 · 책임자 : 해당기술자격자 중 1인 선임
		도시가스(LNG)(특정가스사용시설)	- 가스기사 2급 이상 - 고압가스취급기능사 2급 이상 - 고압가스화학기능사 2급 이상 - 고압가스기계기능사 2급 이상 - 안전관리원 양성 교육 이수자	도시가스사업법 제29조 동법 시행령 제5조,제6조	구청 산업과	– 단일건물 4,000m^3/월 초과 안전관리총괄자 1인 안전관리책임자 1인 – 단일건물 4,000m^3/월 이하 안전관리총괄자 1인 · 총괄자 : 당해 사업운영의 최고상급 책임자 · 책임자 : 해당기술자격자 중 1인 선임

관리영역	선임직종	관련분야	자격증	관련법규	소관처	세부내용
에너지 분야	에너지 관리자	열분야	열관리기능사 2급 이상 보일러기능사 2급 이상	에너지이용 합리화법 제2조 제④항	에너지 관리 공단 각지부	열관리사 : 석유환산 250톤/년 이상(사용량) 1인 선임 전기관리사 : 1백만kW/년 이상(사용량) 1인 선임
		전기분야	전기기사 2급			
	검사대상 기기 조종자	보일러 열교환기 압력용기 취급사용	열관리기능사 2급 이상 원동기취급기능사 1급 안전검사기기조종자	에너지이용 합리화법 제59조	에너지 관리 공단 각 지부	검사대상기기 : 강철 및 주철제 보일러 1,2종 압력기기, 안전검사대상기기 조종자로 선임 가능범위 - 관류보일러 : 전열면적 $10m^2$ 이하 - 증기보일러 : $7kg/cm^2$, $5m^2$ 이하 - 보일러출력 : 50만 kcal/h 미만 가스 버너 부착시는 고압가스 자격 포함한 동일인이어야 함 · 안전검사 : 연 1회 · 성능검사 : 3년 경과 후 1년에 1회(난방용 5톤 이상) 해당기술자격증 1인 선임
냉동 공조 분야	안전관리자	냉동 제조 고압 가스 왕복동 냉동기	공기조화 및 냉동기계기사 2급 이상 고압가스 냉동기계기능사 2급 이상 안전관리원 양성교육 이수자(프레온 100톤 이하 해당)	고압가스 안전관리법 제15조 동법 시행령 제12조 제13조	구청 산업과	냉동능력 50톤 이하 (프레온 100톤 이하) 안전관리책임자 : 1명 냉동능력 50~100톤 (프레온 100~250톤) 안전관리총괄자 : 1명 안전관리책임자 : 1명 안전관리원 : 1명 냉동능력 100~300톤 (프레온 200~600톤) 안전관리총괄자 : 1명 안전관리책임자 : 1명 안전관리원 : 1명 자체검사 : 1회/6개월 정기검사 : 1회/2년 왕복동냉동기(R-22) 40R/T 이상 용량 냉동기 냉동안전관리 선임
환경 위생 분야	환경기술인	대기 분야	1종 : 환경기사 1급 2종 : 환경기사 2급 (실무 5년) 4, 5종 : 업무종사자	대기환경 보전법 제24조	구청 산업과	- 1종사업장 : 고체환산연료 10,000톤/1년 - 2종사업장 : 고체환산연료 2,000~10,000톤/1년 - 3종사업장 : 고체환산연료 1,000~3,000톤/1년 - 4종상업장 : 고체환산연료 200~1,000톤/1년

관리영역	선임직종	관련분야	자격증	관련법규	소관처	세부내용
환경위생분야	환경기술인	수질분야(폐수)	1, 2종 : 환경기사 1급 3종 : 환경기사 2급 이상 4, 5종 : 업무종사자	수질환경보전법 제23조	구청 청소과	- 1종사업장 : 폐수배출량 3,000톤/일 이상 - 2종사업장 : 폐수배출량 1,000톤~3,000톤/일 - 3종사업장 : 폐수배출량 500~1,000톤/일 - 4종사업장 : 폐수배출량 50~500톤/일
		소음진동분야	환경기사 2급 이상 업무종사자	소음, 진동 규제법 제21조	구청 산업과	국토이용관리법상 공업지역 업무종사자, 도시계획법 규정의 일반 및 전용 공업지역 : 업무종사자 상기내용 이외의 5,000HP 미만인 사업장 : 업무종사자 상기내용 이외의 5,000HP 이상인 사업장 : 환경기사 2급 이상
환경위생분야	공중위생감시원 명예공중위생감시원	공중이용시설	위생사, 위생시험사, 환경기사 2급 이상, 화공기사 2급 이상, 수의학, 약학, 화학, 위생학 전공(대졸 및 전문대졸 경력 1년)	공중위생관리법 제15조 동법 시행령 제8조	구청 청소행정과 건축지도과	- 연면적 3,000m^2 이상의 사무용 건물 - 연면적 2,000m^2 이상의 복합동건물 - 연면적 3,000m^2 이상의 지하상가 *해당 기술자격증 1인 선임
전기통신분야	전기안전관리자 (전기안전관리사) 전기안전관리보조원 (전기안전관리원)	수변전설비 수변전설비	수전용량 2,000kW 이상(안전관리사) - 기사 1급 취득 후 실무 3년 이상 - 기사 2급 취득 후 실무 5년 이상(안전관리원) - 전기기능사 2급 이상 수전용량 2,000kW 미만(안전관리사) - 기사 2급 취득 후 실무 2년 이상(안전관리원) 기능사 2급 이상	전기사업법 제73조	전기기사협회 경유 구청 산업과 시,도 산업과	- 수전용량 50kW~2,000kW 미만 : 안전관리사 1명 2,000kW~1,000kW : 안전관리사 1명, 안전관리원 2명 10,000kW 이상 : 안전관리사 1명, 안전관리원 3명 * 수전 1,000kW 이상 (발전기 포함) : 법적 선임자 상주 * 수전 1,000kW 미만 (발전 포함) : 선임대행 가능
	무선종사자	무선설비	무선설비기사 2급 이상 전파통신기능사 2급 이상	전파법 제71조	정통부 무선국	무선설비의 통신조작 : 전파통신사 2급 이상
승강기분야	승강기 안전분야		승강기안전교육이수자	승강기 제조 및 관리에 관한 법률	승강기 안전관리원	자체 선임
정화조분야	정화조 관리자		수질환경산업기사 이상	폐기물 관리법	구청 청소행정과	

3. 건물시설관리 법정보고사무

(1) 법정보고 개요

건물법률관리에 있어서 건물관리법령에 관하여 법률관리항목별로 기술하였으나 법정보고는 법률실무상 정기적으로 빈번히 발생되는 업무이므로 이를 요약 정리하여 관리관계법령에서 규정하는 바대로 보고해야 한다.

(2) 법정보고대상

건물시설관리에 대한 관계기관 법정보고의 대상은 대체로 <표 29>와 같다.

다음의 법정보고대상은 예시에 불과하므로 관리대상건물의 규모, 용도 성격에 따라 해당되는 관리관계법령을 참조하기 바란다.

〈표 29〉 건물시설관리 법정보고대상

순번	법정항목	관계법령	주기	소관청	실시시기
1	에너지사용신고	에너지이용 합리화법 제25조	매년	에너지사용 시설소재 시・도지사	매년 1월 31일까지
2	검사대상기기검사	에너지이용 합리화법 제58조	수시	시・도지사	설치사용시, 개조사용시, 설치장소변경시 중지 후 재사용시
3	도시가스 안전관리자 선임신고	도시가스 사업법 제29조 제①항・제②항	수시	시・도지사 시・군・구	선임시, 해임시, 퇴임시
4	액화석유가스 안전관리자 선임보고	액화석유가스 안전관리 및 사업법 제14조	수시	허가관청	선임시, 해임시, 퇴임시
5	자가용전기설비 정기검사	전기사업법 제65조	정기 (산업자원부령)	산업자원부장관, 시・도지사	
6	공중위생업신고 위생관리용역업 (청소용역업)	공중위생관리법 제3조	영업을 하고자 할 때	시장・군수 구청장	영업개시 전
7	건물철거신고	건축법 시행규칙 제24조	철거시	시장, 군수, 구청장	철거 7일 전
8	건축물재해멸실 신고	건축법 시행규칙 제24조	멸실시	시장, 군수, 구청장	멸실 후 15일 이내
9	옹벽 등 공작물 설치신고	건축법 시행령 제118조	설치시	시장, 군수, 구청장	설치 전

순번	법정항목	관계법령	주기	소관청	실시시기
10	공동주택 용도의 용도 사용, 신축, 증축, 개축, 대수선 리모델링, 파손, 훼손, 철거 등 신고 허가	주택법 제42조	사용 공사하고자 할 때	시장, 군수, 구청장	사용 전, 공사 전
11	공동주택안전점검 결과 보고	주택법 제50조 동시행규칙 제29조	반기별 특별관리 대상 아파트 매월	시장, 군수, 구청장	검사 후 즉시
12	1종시설물 2종시설물 안전점검 및 보고	시특법 제6조 동시행령 제6조	정기점검 반기별 1회 이상 정밀점검 1년 2회 이상(단 건축물은 3년 1회 이상) 긴급점검 필요시 관계행정기관요청시	시장, 군수, 구청장, 한국시설안전기술공단	준공일기준
13	1종, 2종시설물 정밀안전진단	시특법 제7조 동시행령 제9조	완공 후 1년 경과 매 5년	한국시설안전기술공단	완공 1년 경과일 기준
14	1종시설물 2종시설물 안전 및 유지관리 계획 수립 보고	시특법 제4조, 동시행령 제4조	매 5년	시장, 군수, 구청장	준공일 기준
15	방화관리자 선임보고	소방기본법 제20조	특정소방대상은 관리착수전	소방본부장, 소방서장	선임 14일 이내
16	소방시설정밀검사	소방기본법 제25조	1회/년 하반기법령 정기검사	소방본부장 소방서장	검사 즉시
17	위험물완전 관리자 선임 해임 퇴임 보고	위험물 안전 관리법 제15조	선임시, 해임시, 퇴임시	소방본부장 소방서장	선임, 해임, 퇴임 14일 이내
18	고압가스 자체 안전교육 실시 및 보고	고압가스안전관리법 제23조의 2	사업개시시 1회/년	시장, 군수, 구청장	교육전
19	고압가스 안전관리자 선임 및 보고	고압가스 안전관리법 제15조	특정고압가스 사용 전	시장, 군수, 구청장	선임, 해임, 퇴임 14일 이내
20	특정 고압가스 사용신고	고압가스안전관리법 제19조	특정고압가스 사용시	시장, 군수, 구청장	사용 전
21	산업안전보건책임자 선임 및 보고	산업안전보건법 제13조 동시행령 제9조	필요시	관할지방 노동관서의장	선임 7일 이내

순번	법정항목	관계법령	주기	소관청	실시시기
22	신축공동주택 실내공기질 측정 결과 보고	다중이용시설 등의 실내공기질 관리법	신축공동주택 완공시	시장, 군수, 구청장	완료 즉시
23	승강기정기검사	승강기제조 및 관리에 관한 법률 제13조	1회/년	산업자원부장관	법정정기검사
24	물탱크청소	수도법 제21조	2회/년	시장, 군수, 구청장	상・하반기
25	건물소독	전염병예방법 제40조의6	6회/년	시장, 군수, 구청장	매 2개월
26	오수정화조청소	오수분뇨의 처리에 관한 법률 제18조	2회/년	시장, 군수, 구청장 환경위생과	상・하반기

참고 : 상기 법정보고대상은 관리대상건물의 용도, 성격, 규모, 시설의 종류 등에 따라 해당되거나 되지 않는 법정보고도 있을 수 있음.

4. 건물시설관리 법정점검사무

(1) 법정점검의 의의

건물시설관리를 함에 있어 시설관리법령에 의해서 점검해야 하는 것을 법정점검이라 한다.

(2) 법정점검의 내용

건물시설관리관계법령에 명시된 주요 법정점검 내용은 대체로 <표 30>과 같다.

〈표 30〉 건물시설 법정점검내용

구분	점검항목	관련법규	점검기관	점검내용	비 고
기계설비	보일러계속사용 성능검사	에너지이용합리화법 제31조 시행규칙 제39조	에너지관리공단 검사	열효율 측정 - CO, CO_2 : 0.02 이하	• 5년1회 (성능검사 이후에 연 1회 실시)
	검사 대상기기 계속사용 안전점검	에너지이용합리화법 제31조 시행규칙 제39조	에너지관리공단 검사	1. 수압시험 2. 각 부속기 상태점검 3. 노내점검 및 연관점검 4. 수실부식정도 점검 등	연 1회
	가스사용시설 정기 안전검사	도시가스사업법 제17조 제①항 및 제②항 등 시행규칙 제16조제④항	에너지관리공단 점검	가스시설물 안전검사 - 누설, 안전장치 기기작동 여부 등	연 1회
	고압가스 냉동 제조시설	고압가스안전관리법 제16조제①항 및 제②항	한국냉동협회 시, 구청 관계자 점검	각종 안전관리 규정 준수사항 및 법적 이수 등	연 1회
	지하, 고가수조 청소	수도법 제21조 및 수도위생시설관리에 대한 규칙 제6조	시, 군 수도사업소 및 상하수도과 보고	1. 물청소 및 약품청소 2. 노후시설 보수 (배관 바닥 등 도색)	연 2회 (상, 하반기)
	오수처리 정화조 청소	오수, 분뇨 및 축산폐수의 처리에 관한 법률 제14조제②항의 규정(제19조 오수정화시설 등의 관리기준 3항)	시, 구청 환경위생과 보고	오수 - 40ppm($20m^2$ 이상) - 60ppm(100～200) - 80ppm($100m^2$ 이상) - 폐수 : 100ppm 이하	연 2회 (상, 하반기)
	오수처리 수질검사		시, 구청 환경과 및 공공기관 보고	BOD, SS, Cr 등	연 2회 (상, 하반기)
	실내환경 오염도 측정		시, 구청 환경위생과 보고	실내분진, 소음 조도, Co 등	연 2회 (6월, 12월)
	공조기 덕트 청소	제27조의 1호 규정	시, 구청 환경위생과 보고	실내 환경관련 급배기 시설 청소	연 1회 실시
	오수처리장, 수영장				수시검사
	냉각탑, 냉각수				6～9월

구분	점검항목	관련법규	점검기관	점검내용	비 고
전기설비	자가용수전설비 정기점검	전기사업법 제37조 변전시설의 소유자, 점유자는 전기안전공사에 의뢰 매 2년마다 정기점검	전기안전공사 (산업자원부)	1. 수변전설비 안전점검 2. 차단기 동작시험 3. 계전기 동작시험 4. 특고압 인입케이블 절연내압시험 5. 제1종 접지저항 측정 6. 변압기 OT(절연유) 내압 및 산가측정시험 등(기름 점도측정)	시, 구청 소방서, 전기안전공사, 안전기획부 등
	승강기 안전 점검	승강기 제조 및 관리에 관한 법률 제13조제①항 －승강기제조사 또는 소유자는 1년에 1회 이상 정기점검	승강기관리원(중소기업청, 공업진흥청)	1. E/L 안전운행 요건 2. 비상전기 S/W 동작상태 3. 비상인터폰 동작상태 4. 정전시 비상 등 점등상태 5. 각종 안전 S/W 동작상태 6. E/S 안전 운행요건 7. 각종 COMB 상태 8. 스커트 벌어짐상태	중소기업청, 공업진흥청, 구청, 시청
소방설비	소방계획서제출	소방법 제9조제②항 및 동법 시행령 제10조	작성 후 소방서 제출	연중 소방계획 (교육, 훈련)	후년계획을 당해연도 10월말까지
	소방시설물점검	소방법 제33조 및 동법 제29조, 29-2조, 제30조의 규정	점검 후 소방서 제출	상반기 : 작동기능점검 하반기 : 정밀점검	연2회 (외부업체 의뢰)
건축영선	시설물안전점검	시설물의 안전에 관한 특별법 제4조제②항 및 동법 시행령 6조	시, 구청 건축과 보고	시설물의 안전점검 및 건축물 구조	- 일상점검연 4회(분기1회) - 정기점검 3년 1회 - 정밀점검 5년1회(안전에 문제가 심각할 경우에만 소유자 및 관계기관 지시)

참고 : 상기 건물시설 법정점검 역시 관리대상 건물의 성격, 용도, 규모, 시설의 종류에 따라 해당되지 않을 수도 있음.

제3절 건물자산관리 관련계약 사무

1. 건물자산관리 관련계약의 의의

건물자산관리 관련계약이라 함은 건물자산관리에 직접 관련이 있는 계약으로서 체결되었거나 체결이 불가피한 계약들을 의미한다. 이에는 건물임대차계약, 건물관리용역계약, 건물보수공사도급계약, 구매계약, 건물보험계약 등이 있다.

계약관리는 법률관리이고 법률행위의 관리이기 때문에 법률관리상에 문제가 발생하면 재산의 손실발생은 물론 시간상 또는 건물경영상 여러 가지 문제점이 나타나게 된다. 그러므로 관리자는 계약관리를 함에 있어서 체계적으로 그리고 전문적으로 관리하여 건물관리 관련계약상의 문제가 발생되지 않도록 주의해야 한다.

2. 건물자산관리 관련계약의 종류

건물자산관리 관련계약의 종류는 관리대상 건물의 성격·규모·용도 등에 따라 다소 달라지나 업무용 임대수익성 대형건물(빌딩)을 대상으로 전계되는 PM 중심으로 기술하면 건물자산관리 관련계약의 종류는 대체로 다음과 같다.

① 건물임대차계약
② 건물관리(대행)계약
③ 주차장사용계약
④ 청소용역계약
⑤ 경비용역계약
⑥ 건물위탁관리계약
⑦ 용품공급(구매)계약
⑧ 저당권설정계약
⑨ 전세권설정계약
⑩ 건물관리종사자 근로계약
⑪ 건물화재보험, 영업배상책임보험 등 건물관리 관련보험계약
⑫ 에너지 장기공급 계약
⑬ 시설물관리용역계약
⑭ E/L 안전점검 및 유지보수계약
⑮ 보수공사도급계약
⑯ 시설물검사 대행계약, 정밀안전진단계약 등의 기타 계약

건물자산을 관리하기 위해서 필요로 하는 계약의 종류는 앞에서 대체로 살펴보았으나 열거한 모든 계약의 종류가 모든 건물에 공통적으로 적용되지 않는다는 점을 유의해야 한다. 앞에서 열거한 계약의 종류는 주로 대형 임대용 수익성 건물의 PM 관리시에 적용되며, 건물의 용도·규모, 관리의 성격, 설비의 종류, 관리조직과 구성원의 상태에 따라 다소 차이가 있다.

또한 후술하는 각 계약의 내용 중에도 건물의 주된 용도·규모·성격 등에 따라 적용의 정도에 차별성이 있으므로 관리자는 이를 참고하여 관리대상건물에 해당되는 것만 적용하는 것이 현명하다.

3. 계약관리 유의사항

건물자산법률관리의 담당자는 건물관리관계 계약서 작성과 취급 및 사후관리 등 계약관리에 있어서 다음과 같은 점을 주의하거나 유의해야 한다.

(1) 계약서 작성원칙

계약은 법률행위이므로 청약과 승낙의 의사표시가 합치하는 즉시 책임을 져야 하므로 관리자는 각종 계약체결시 다음과 같은 계약서 작성원칙을 준수하여 정확하게 계약을 체결해야 한다.

① 확실성의 원칙
② 투명성의 원칙
③ 간결성의 원칙
④ 용이성의 원칙
⑤ 자유의사의 원칙

즉 계약은 확실하게 투명하게 그리고 간결하면서도 알아보기 쉽게 작성되어야 하며, 서로 자유의사에 의하여 계약이 체결되어야 한다.

(2) 계약용어

계약용어는 반드시 법률용어만을 사용할 필요는 없으나 계약체결 후에 사용용어에 대한 해석상의 분쟁이 생길 수 있으므로 표현상 다른 해석의 여지가 없는 명료한 용어, 명확한 용어, 확실한 용어를 사용하되 외국어나 한문 등 난해한 용어 사용은 가급적 삼가해야 한다.

(3) 계약문자

이해하기가 용이한 쉬운 한글로 표기하되 외국 문자는 가급적 삼가해야 한다. 상대방이 이해할 수 없는 경우가 있기 때문에 금액을 나타내는 숫자의 표기는 위조 또는 변조를 방지하기 위하여 로마숫자는 피하고 한자의 壹, 貳, 參이나 한글의 일, 이, 삼과 같이 한자와 한글로 표기하는 것이 현명하다.

(4) 계약내용

계약은 거래당사자의 의사표시의 합치(주관적 합치와 객관적 합치)이므로 계약내용상의 모든 부분에 걸쳐 주관적 합치(사람에 대한 합치)와 객관적 합치(내용상의 합치)가 되어야 한다. 뿐만 아니라 계약은 계약 당사자의 자유의사에 의하여 합치되어야 한다(자유의사의 원칙).

따라서 강박 · 사기 또는 착오나 통정허위표시(계약 당사자가 서로 짜고 하는 법률행위)에 의하여 계약 내용이 작성되어서는 원칙적으로 계약의 효력이 부인되거나 취소의 사유가 된다.

(5) 계약의 서면화와 작성 통수

계약은 법률행위이므로 후일 법적 분쟁시 물적 증거로 채택될 수 있으므로 반드시 서면화하고 계약 당사자가 이를 대비하여 보관해야 하므로 계약당사자가 2명인 경우 2통 작성하여 당사자가 각 1통씩 보관하는 것이 현명하다.

부동산 매매의 경우는 계약 당사자용, 중개사 보관용과 검인용 등 5통의 계약서 작성이 요구된다. 통상 표준계약서나 미리 인쇄된 계약서식을 사용하는 경우가 있으나 반드시 읽어보고 삭제 또는 첨언하거나 특약사항이 있는 경우 이를 명기해야 한다.

(6) 삭제, 첨언 및 수정

작성된(또는 미리 인쇄된 계약 서식) 계약서 위에 다시 계약당사자의 합의로 첨언하거나 삭제하는 경우 반드시 삭제부분에는 두 줄로 긋고 계약당사자가 공동으로 날인해야 한다. 삭제, 첨언하는 경우 계약서 좌우여백에 몇 자 삭제, 몇 자 첨언이라 기재하고 날인해야 한다.

(7) 서명 날인

서명 날인은 권리자가 직접 서명해야 하며 날인하는 것이 바람직하고 유효하다. 권리자가 아닌 경우에는 반드시 권리자의 위임장이 첨부되어야 한다.

(8) 확정일자, 검인 또는 공증

서명 날인된 계약서가 관계법령 또는 계약 내용에 의하여 필요한 경우 확정일자, 검인(예 : 부동산 매매 계약서 검인)이나 공증법률사무소에서 공증받아두어야 한다.

(9) 수입인지의 첨부

체결된 계약은 인지세법에 따라 적절한 인지를 각각 첨부해야 한다. 인지첨부는 계약서 효력에는 전혀 관계가 없다. 다만 인지세법에 따라 해당되는 계약서에만 첨부하면 된다.

(10) 필기도구와 글씨의 색상

필기도구는 연필과 같이 쉽게 지워지는 것을 사용하지 말아야 한다. 글씨의 모양은 쉽게 알아볼 수 있는 서체이여야 하고, 쓰거나 타이핑을 하는 것은 무방하나 원본과 사본이 동일해야 한다. 색상은 검정색이 무난하다.

(11) 여백의 표시

계약서는 작성 후 여백이 있는 경우 반드시 여백 표시를 하여 작성 후에 위조 또는 내용이 변조되는 것을 방지해야 한다.

(12) 계약서 서식 및 규격

계약서 서식은 반드시 표준계약서만을 사용하거나 고집할 필요는 없다. 계약자유원칙의 하나인 계약방식의 자유에 따라 계약서식은 자유롭게 작성해도 무방하다. 계약서 규격은 A4용지 크기로 하되 세로보기로 하는 것이 좋다.

(13) 계약서 보관

계약체결 후 서명 날인한 계약서는 후일 재사용될 경우가 있으므로 주의하여 보관해두어야 한다. 부동산 계약서류 등은 영원히 보존해야 한다.

4. 필요적 기재사항

필요적 기재사항이라 함은 계약서 작성시 계약내용에 반드시 포함되어야 할 내용으로서 생략하는 경우 계약내용에 흠결이 생기게 하는 조항을 말한다.

모든 종류의 계약서에는 각각 필요적 기재사항이 동일하지 아니하다. 그러나 건물자산관리상에 등장하는 계약의 종류를 크게 나누면 주로 건물 입주계약, 용역계약, 구매(납품)계약, 근로계약, 권리설정계약, 보수공사 도급계약 등으로 분류된다.

따라서 건물자산관리관계 계약에 필요한 공통적인 필요적 기재사항을 기술하면 다음과 같다.

① 계약명칭
② 거래 목적물(물건 또는 용역)의 표시
③ 거래대금의 총액과 지급시기 및 장소와 방법
④ 목적물(물건 또는 용역)의 인도와 장소 및 시기
⑤ 계약기간(시기와 종기)
⑥ 권리이전 또는 용역제공의 내용
⑦ 해지 또는 해제 사유
⑧ 권리와 의무
⑨ 손해배상 또는 위약금
⑩ 거래당사자의 면책의 범위와 담보책임
⑪ 계약체결일
⑫ 계약당사자의 인적 사항

제4절 건물자산관리 자치법규사무

1. 자치법규의 개요

건물자산관리는 국회에서 제정된 법률이나 국가기관(대통령, 국무총리, 각부 장관)에 의하여 제정되어 집행되고 있는 각종 명령(시행령, 시행규칙) 등에서 명시하고 있는 관리기준이나 규정에 적합하게 관리하도록 되어 있다.

또한 건물자산관리에는 이와 같은 법령의 규정 외에 관리주체 또는 관리조직 스스로 제정하거나 관계자의 합의, 결의, 결정하여 지켜야 하는 자치법규가 필요하다.

예컨대 각종 규정, 세칙, 지침 등이 그것이다.

자치법규란 국회나 국가기관에 의하여 제정된 법령과는 달리 어떤 단체, 입주자 대표회의, 관리단, 조직 구성원, 구분소유자, 임차인, 건물 입주자, 소속직원 등이 업무의 효율이나 질서유지 등을 위하여 적법한 절차나 합의, 권한 등에 의하여 제정하고 스스로 지켜야 하는 규정, 세칙, 지침 등을 말한다.

2. 자치법규의 종류

자치관리기구, 관리단, 또는 관리주체 및 구분소유자 전원, 입주자 그리고 단체 소속 직원 등을 스스로 규율하기 위하여 제정된 자치법규의 종류에는 대체로 다음과 같은 종류가 있다.

(1) 규 정

건물관리주체나 관리조직내부에서 사무취급이나 질서유지, 업무의 효율화 등을 정해 놓은 규칙을 말한다. 건물자산관리에 있어서 대표적인 규정에는 인사관리규정, 구매관리규정, 공동주택관리규정, 방화관리규정 등이 있으며 이밖에도 건물자산관리에는 규정의 종류가 무수히 많다.

그러나 이와 같은 규정은 관리대상 건물의 규모, 성격, 용도, 시설의 종류 등에 따른 건물자산관리업무의 종류와 관리종사자의 경영관리업무의 종류와 성격에 따라 규정의 종류는 늘어나기도 하고 줄어들기도 한다.

(2) 세 칙

기본이나 규정 또는 규칙을 다시 나누어 자세하게 만든 규칙을 말한다.

예컨대 입주자관리세칙, 시행세칙 등이 이 범주에 해당된다.

(3) 지 침

지침이란 활동의 방법, 방향, 절차 등을 가리키는 길잡이 방침을 말한다.

건물자산관리에 있어서 관리업무의 수행 방법을 위한 경영관리지침, 시설관리지침, 인사지침, 구매관리지침, 보일러관리지침, 경비관리지침, 회계관리지침 등이 이 범주에 해당된다.

3. 자치법규제정 방법

(1) 보통결의에 의한 방법

구분소유건물의 경우 구분소유자 전원 중 과반수가 출석하고, 출석구분소유자의 과반수 이상의 찬성의 결의로 제정하는 방법이다. 공동주택의 관리규약이나 집합건물의 관리단의 규약 등이 이에 해당된다.

(2) 계약의 일부로 약정하는 방법

일반건물의 관리세칙과 같이 관리계약의 일부로 계약당사자가 합의 약정함으로써 자치법규가 제정되는 방법이다. 예컨대 일반건물의 관리세칙의 경우가 이에 해당된다.

(3) 관련법에 의하여 관리주체에 위임하는 방법

주택법의 규정에 의한 공동주택의 표준규약의 내용을 미리 명시하여 관리주체가 관련법의 규정에 따라 자치법규를 의무적으로 제정, 이행 또는 준수 사용하는 방법이다.

(4) 관리주체가 독자적으로 제정하는 방법

건물관리주체가 독자적으로 제정하여 실시하는 방법이다.

예컨대 관리조직의 경영자가 인사규정, 구매관리규정, 안전수칙 등을 제정하고 소속 구성원으로 하여금 지키게 하는 방법이다.

제5절 건물자산소유권(재산권) 관리사무

1. 소유권(재산권) 관리사무의 의의

소유권보존관리란 소유권을 보존하는데 필요한 활동을 말한다. 다시 말하면 건물소유권관리란 소유권을 온전히 보존하고 건물보존관리에 유익한 권리는 계속 유지·보존·개량하고 무익하거나 유해한 권리는 방지, 말소, 피해를 최소화하는 법률적 관리활동을 의미한다.

소유권보존관리는 건물법률관리의 대상(객체) 중 가장 중요한 관리객체로서 만일 소유권보존관리에 실패하는 경우 건물자산관리활동이 중단되거나 관리주체가 교체하게 된다. 그러므로 소유권보존관리는 건물관리활동에 있어서 매우 중요하게 취급되고 관리되어야 한다. 다음에서 소유권보존관리에 대한 관리내용에 관하여 간략하게 기술하고자 한다.

2. 소유권(재산권) 관리사무의 내용

건물자산관리업무는 단순히 건물의 시설과 설비만을 유지·관리하는 건물의 기술성만을 관리하는 업무가 아니라 건물 위에 존재하는 법률성·경제성·행정성·위험성·환경성까지 모두 관리해야 하므로 건물의 법률성은 당연히 관리되어야 하며, 법률성 관리를 위해서는 온전한 소유권의 존재가 전제되어야 한다.

왜냐하면 건물의 소유권에는 그 건물의 사용·수익·처분의 권능이 있으므로 다음에 열거하는 제한물권, 기타 권리 등 소유권의 권능을 일시적으로 또는 잠정적으로 제한하는 원인이 법률적으로 발생하면 소유권이 허유권으로 변할 뿐 아니라 건물관리에 있어서 소유권의 온전한 존재를 해하게 되어 소유권 자체가 변동되거나 상실되어 임대차관리나 회계관리, 건물경영관리가 중단하게 된다.

심한 경우에는 관리대상 자체가 이전되는 경우가 있는가 하면 소유권 변동이 일어나 소유주체의 변동이 생길 수 있으며, 관리업무의 계속성이 중단받게 된다. 따라서 건물자산관리활동이 정상적으로 계속되려면 그 건물의 소유권이 온전한 상태로 보존되어야 하는데 이를 '소유권보존관리'라 한다.

소유권보존은 건물자산관리활동에 있어서 전제가 되는 것이므로 건물자산관리자는 기술관리활동 못지 않게 소유권보존 관리활동에 최선을 다해야 한다. 따라서 건물관리자는 기술연구와 함께 소유권을 위협하는 위험발생을 미연에 방지하여 온전한 소유권보존에 만전을 기하여야 할 것이다.

소유권보존 위협원인은 대부분 소유주체에 의하여 이루어지고 있으나 그 일부는 관리주체에 의하여 발생될 수 있으며, 소유주체에 의하여 발생되는 소유권상실 위험의 원인도 결국은 관리자의 관리 잘못에 기인하여 최종적으로 발생되는 사례가 있으므로 관리자는 완벽한 소유권보존관리에 최선을 다해야 할 것이다.

3. 소유권(재산권) 상실위험요인

소유권을 상실하게 하는 위험의 원인에는 대체로 다음과 같은 위험요인들이 있다.

(1) 건물멸실

건물의 멸실이라 함은 인위적 철거 또는 재난이나 자연재해에 의하여 현존하고 있는 건물의 일부 또는 전부가 사라지는 상태를 의미한다. 일부가 없어지는 경우를 일부멸실이라 하고, 전체가 없어지는 경우를 전부멸실이라 한다. 건물이 멸실되면 관리대상이 사라진다. 따라서 관리활동은 거의 대부분 중지되고, 멸실신고해야 되며 지적공부와 등기공부에도 삭제되고 말소등기되며 멸실 처리된다. 따라서 관리대상 건물의 소유권이 없어지게 된다. 소유권 상실을 가져오는 건물멸실 원인에는 대체로 다음과 같은 원인이 있다.

1) 건물화재

화재라 함은 사람의 고의에 의하거나 또는 사람의 의사나 의도에 반하여 발생되는 연소현상으로서 소화설비에 의하여 진화가 요구되는 불(연소현상)을 의미한다. 이렇게 화재는 자연현상으로 발화되는 경우와 사람의 고의 또는 과실에 의하여 발생되는 경우가 있는데 이 모두가 화재에 포함된다.

건물에 화재가 자주 발생되는 원인은 건물에는 불에 잘 타는 가연물질과 점화원 및 산소가 함께 병존하고 있기 때문이다. 또한 건물에는 항상 산소가 존재하며, 점화원으로서 전기스파크 불꽃, 정전기 불꽃, 마찰 및 충격의 불꽃, 고열물체 단열압축에 의한 열, 산화열 외에 쓰레기더미의 담뱃불에 의한 화재, 가스누출 상태에서 담뱃불로 인한 인화, 고의에 의한 방화, 전기누전으로 인한 화재 등 건물에는 화재발생 요인이 너무나 많다. 그러므로 빈번하게 화재가 발생하여 귀중한 건물을 멸실시키고 있다. 이와 같은 화재 원인 외에도 고의적 방화(放火)와 인접건물로부터의 실화(失火)의 경우도 있으므로 방화와 실화로 인한 화재 역시 건물의 멸실에 있어 상당부분을 차지하고 있다.

2001년 행정자치부 화재통계 연보에 의하면 2000년 한해동안 34,844건의 화재가 발생하여 인명피해는 531명 사망, 1,853명 부상에 달하였으며 재산피해 역시 1,519억원을 기록하고 있다. 또한 건물소실 역시 무려 19,109동에 달하였다.

2) 건물붕괴

건물의 붕괴라 함은 완성된 건물이 설계, 시공, 관리의 잘못이나 건물인근의 무리한 심굴 또는 인재에 의한 재난과 자연재해에 의한 지진 · 홍수 · 폭풍 · 허리케인 등으로 멸실되는 현상을 의미한다. 자연현상으로 인한 건물의 붕괴는 관리자의 관리영역을 떠난 문제이므로 논외로 하더라도, 건물관리주체의 잘못된 관리나 고의적 의도로 건물을 과도하게 증축 또는 개축하여 적재하중을 증대하여 자체 하중을 견디지 못하게 하거나 중심하중을 이동시키거나 이로 인한 위험징후를 오감으로 느끼면서도 정밀안전진단을 소홀히 하거나 안전진단 결과 행정당국의 명령(일시 사용중지 명령, 철거명령)을 제때에 이행하지 아니하여 붕괴되는 사례가 있다.

1995년에 발생된 서울특별시 서초구 소재 삼풍백화점 붕괴사고는 시공 · 관리상의 잘못으로 인하여 발생된 이른바 인재에 의한 건물붕괴 사고의 대표적 사례라 할 수 있다.

3) 물리적 충격으로 인한 파괴나 폭발

건물이 계속해서 유지하는 것은 건물의 기초에서부터 건물의 중심을 잡아 균형을 유지하기 때문이다. 그러나 물체의 돌진이나 폭탄 폭발사고 등 물리적 충격에 의하여 건물의 중심이나 균형을 잃으면 그 힘에 의하여 건물이 붕괴하게 된다. 2001년 9월 11일 미국 세계무역센터 건물이 테러범에 의한 비행기 충돌로 붕괴된 사건은 물리적 충격에 의한 건물멸실의 예에 해당된다.

4) 인위적 철거

재개발 등의 원인으로 인위적 철거는 또 하나의 건물멸실 원인이 된다.

(2) 대책없는 과도한 제한물권 설정

건물은 물건(부동산)이므로 소유권이 존재하는 것은 물론이지만 소유권의 사용 · 수익 · 처분 권능을 일시적으로 제한하는 제한물권 설정 역시 가능하다. 교환가치를 갖는 제한물권으로는 유치권, 질권, 저당권 등이 있으며, 사용가치를 갖는 제한물권에는 지상권 · 지역권 · 전세권 등이 있다.

건물은 부동산이므로 부동산 위에 존재하는 지상권 · 전세권 · 지역권 · 저당권 등이 설정되면 부동산(건물) 위에 존재하는 소유권의 권능 중에서 일시적으로 교환가치와 사용가치가 중지되거나 제한받게 된다. 이와 같은 제한물권은 채권자와 채무자 또는 채권자와 물상보증인 사이에 설정계약을 체결하고 등기함으로써 제한물권이 새로이 창설된다.

창설되는 제한물권은 소유권의 권능을 일시 정지시킴으로써 관리활동에 부분적인 제약을 가져온다. 뿐만 아니라 채권자와 채무자 사이의 약속이행이 지켜지지 않을 경우 제한물권(저당권 · 전세권)을 가지고 경매를 신청하게 되고, 그 신청이 경매법원에 의하여 경매개시가 결정되면 경매가 조속히 진행되어 경락되는 경우 마침내 소유권 변동을 가져오게 된다.

이와 같은 경우에는 건물자산관리행위가 전면 중단되기도 하고 어렵게 된다. 다만 새로운 소유주체나 관리주체에 의해서 관리활동이 다시 시작되고 관리의 계속성이 보장되는 경우도 있다.

그러므로 부득이한 경우가 아니면 제한물권을 대책 없이 과도하게 설정하는 것은 원칙적으로 금해야 하며, 설정되는 경우는 반드시 정한 기일 내에 말소대책을 수립 · 실천하여야 한다. 제한물권의 원인으로 경매에 의한 소유권 변동 사례는 경매법정에서 얼마든지 찾아볼 수 있으며, 경매가 진행되어 경락되는 경우 해당 건물의 관리상태는 최악이거나 중단되어 있음을 주변에서 얼마든지 발견할 수 있다. 이로 인한 소유권 변동은 건물 소유자는 말할 것도 없겠으나 입주자에게도 크나큰 피해를 주게 되고, 건물자산관리 종사자는 직장을 잃게 되는 요인이 된다.

(3) 물상보증행위

물상보증이라 함은 주채무자가 채무를 발생시킴에 있어서 채권자가 요구하는 담보물을 채무자가 제공할 수 없는 경우, 제3자가 채무자를 위하여 담보물을 제공함으로써 성립되는 물적 보증행위를 말한다.

이와 같은 경우 채무발생 당시 채무발생분만 보증하는 한정보증과 주채무자 채무발생 당시 채무뿐 아니라 장래에 발생되는 채무까지 보증하는 포괄보증 등의 보증 종류가 있다. 후자인 포괄보증의 경우가 특히 소유권을 상실하게 하는 위험이 크다. 왜냐하면 주채무자의 채무발생이 장래에 얼마나 발생될지 모르며, 발생되는 채무를 전액 보증하기 때문에 물상보증인이 채무를 전부 변제할 의무가 있다.

만약 주채무의 변제가 이행불능이 되면 지체없이 물상보증인의 담보물에 경매신청이 진행되고, 경락되면 경락자의 경락대금 지불 즉시 소유권 이전등기 없이도 소유권 변동이 일어나게 되어 소유권을 잃게 된다.

(4) 압 류

건물은 부동산이므로 부동산에 부과된 세금은 기일 내에 납부해야 하며 이를 지체하거나 정한 기일 내에 납부하지 아니하면 국세청은 관련법에 의하여 일정한 절차를 거쳐 당해 건물을 압류하게 된다. 뿐만 아니라 관리의 잘못으로 행정당국에 의하여 고발되어 벌과금이 부과되는 경우 역시 벌과금을 이행하지 아니하면 압류처분을 받게 된다. 압류라 하면 당해 부동산의 처분을 금지하는 국가명령으로서 강제경매의 원인이 된다. 이를 채무명의 또는 집행명의라 한다.

압류가 되어 강제경매가 집행되면 임대차관리에 치명적인 차질이 오고, 임대료 및 관리비 수납에 크게 차질이 발생되어 건물자산경영관리가 순조롭지 못하게 된다. 뿐만 아니라 일정한 기일까지 강제경매 원인을 제거하지 아니하면 마침내 강제경매에 의하여 소유권 변동이 일어나게 된다. 또한 임의 경매에 있어서도 법원의 경매개시 허가에 의한 판사의 촉탁등기는 즉시 압류의 효과가 있으므로 주의해야 한다. 또한, 가압류에 의한 승소판결 역시 압류의 효과가 있음도 유의해야 한다.

(5) 이행판결

건물소유주체와 이행 당사자간에 건물 소유권에 관한 법률적 분쟁으로 재판에 계류되면 사건의 내용에 따라 법원의 이행판결에 의하여 소유권 변동이 일어나게 된다. 재판중 민사소송법상의 재판에는 증거제일주의가 채택되고 있으므로 이해 당사자의 소유권 변동 주장에 확실한 증거가 있는 경우 이해 당사자의 승소판결이 확실하게 된다. 따라서 소유주체나 관리주체는 관리대상건물이 소송의 원인이 되는 행위를 삼가하는 것이 현명하다.

(6) 가압류

가압류라 함은 임시 보전조치로서 채권보전을 위하여 채무자의 동산·부동산·채권·자동차·선박 등의 재산을 채무자로부터 일탈되지 않도록, 즉 처분을 일시적으로 금지시킴으로써 채권자의 채권을 보존하기 위해서 채무자 재산을 채무자로부터 일탈되지 않게 하는 제도이다. 하지만 가압류는 채무명의가 아니기 때문에 가압류 상태에서 경매를 신청할 수는 없다.

그러나 가압류 상태에서 채권회수가 되지 않을 경우 본안소송을 통하여 승소하면 가압류가 압류로 바뀌어 채무명의가 되므로, 강제집행을 통하여 채권의 회수가 가능해지고 건물의 소유권 변동이 일어나게 된다. 가압류의 종류에는 유체동산가압류, 동산가압류, 채권가압류, 등록동산가압류, 선박가압류 외에 부동산가압류 등이 있다.

부동산가압류는 법원의 결정이 채무자 송달 없이 신속하게 이루어지고 등기되므로 수시로 건물자산관리자는 소유권 보존차원의 정기적인 등기부열람은 필수적이라 할 수 있다. 특히 부동산가압류 상태에서 가압류 문제를 해결하지 못하는 경우 가압류를 원인으로 본안소송이 진행되어 건물소유주가 패소하게 되면 소유권이 채무명의에 의하여 강제경매되고, 따라서 소유권 변동이 일어나게 된다.

(7) 경 매

건물의 소유권을 위협하는 또 하나의 요인으로는 경매요인이 있다.

경매의 본래 의미는 매도인이 다수의 매수 희망자에게 청약을 구두로 의사표시하게 하고, 그 중에서 최고금액을 제시한 자에게 매도자의 매도승낙 의사표시를 함으로써 이루어지는 일종의 매매형식이다. 경매에는 개인이 주체가 되는 사경매와 국가기관이 주관이 되어서 실행하는 공경매가 있으며, 주로 법원이나 자산관리공사에서 실시하는 공매방식은 입찰방식을 취하고 있다. 또한 경매에는 임의경매와 강제경매가 있다.

임의경매는 채권자가 채무자 또는 물상보증인이 제공한 담보물을 경매법원에 경매신청하여 경매절차에 따라 환가하여 채권을 회수하는 방법이고, 후자인 강제경매는 채무명의 또는 집행명의에 의하여 국가가 강제적으로 경매절차를 진행하여 채권을 회수하게 하는 방법이다.

임의경매는 저당권 등의 담보물권을 위한 실행을 통해 이루어지며 강제경매의 채무명의에는 ① 확정된 이행 판결, ② 가집행 선고부 판결, ③ 확정된 지급명령, ④ 각종 조서, ⑤ 공증된 금전채권문서 등이 있다.

건물소유주체가 임의경매나 강제경매의 원인을 이해관계자에게 쉽게 제공하면 결국은 당해 건물은 경매의 대상이 되고, 임의경매나 강제경매의 원인이 되어 이해관계자의 신청과 법원의 집행에 의하여 경매절차가 진행되고 경락이 이루어지며, 경락대금 납부 즉시 소유권 변동이 일어나게 된다. 따라서 온전한 소유권 유지를 위해서는 불가피한 경우를 제외하고는 임의경매나 강제경매의 원인을 제공하지 말아야 한다.

4. 건물자산소유권(재산권) 보존관리방법

앞에서 소유권 상실의 위험요인에 대하여 대체적으로 살펴보았다. 온전한 소유권의 존재는 건물자산관리의 기초이고, 소유권 없는 건물자산관리활동은 계속적인 관리활동을 보장받지 못하기 때문에 온전한 건물소유권보존은 건물소유주에게는 재산 보존차원에서 매우 중요하고, 건물관리주체에게도 건물관리의 원활한 관리활동을 보장해주는 역할을 하므로 소유권의 보존은 건물법률관리에 있어서 매우 중요한 관리의 대상이 된다.

건물자산의 소유권 보존방법은 대체로 다음과 같다.

(1) 건물의 멸실 및 붕괴 원인제거

화재나 물리적 충격 및 붕괴원인을 제거하여 건물의 멸실을 사전에 방지하는 방법이다. 자연적 재해가 원인이 되는 홍수・지진・허리케인・태풍 등으로부터 건물이 멸실되지 않도록 사전에 대비하여 그 피해를 방지하거나 최소화하는 관리활동이 강구되어야 한다.

(2) 대책없는 제한물권설정 원칙적 금지

건물자산관리상 임대차계약시 제시되는 임차인의 요구조건 중에서 전세권의 설정, 저당권의 설정, 임차권등기 등이 자주 요구되고 있으나 건물소유주체의 건물자산경영관리상 부득이한 경우를 제외하고는 제한물권의 설정을 원칙적으로 금지하여 후일의 보증금 반환이 이행되지 못하여 경매신청의 원인이 되지 않도록 세심한 주의가 필요하다.

(3) 물상보증 금지

건물자산관리활동 과정에서 입주자나 기타 이해관계자가 관리대상 목적물을 물상보증해줄 것을 요청하는 경우가 종종 있다. 이와 같이 물상보증행위 요청에 응하는 경우 대부분의 경우 약속이 이행되지 않아 경매의 대상이 되어 마침내 소유권 변동이 일어나게 되므로 물상보증행위는 절대적으로 금해야 한다.

(4) 압류원인 제거

국세 또는 지방세 연체 및 관계법에 의한 행정과태료나 벌과금 등의 미납, 근로자의 임금체불 등의 원인으로 국가기관으로부터 압류당하는 사례가 발생되지 않도록 압류원인을 사전에 제거해야 한다.

(5) 소송원인 방지

건물관리활동이나 건물경영활동과정에서 관리대상 건물이 어떤 형태이든 간에 소송의 대상이나 원인이 되는 경우를 철저히 방지하여 소유권 보존의 위협원인을 제거하여야 한다.

(6) 가압류 · 가처분 등의 원인 제거

가압류도 본안소송에서 승소하는 경우 채무명의가 되어 강제경매의 원인이 되므로 앞에서 설명한 바와 같이 가압류의 원인을 사전에 제거하여야 한다.

(7) 경매대상 방지

임의경매이든 강제경매이든 간에 관리대상 건물이 경매대상이 되지 않도록 임의경매 원인과 강제경매 원인을 건물소유주체나 관리주체가 제공하지 말아야 하고, 부득이한 경우 경매원인이 발생되면 지체없이 그 원인을 제거하고 소멸시켜야 한다.

(8) 정기적 등기부 열람과 사후관리

건물자산관리자는 정기적으로 건물토지등기부를 열람하여 권리보존상태에 문제가 없는지 항상 확인해야 한다. 문제가 발견되는 경우 즉시 법적조치를 취해야 한다.

이상에서 소유권보존관리에 관하여 그 필요성과 소유권보존의 개념 및 소유권 상실위험요인과 소유권 보존방법에 대하여 기술하였다. 종전의 협의 건물자산관리개념에서는 소유권보존 관리개념은 건물관리대상에서 제외되어 왔던 것도 사실이다.

그러나 앞서 지적한 바와 같이 소유권 없는 건물자산관리란 상상할 수 없으며, 건물소유권이 온전치 않을 경우 건물자산관리활동이 원활히 진행될 수 없다는 것은 그간의 건물자산관리 경험이었으므로 건물자산관리를 정상적으로 하려면 반드시 건물소유권이 온전한 상태로 존재해야 함을 건물자산관리자는 항상 유의해야 한다.

결국 건물소유권에 대한 온전성의 흠결은 건물자산경영관리에 치명적인 영향을 미칠 뿐 아니라 그 건물의 규모나 정도에 따라 사회적으로 국가적으로 나쁜 영향을 줄 수 있음도 간과해서는 안 될 것이다. 따라서 관리주체도 항상 관리활동에 최선을 다하는 것 외에 건물경영에 치명적인 소유권보존 위협요인을 사전에 제거하여 건물의 소유권이 온전히 유지되도록 해야 하며 또한 사후관리해야 한다. 따라서 정기적 건물등기부 열람 및 등기변동사항 확인, 소유권 위협원인의 사전제거 등을 정기적으로 점검하고 문제가 있는 경우 즉시 개선하도록 노력해야 하며 사후관리해야 한다.

제6절 건물자산 민사관리사무

1. 건물자산 민사사무의 개요

건물자산관리를 함에 있어서 부득이 발생되는 소송이나 임대 채권의 보전, 의사표시의 송달, 명도나 권리금의 사전 차단을 위한 제소자 화해 조서 등의 민사실무에 대하여 이해할 필요가 있다. 따라서 민사실무를 이해하기 위하여 다음의 ① 소송사무, ② 채권보전, ③ 내용증명, ④ 제소권 화해조서 등에 대한 법무에 대하여 간략히 소개하고자 한다.

2. 건물자산관리관련 소송사무

건물자산관리에서 법률관리에는 명도소송이나 의사의 전달(내용증명 발송), 채권보전, 화해조서 등기신청 등 불가피하게 처리해야 하는 민사상의 실무업무가 있다. 따라서 건물자산관리자나 담당자는 이에 관하여 간략하게나마 이해하고 이를 해당 업무처리에 적용하는 것이 현명할 것으로 판단된다.

이하 절에서 청구소송, 채권보전 절차, 내용증명제도, 화해조서작성 등에 대하여 간략하게 소개하고자 한다.

(1) 청구소송

1) 청구소송의 의의

건물관리업무 중에 계약의 상대방(임차인, 전세권자 등)이 계약사항을 불이행할 경우, 특히 임대차나 전세권계약이 종료되었음에도 불구하고 이전하지 않거나 명도하지 않을 경우 건물의 소유자, 즉 임대인이나 전세권 설정자는 관할 지방법원에 소를 제기하여 강제적으로 명도·인도·퇴거·철거하게 된다.

건물임대차 계약기간이 종료되었다 하더라도 법적 절차에 의하지 아니하고 물리적인 수단을 동원하여 임차인의 물건·집기·비품을 건물 외로 반출하는 경우는 오히려 건물임대인이 불법행위자가 되어 법의 처벌을 받게 된다. 따라서 건물관리자는 반드시 임차인 등이 명도나 인도 등 계약조항대로 퇴거하지 않을 경우 관할법원에 명도·인도·퇴거·철거 등의 소송을 제기하여 송소판결을 받아 적법한 법적 절차를 통해 명도나 인도·퇴거·철거 등을 해야 한다.

2) 청구소송의 종류와 내용

건물자산관리업무 중에 계약의 상대방이 계약내용을 이행치 않아 순조로운 명도나 인도·퇴거·철거를 이행하지 않을 경우 해당되는 소송을 제기하여 법의 도움을 받아야 한다. 왜냐하면 명도나 인도·퇴거·철거의 개념이 각각 다르기 때문이다. 인도 승소판결을 받았다 하더라도 인도받을 토지 위에 철거대상이 있는 경우 인도 승소판결만으로 그 집행이 되지 않기 때문이다. 인도 승소판결 외에 철거 승소판결을 함께 받아야만 집행이 가능하다.

① 명도청구소송

임차인이 계약기간의 만료 또는 해지나 해제로 임차 목적물을 반환하고 건물 내에 있는 점유자의 물건 등을 건물 밖으로 반출하고 그 건물의 점유를 이전시키고자 할 때 하는 소송이다. 명도소송이란 임차한 건물(부동산)과 그 건물 내에 두었던 물건 등을 보관하거나 비치하고 있는 건물 점유자에 대하여 그 건물 내에 있는 물건(가재도구, 집기, 비품, 용품 등)들을 건물 밖으로 배출시키고 그 건물을 이전하는 것을 뜻한다. 다시 말하면 건물 내의 용품을 밖으로 배출하고 그 건물을 건물주 또는 임대인에게 이전하는 행위가 명도이고, 명도를 위한 소송이 명도소송이다.

명도소송은 주로 건물, 주택 등의 임대차나 전세계약 등에 있어서 임대차 기간이 종료되어 그 목적물이 이전되지 않을 경우 자주 이용된다. 명도소송을 제기하여 승소판결을 받게 되면 별도 채무명의(강제집행 명의)를 받지 않더라도 집행이 가능하다. 명도소송과 유사하나 그 내용이 조금씩 차이가 나는 청구소송에는 인도청구, 퇴거청구, 철거청구소송 등이 있다.

② 인도청구소송

인도청구소송이라 함은 인도 소송대상 부동산(토지나 건물) 또는 동산 등의 직접지배권을 원상 그대로 점유·이전시키는 것을 내용으로 하는 소송이다. 토지인 경우나 대지로 수목이나 입목 구조물이 없는 경우라야 하고, 건물인 경우도 건물 내외부에 철거나 이전해야 할 대상물이 없는 것이어야 하는데 이를 인도청구소송이라 한다.

인도명령의 승소판결을 받으면 현재 점유자가 점유하고 있는 토지나 건물을 그대로 이전시키는 것이어야 하고, 지상에 철거대상이 되는 것이 있는 경유 별도의 철거청구소송을 제기하여 승소판결을 받아야만 인도와 철거가 가능하다.

참고로 철거대상이 건물인 경우는 '철거'라는 용어를 쓰고, 분묘는 파서 이장한다는 뜻의 '굴이'라는 용어를 쓰며, 수목에 대하여는 '수거'라는 전문용어를 사용한다. 정착물이 아닌 물건을 옮길 때는 '퇴거'라는 법률용어를 사용해야 한다.

③ 퇴거청구소송

퇴거청구소송이라 함은 건물이나 토지 등의 점유자가 점유물을 이전하지 않을 경우 그 점유자를 점유물건 밖으로 강제로 퇴거시키고 점유자가 소유하였던 점유자 물건이나 용품을 강제로 들어내 버리는 강제행위를 구하는 소송이 바로 퇴거청구소송이다.

퇴거는 명도와 달리 점유 부동산 내에 점유자가 가지고 있던 물건을 들어냄으로써 그 부동산을 건물주 또는 임대인이 직접 점유하지 않아도 되는 경우, 즉 점유자 물건을 들어내고 그 건물을 바로 철거 또는 멸실하는 경우에 주로 이용되는 청구소송 방법이다.

④ 철거청구소송

철거청구소송이라 함은 무허가 가건물이나 구조물을 토지 위에 설치했을 경우 철거의 의사표시를 토지 주인이 상대방에게 전달하였으나 이행치 않을 경우 철거청구소송을 제기하여 승소판결을 받아 강제적으로 철거하거나 부수어버림으로써 그 집행이 종료되는 것을 의미한다. 이들 청구소송을 비교하면 <표 31>과 같다.

〈표 31〉 청구소송 비교

청구소송사유	청구소송방법	집행방법
① 토지 지상 가건물의 철거목적	철거청구소송	승소판결받고 강제 철거
② 임대차, 전세권의 경우 기간 만료됐으나 건물 명도를 이행하지 않을 경우	명도청구소송	승소판결 용품 강제 배출
③ 인도목적물이나 대지, 공실인 건물을 인도하지 않을 경우	인도청구소송	승소판결 강제 점유 이전
④ 점유자와 점유자 집기, 비품, 살림도구 배출목적	퇴거청구소송	승소판결 점유자 용품 강제 퇴거

명도소송 대상이 건물인 경우 건물등기부상에 기재된 대지의 지번, 건물구조, 층수, 용도, 건물면적 등을 소장에 기재하고, 원고와 피고 성명과 주소를 기록한 후, 건물명도의 소를 명기한 후, 청구원인을 간단명료하게 기재하고, 입증방법과 첨부서류를 유첨하여 원고의 성명 서명 또는 날인 후 관할 지방법원에 제출하면 된다.

3) 청구의 원인과 절차

인도청구와 명도청구소송의 원인은 주로 ① 임대기간 만료, ② 연체료에 의한 계약해제 또는 약정해지, ③ 불법점유 등이다.

차임의 연체는 민법 제640조에 건물, 기타 공작물 임대차는 차임 연체액이 2기의 차임액에 달할 때에 임대인은 해지할 수 있다고 명기되어 있다.

인도청구소송의 절차는 인도를 구하는 소장을 준비하고, 그 소장에 토지인 경우 토지등기부 등본에 기재된 토지의 주소, 지목넓이(m^2) 등을 기재하고, 토지 또는 건물인도청구의 소를 명기하고, 청구취지와 청구원인을 간단명료하게 기재한 후, 입증방법의 기록과 증거물과 함께 첨부서류를 유첨하여 관할 민사지방법원에 제출하면 된다. 물론 소장에 원고의 서명날인은 필수적이다.

3. 임대채권보전사무

(1) 임대채권의 의의

임대채권이라 함은 임대인이 임차인에게 받아야 할 채권으로서 임대차 보증금, 월임대료, 관리비 및 주차장 사용료 등의 채권을 의미한다. 임대인과 임차인 사이에 발생되는 것으로 주로 임차인이 임차기간 동안 임대료와 관리비를 정상적으로 적기에 납부하지 못함으로써 임대인이 가지는 권리이다.

납부시기에 납부치 못하는 임대료 등이 누적되는 경우 계약해지나 해지의 사유가 됨은 물론이지만 임대기간이 상당기간 경과하게 되면 계약 당초에 지불한 임대보증금 중 상당부분이 연체한 임대료나 관리비에 충당하게 되어 사실상 임대보증금이 얼마 남지 않게 된다.

따라서 건물관리자는 입주자인 임차인에게 계약해지를 통보하고 건물의 명도를 요구하게 되는데 임차인이 정상적으로 순순히 해지를 받아들이고 명도를 하는 경우는 법적 문제나 임대차 채권보전 문제는 발생되지 않는다. 그러나 임차인이 불응할 경우 부득이 한 사정에 의하여 법적 절차인 명도청구소송과 퇴거청구소송을 하게 된다.

승소판결을 받는 경우 나머지 임대보증금 중에서 임대차 채권을 회수할 수 있게 된다. 따라서 수익성 건물임대차 관리는 임대료수입을 위하여 진행되는 업무인만큼 임대차 채권보전에 각별히 유념해야 한다.

(2) 임대채권보전 절차

임차인이 임대료 등을 상당기간 연체하는 경우 관리인은 임차인 보증금 잔액과 잔여기간을 계산하고 명도청구소송 기간과 비교하여 미리 사전에 연체되고 있는 임대료를 독촉하고, 그래도 연체 임대료가 누적되면 임차인의 유체동산 또는 부동산, 임차인의 자동차, 임차인의 채권 위에 가압류 절차를 신속히 진행하고 법원의 가압류 결정을 받은 후 지체없이 건물임대차 계약해지를 내용증명으로 통지한다.

그래도 계속해서 임대료가 연체되는 경우 건물을 관할 지방법원에 명도청구소송을 진행하여 승소판결을 받아 강제 집행함으로써 건물을 명도받음과 동시에 임대료를 임차인의 보증금 중에서 차감하고 잔여 보증금만 돌려주면 된다.

그러나 명도 승소판결을 받았다 하더라도 잔여 보증금 부분에서 연체 임대료 등을 차감하여 잔여 임대보증금이 부족할 경우는부동산, 유체동산, 차량 등에 조치한 가압류를 재판절차에 의하여 압류로 전환, 채무명의로 바꾸어 강제 경매하고 경락대금 중에서 연체된 임대료 부족 부분을 배당받으면 채권보전이 된다.

(3) 임대채권보전 유의사항

임대차 채권을 정상적으로 확보하기 위해서는 다음과 같은 사항에 유의하여 사전조치를 취해야 한다.

① 임차인이 임대료를 입주시부터 정상적으로 납부하는 경우라 하더라도 입주자 사후관리를 실시해야 한다. 그리고 회사업무가 정상적으로 진행되고 있는지와 퇴직자가

갑자기 늘어나고 있는지, 회사경영자가 정상적으로 출근하고 있는지, 채권자가 회사 방문을 통한 채권독촉이 있는지 회의가 평상시보다 길어지는지 등을 면밀히 확인하여 부도의 징후가 발생되고 있는지를 사후관리해야 한다.

② 임대인은 임차인과 임대차 계약을 하기 전에 임차인 신용 조사와 적격여부를 판단하여 임대차 계약을 체결하여 임대료 납부에 문제점이 발생되지 않도록 결격사유를 사전에 차단해야 한다.

③ 명도청구소송은 임대보증금 잔액과 연체 임대료와 소송기간 동안 상계될 수 있는지를 판단하고 명도청구소송 기간이 통상 6개월 이상 소요됨을 감안하여 사전에 미리 진행해야 한다. 그렇지 못할 경우 승소판결을 받았다 하더라도 소송기간이 과다하게 소요되면 연체임대료가 이미 초과되어 임대료 손실이 발생하게 된다.

④ 임차인의 차량번호와 유체동산 종류와 수 및 임차인의 거래은행에 대한 금융채권과 임차인 소유 부동산 등을 평상시 조사해두어야 한다.

⑤ 임차인이 계속해서 2회 이상 임대료를 연체하는 경우 지체 없이 임대료 독촉 내용증명 발송 등 명도청구소송을 준비해야 한다.

⑥ 임대차계약은 법률행위이므로 법률행위의 최종 판단은 법원이 하게 된다. 그러므로 반드시 최종해결 방법인 재판에 대비하여 임대차 계약서를 작성해두어야 한다.

⑦ 임차인이 무단전대나 무단양도 행위가 있는지 평상시에 항상 확인해야 한다.

⑧ 관리자는 임대료 등의 수납에 있어서 반드시 정직한 업무처리를 해야 하며 부정직할 경우 건물소유자가 종국적으로 임대료를 손실당하게 된다.

⑨ 임대료 등은 반드시 현금 또는 확실한 자기앞수표로 수납해야 하고 약속어음이나 불확실한 수표는 받지 않는 것이 현명하다.

⑩ 임대차 계약을 체결하고 임차인이 입주할 때에는 반드시 임대보증금 전액을 수령한 후 열쇠를 교부해야 한다. 임차인이 선 이사 후 임대보증금 납부(일부라도 문제된다)하는 경우 대개 보증금 수납에 문제가 발생하며, 문제가 발생하면 결국소송으로 해결해야 한다. 소송으로 해결할 경우 비용과 시간이 낭비되고 경제적인 손실을 입게 된다.

4. 내용증명제도

(1) 내용증명의 의의

내용증명제도라 함은 의사표시를 하는 자의 신청에 의하여 국가기관에 의한 문서내용을 증명하는 제도를 의미하는 것으로 우체국의 우편물의 특수 취급제도이다. 그러므로 내용증명은 문서를 상대방에게 발송했다는 의미와 문서가 그날 그 시간에 존재하였다는 확정일자를 부여하는 효력도 함께 가지고 있다.

(2) 내용증명의 필요성

내용증명을 작성·발송하는 이유는 첫째, 증거를 확보하거나 보전이 필요한 경우이고, 둘째, 상대방에게 심리적 부담을 주어 상대방의 이행이 필요할 때 내용증명제도가 필요하다.

(3) 내용증명의 작성 절차

내용증명의 작성절차는 대체로 다음과 같다.

① 내용증명은 특별히 정해둔 크기나 서식이 없다. 보통 16절지 크기 A4용지 정도에 작성하면 된다.
② 똑같은 내용으로 3통 작성한다(복사도 가능하다. 복사의 경우라도 각각 도장을 날인해야 한다).
③ 우체국에 3통 모두 제출하여 내용증명우편으로 우체국에 제출하였다는 도장을 찍어 1통은 우체국 보관, 1통은 발송자 보관, 나머지 1통은 등기우편으로 상대방에게 발송한다.
④ 보관 문서가 분실되었을 경우 2년 이내이면 등본을 본인만이 재교부받을 수 있다.
⑤ 발송시 반드시 도장과 주민등록증을 함께 가지고 가서 본인임을 제시하는 것이 현명하다.
⑥ 등기 접수증은 반드시 받고 보관한다.
⑦ 내용증명은 간결하고 명료하게 요점을 빠뜨리지 않고 기재한다.

(4) 내용증명의 용도

내용증명은 주로 소송을 착수하기 전단계에 이용되며, 주된 용도는 대체로 다음과 같다.

① 계약해제·해지·취소 통지
② 채권 양도 통지
③ 채무 불이행 확인통지
④ 시효중단 사유 통지
⑤ 기타 의사표시 전달

(5) 내용증명 작성 예

내용증명의 작성방법은 여러 가지 있을 수 있으나 연체임대료 사안에 따라 작성 예를 들면 <표 32>와 같다.

〈표 32〉 연체임대료 납부독촉 내용증명(안)

연체임대료 납부독촉 통지서
하기 청구인은 피청구인과 피청구인 사용 주택 1동에 대하여 2007년 9월 3일 임대차 계약을 체결하고 매월 말 금100만원의 임차료를 납부하기로 약속하였으나 금일 현재 임대료가 3기에 걸쳐 연체되고 있어 연체임대료가 3백만원에 이르고 있습니다. 본 서면이 도착한 후 10일 이내에 연체 임대료를 납부하기 바라며 불이행시 법에 따라 처리할 것을 통지합니다.
2008년 5월 5일 서울 특별시 강동구 명일동 144번지 통지인 홍 길 동 (인)
서울특별시 송파구 잠실동 123번지 피통지인 박 을 동 귀하

(6) 건물자산관리 내용증명 필요 용도

건물관리업무와 관련한 내용증명이 필요한 용도는 대체로 다음과 같다.

① 임대료 지불 연체시
② 임차인 건물사용 용도가 계약과 일치하지 않을 시, 또는 중단시키고자 할 때
③ 임대인 동의 없이 무단 개축할 때
④ 임대차 계약 갱신이 필요할 때
⑤ 임대차 계약 조건 변경 통보시
⑥ 임대차 계약 해제 또는 해지 통보시
⑦ 목적물의 명도, 청구, 인도, 철거, 퇴거를 원할 때

5. 제소전 화해조서

(1) 제소전 화해조서의 의의

화해의 의미는 이해당사자의 이해를 조정하여 조정 후 이행하도록 하는 것으로 소송상의 화해와 제소전 화해가 있다. 이를 합하여 재판상의 화해라 부른다. 재판상의 화해는 법원 법관의 면전에서 그 주장을 양보하고 이해다툼을 중지하는 것을 의미하고, 제소전의 화해는 소송방지의 화해라고도 하며, 분쟁 당사자의 일방이 상대방 주소를 관할하는 법원에 서면으로 청구의 취지원인과 쟁의의 내용을 명시하여 신청한다.

신청이 적법할 때는 법원 서기관이 신청자와 상대방 또는 법정 관리인을 기일을 정하여 소환하고 청구의 취지원인, 화해조항, 연월일과 법원을 표시하고 판사원, 법원사무관이 서명날인한다. 이 조서를 '제소전 화해조서'라 하며 확정판결과 동일한 효력을 가진다. 소송절차 진행없이 소송결과 확정판결의 효력을 가지므로 편리한 제도이다.

제소 전의 화해는 본래 법원의 고유업무이나 공증인법에 의하여 공증인을 법무부 장관이 임명하고 임명기간은 5년이나 3년 범위 내에서 재임명될 수 있다. 공정증서를 작성하고 사서증서를 인정하는 권한을 갖는다. 주로 공증허가받은 법무법인이나 공증인 합동법률사무소에서 공증업무를 행한다. 화해조서도 공증인 합동사무소나 공증법률 사무소에서 작성한다. 건물관리업무(특히 임대관리)와 관련한 화해조서 작성은 점포, 식당 등 임대차 목적물의 임대기간 만료시 순조로운 명도 보장과 무단양도의 금지를 권리금 주장을 사전에 방지하기 위하여 임대인과 임차인이 공증법률사무소에 공동으로 출석하여 공증인의 면전에서 작성하는 조서를 말한다.

제소전 화해조서는 확정판결 정본과 같은 효력이 있다.

(2) 제소전 화해조서 작성 목적

화해조서 작성은 주상복합건물에 있는 상가 중 식당이나 판매장, 영업장, 그리고 상가건물의 다방이나 점포 등의 영업시설, 그리고 권리금이나 시설 설치의 유익비청구에 대한 건물, 점포 명도시에 복잡한 분쟁을 피하기 위하여 분쟁 발생을 사전조정 · 해소하기 위함에 있다.

(3) 화해조서 제출서류

임대인과 임차인 사이에 화해조서 작성이 합의되면 화해조서를 촉탁하게 되는데 이때 제출해야 할 서류는 다음과 같다.

1) 임대인

① 소송 위임장
② 임대 계약서
③ 건물등기부 등본
④ 법인인 경우 등기부등본
⑤ 임대점포 상가도면

2) 임차인

① 임감증명서
② 인감도장
③ 주민등록증

(4) 화해조서 작성시 기재사항

화해조서의 목적이 권리금 등에 대한 분쟁해소를 위한 것이므로 반드시 다음 내용이 기재되어야 한다.

① 임대목적물 표시
② 임대차 계약기간
③ 제3자 무단양도나 전대금지 조항
④ 임대료 액수와 지급일자
⑤ 명도시에 권리금이나 유익비 청구 불능

(5) 집행절차

임차인 또는 점유자가 계약기간 만료 후에 계약 내용대로 명도하지 아니하고 권리금 등의 분쟁을 야기할 경우 임대인은 화해조서에 근거하여 법원의 도움을 받아 강제 집행할 수 있다.

제10장 건물자산관리 공무행정

■ 제1절 공무행정의 개요
■ 제2절 건물보수공사 발주절차와 도급계약

제1절 공무행정의 개요

1. 공무행정의 의의

건물자산관리에 있어서 공무행정이라 함은 건물의 보유기간 동안 유지관리를 위하여 실시되는 건축영선공사, 건축설비보수정비공사, 교체공사, 보강공사, 대수선공사, 인테리어, 리노베이션, 칸막이 설치 및 해체 공사 등 일체의 기술성 공사를 계획, 내부승인, 발주준비, 허가신청, 발주, 시공, 감리, 준공검사, 커미셔닝, 사후관리에 이르기까지 요구되는 공사업무를 총칭하여 공무행정이라고 이를 줄여서 공무라 한다.

건축측면의 공무의 의미는 토목건축에 관한 일로서 주로 토목공사나 건축공사의 건설에 관한 사무로 해석하고 있다. 건물시설의 관리에 있어서 공무란 건축공사, 전기공사, 통신공사, 기계정비 등의 각종 보수 공사들을 사무행정적으로 지원하는 공사행정 사무를 총칭하는 용어로 사용되고 있다.

2. 건물 보수공사의 종류

건물의 유지관리나 개량, 증축, 개축, 이축, 칸막이공사, 인테리어 등을 위한 공사의 종류에 여러 가지가 있으나 규모, 계약방법, 법령, 계약당사자의 수 등의 분류기준에 따라 분류하면 다음과 같다.

(1) 법령체계에 의한 분류

1) 건설산업기본법에 위한 분류

① 일반공사 - 건축공사, 토목공사, 산업설비공사
② 전문공사

2) 전기공사업법에 위한 분류

① 전기설비공사
② 전기기계설비공사
③ 전기신호표시공사
④ 기타 정보통신설비공사

(2) 일반공사규모에 의한 분류

1) 대형공사

총공사비 100억 이상 공사, 대안입찰 또는 일괄입찰(턴키공사)공사

2) 대규모공사

① 추정가격 50억원 이상 공사 또는 5억원 이상의 공사
② 전기, 정보통신공사나 전문공사

3) 지역 제한 입찰공사

① 시도제한 경쟁입찰공사
② 추정가격 50억원 미만공사 또는 5억원 미만의 전기, 전문, 정보통신공사

4) 특정공사

추정가격 100억원 미만의 일괄입찰, 대안입찰이 인정되는 공사

5) 기타 공사

상기 1), 2), 3), 4)에 속하지 않는 공사

(3) 시공자 설계 참여정도에 의한 분류

1) 일괄입찰공사(턴키베이스입찰)
2) 대안입찰공사
3) 기타 공사

(4) 공종에 의한 분류

공종에 따라 분류하면 공사의 종류는 다음과 같다.

1) 건축물 영선공사
2) 토목시설 보수공사
3) 전기설비 정비공사
4) 기계설비 설비보수공사
5) 정보통신 설비정비공사

(5) 건물유지관리규모에 의한 분류

공사규모에 따라 건물유지관리 공사를 분류하면 다음과 같다.

1) 대규모공사 : 1억원 이상의 공사
2) 중규모공사 : 1억원 미만- 3000만원 상당 공사
3) 소규모공사 : 3000만원 미만 공사

(6) 공사성격에 의한 분류

공사의 성격에 따라 분류하면 다음과 같다.

1) 건설공사
2) 교체공사
3) 보강공사
4) 수선공사
5) 개량공사
6) 해체공사
7) 철거공사
8) 보수공사
9) 정비공사

(7) 허가 기준에 의한 분류

허가 기준에 의한 공사의 종류는 다음과 같다.

1) 허가공사
2) 신고공사
3) 비허가공사

3. 공무행정의 목적

공무행정의 목적은 건물보유단계 동안 건물의 사용가치와 편리성과 사용성을 유지하거나 극대화하기 위하여 실시되는 건물보수정비공사가 가장 경제적인 방법으로 안전하고 효율적으로 적합하게 수행되도록 사무적으로 지원하는데 있다.

왜냐하면 합리적 입찰과 효율적 발주 및 정확하고 체계적인 공사감리감독 및 사후관리는 건물의 사용가치와 사용성을 유지하거나 극대화하는 것을 가장 경제적 방법으로 안전하게 효율적으로 적합하게 달성해주기 때문이다.

제2절 건물보수공사 발주절차와 도급계약

1. 보수공사관리발주의 의의

보수공사의 발주란 전문건설업자나 건설회사에게 건설공사 개요와 현장을 설명하고 입찰 또는 수의계약 등의 방법으로 공사의 일을 맡기는 행정사무를 의미한다.

건물기술관리의 주된 관리활동은 I・O・2M・2R 활동이라 할 수 있다. 왜냐하면 설비 또는 시설의 Inspection(점검) 활동, Operation(운전・작동) 활동, 시설물의 보전 활동인 Maintain 활동, 설비의 정비활동인 Maintenance 활동 그리고 보수・갱신활동인 Repairing과 Renovation(Remodelling) 활동이 기술관리(유지관리, 협의의 건물관리)에 있어서 가장 중요한 활동이기 때문이다.

기술활동 중에서 경미한 Repairing활동과 Maintenance는 기술관리종사자(영선담당자 포함)가 정비・보수할 수 있으나 고도의 기술을 요하는 정비・보수와 갱신은 반드시 전문건설업자에게 의뢰하여 보수・정비・갱신 공사를 수행해야 한다.

따라서, 정비공사나 보수공사 등은 규모에 따라 간이 발주절차 또는 표준발주절차에 의하여 발주하고 공사도급공사계약과 시공과 감독으로 시설과 설비를 원상회복하여 시설과 설비의 정상적 기능과 성능을 유지하도록 해야 한다.

다음에서 기술을 요하는 보수・정비공사의 발주절차와 갱신공사(대수선공사) 발주절차에 대하여 구체적으로 살펴보고, 공사도급표준계약서(예)를 예시하여 관련 업무에 참고되게 하였다. 인용한 공사도급계약서는 정부발주기관에서 사용하는 표준계약서임을 부기해둔다. 따라서 일반 공사에도 크게 참고될 것으로 판단된다.

2. 건물보수공사 발주절차

건물보수공사 발주절차에는 공사의 규모에 따라 간이발주절차와 표준발주절차가 있다.

(1) 정비・보수공사 간이발주절차

경미한 정비보수공사는 간이발주절차를 통하여 처리되며 간이발주절차는 다음과 같다.

① 설계 및 내역서 작성 → ② 내부품의(품신) → ③ 내부승인 → ④ 계약의뢰(담당부서) → ⑤ 공사입찰공고 → ⑥ 현장설명 → ⑦ 입찰실시 → ⑧ 공사도급계약 → ⑨ 착공 → ⑩ 완공 → ⑪ 준공검사 → ⑫ 완공보고 → ⑬ 대금지급(하자보증서 접수 후) → ⑭ 공사사후관리

(2) 갱신공사(대수선공사) 표준발주절차

대수선과 같은 규모 있는 갱신공사는 표준발주절차를 거쳐 체계적으로 발주처리해야 한다. 표준발주절차는 다음과 같다.

① 추진계획수립 → ② 자료수집 및 타당성, 기술성, 경제성, 관계법령 검토 → ③ 관계부서협의 → ④ 기본계획수립 → ⑤ 내부품의 및 승인 → ⑥ 기본계획확정 → ⑦ 기본 설계 및 내역서 시방서 등 확정 → ⑧ 실시설계확정 → ⑨ 허가신청 및 허가 → ⑩ 입찰공고 → ⑪ 현장설명 → ⑫ 입찰 → ⑬ 입찰조건 검토 및 입찰자 확정(네고 후) → ⑭ 계약 → ⑮ 착공 → ⑯ 완공 → ⑰ 준공검사(커미셔닝 포함) → ⑱ 완공보고 → ⑲ 대금지급(하자보증서 접수 후) → ⑳ 공사 사후관리

3. 건물보수공사도급계약의 체결

(1) 보수공사 도급계약의 내용

발주한 공사가 낙찰 또는 협의(Negotiation)에 합의하는 경우 다음과 같은 내용의 건물보수공사 도급계약을 체결해야 한다.

기술을 요하는 정비・보수공사 및 갱신공사의 공사도급표준계약서(예)와 건물보수공사 일반계약내용은 다음과 같다.

① 계약명칭
② 계약번호
③ 공고번호
④ 발주처
⑤ 계약상대자 인적 사항
⑥ 연대보증인 인적 사항
⑦ 공사명
⑧ 계약금액
⑨ 총공사부기금액

⑩ 계약보증금
⑪ 현장(현장명, 현장주소 등)
⑫ 지체상금률
⑬ 물가변동 계약금액 조정방법
⑭ 기성지급방법 및 지체상금(율)
⑮ 착공 연월일과 준공 연월일
⑯ 하자담보책임
⑰ 붙임서류
가. 공사입찰유의서
나. 공사계약 일반조건
다. 공사계약 특수조건
라. 설계서
마. 산출내역서
⑱ 관서의 장 또는 계약담당 공무원
⑲ 계약상대자
⑳ 연대보증인
㉑ 공사계약 일반조건

(2) 건물보수공사도급표준계약서의 서식과 기재내용

1) 공사도급계약서의 서식

공사도급표준계약서(예)의 서식과 기재내용은 다음의 <표 33>과 같다. 공사도급계약은 공사도급계약서와 함께 공사입찰유의서, 공사계약일반조건, 공사계약특수조건, 설계서, 산출내역서 등이 하나의 공사도급계약서를 구성하고 도급계약서의 효력을 갖는다.

〈표 33〉 공사도급표준계약서(예)

<table>
<tr><td colspan="3" rowspan="2">공사도급표준계약서</td><td colspan="2">계약번호 제 호</td></tr>
<tr><td colspan="2">공고번호 제 호</td></tr>
<tr><td rowspan="3">계약자</td><td>발 주 처</td><td colspan="3"></td></tr>
<tr><td>계약대상자</td><td colspan="3">• 상호 또는 법인명칭 : • 법인등록번호 :
• 주 소 :
• 대표자 :</td></tr>
<tr><td>연대보증인</td><td colspan="3">• 상호 또는 법인명칭 : • 법인등록번호 :
• 주 소 :
• 대표자 :</td></tr>
<tr><td rowspan="9">계약내용</td><td>공 사 명</td><td colspan="3"></td></tr>
<tr><td>계 약 금 액</td><td colspan="3">금 원정(₩)</td></tr>
<tr><td>총공사부기금액</td><td colspan="3">금 원정(₩)</td></tr>
<tr><td>계 약 보 증 금</td><td colspan="3">금 원정(₩)</td></tr>
<tr><td>현 장</td><td colspan="3"></td></tr>
<tr><td>지 체 상 금 률</td><td colspan="3"></td></tr>
<tr><td>물가변동계약금액조정방법</td><td colspan="3"></td></tr>
<tr><td>착 공 연 월 일</td><td colspan="3"></td></tr>
<tr><td>기 타 사 항</td><td colspan="3"></td></tr>
<tr><td colspan="5">하자담보책임(복합공종의 경우 공종별 구분 기재)</td></tr>
<tr><td>공 종</td><td>공종별 계약금액</td><td colspan="2">하자보수보증금률(%) 및 금액</td><td>하자담보책임기간</td></tr>
<tr><td></td><td></td><td colspan="2">( )% 금 원정</td><td>년</td></tr>
<tr><td></td><td></td><td colspan="2">( )% 금 원정</td><td>년</td></tr>
<tr><td></td><td></td><td colspan="2">( )% 금 원정</td><td>년</td></tr>
<tr><td colspan="5">중앙관서의 장(계약담당공무원)과 계약상대자는 상호 대등한 입장에서 붙임의 계약문서에 의하여 위의 공사에 대한 도급계약을 체결하고 신의에 따라 성실히 계약상의 의무를 이행 할 것을 확인시 계약서를 작성하여 당사자 기명날인한 후 각각 1통씩 보관한다.

붙임서류 : 1. 공사입찰유의서 1부
2. 공사계약 일반조건 1부
3. 공사계약 특수조건 1부 관서의 장 또는
4. 설계서 1부 계약담당공무원
5. 산출내역서 1부
계 약 상 대 자
연 대 보 증 인</td></tr>
</table>

2) 보수공사 도급계약의 일반조건

정부발주공사 기준의 공사계약의 일반조건은 <표 34>와 같다.

〈표 34〉 건물보수공사계약 일반조건

제1조(총칙) 계약담당공무원과 계약상대자는 공사도급표준계약서(이하 "계약서"라 한다)에 기재한 공사의 도급계약에 관하여 제3조의 규정에 의한 계약문서에서 정하는 바에 따라 신의와 성실의 원칙에 입각하여 이를 이행한다.

제2조(정의) 이 조건에서 사용하는 용어의 정의는 다음과 같다.

1. "계약담당공무원"이라 함은 국가를당사자로하는계약에관한법률시행규칙(이하"시행규칙"이라 한다) 제2조의 규정에 의한 공무원을 말한다. 이 경우 각 중앙관서의 장이 계약에 관한 사무를 그 소속공무원에게 위임하지 아니하고 직접 처리하는 경우에는 이를 계약담당공무원으로 본다.
2. "계약상대자"라 함은 정부와 공사계약을 체결한 자연인 또는 법인을 말한다.
3. "공사감독관"이라 함은 제16조에 규정된 임무를 수행하기 위하여 정부가 임명한 기술직원 또는 그의 대리인을 말한다. 다만, 건설기술관리법 제27조의 규정에 의하여 책임감리를 하는 공사에 있어서는 당해 공사의 감리를 수행하는 감리원을 말한다.
4. "설계서"라 함은 공사시방서, 설계도면 및 현장설명서를 말한다. 다만, 공사추정가격이 1억원 이상인 공사(제19조 제②항 제2호 및 제3호에 규정한 공사는 제외)에 있어서는 공종별 목적물 물량(가설물의 설치에 소요되는 물량포함. 이하같다)이 표시된 내역서를 포함한다.
5. "공종별 목적물 물량내역서"라 함은 공종별 목적물을 구성하는 품목 또는 비목과 동 품목 또는 비목의 규격·수량·단위 등이 표시되고, 시행령 제14조 제①항 및 제②항의 규정에 의하여 입찰공고 후 또는 낙찰자 결정 후 입찰에 참가하고자 하는 자 또는 낙찰자에게 교부된 내역서(이하 "물량내역서"라 한다)를 말한다.
6. "산출내역서"라 함은 시행령 제14조 제⑥항 및 제⑦항의 규정에 의하여 발주기관이 교부한 물량내역서에 입찰자 또는 계약상대자가 단가를 기재하여 제출한 내역서와 시행령 제85조 제②항 내지 제④항의 규정에 의하여 제출한 내역서 및 수의계약으로 체결된 공사의 경우 착공신고서 제출시까지 제출한 내역서를 말한다.
7. 이 조건에서 따로 정하는 경우를 제외하고는 국가를당사자로하는계약에관한법률시행령, 특정조달을위한국가를당사자로하는계약에관한법률시행령특례규정(이하 각각 "시행령", "특정 규정"이라 한다), 시행규칙 및 회계예규 공사입찰유의서(이하 "유의서"라 한다)에 정하는 바에 의한다.

제3조(계약문서) ① 계약문서는 계약서, 설계서, 유의서, 공사계약일반조건, 공사계약특수조건 및 산출내역서로 구성되며 상호보완의 효력을 가진다. 다만 제19조 제②항의 규정에 정한 공사에 있어서의 산출내역서는 이 조건에서 규정하는 계약금액의 조정 및 기성부분에 대한 대가의 지급시에 적용할 기준으로서 계약문서의 효력을 가진다.

② 계약담당공무원은 제①항에 규정된 공사계약특수조건을 정함에 있어서는 국가를당사자로하는계약에관한법령에서 정한 계약사항과 관련법령에 규정된 계약상대자의 계약상 이익을 부당하게 제한하지 않는 범위내에서 당해 공사계약의 특성상 필요하다고 인정되는 사항에 한하여 명시할 수 있다.

③ 이 조건이 정하는 바에 의하여 계약당사자간에 행한 통지문서 등은 계약문서로서의 효

력을 가진다.

제4조(사용언어) ① 계약을 이행함에 있어서 사용하는 언어는 한국어로 함을 원칙으로 한다.

② 계약담당공무원은 계약체결시 제①항의 규정에도 불구하고 필요하다고 인정하는 경우에는 계약이행과 관련하여 계약상대자가 외국어를 사용하거나 외국어와 한국어를 병행하여 사용할 수 있도록 필요한 조치를 할 수 있다.

③ 제②항의 규정에 의하여 외국어와 한국어를 병행하여 사용한 경우 외국어로 기재된 사항이 한국어와 상이할 때에는 한국어로 기재한 사항이 우선한다.

제5조(통지 등) ① 구두에 의한 통지 · 신청 · 청구 · 요구 · 회신 · 승인 또는 지시 등(이하 "통지 등"이라 한다)은 문서로 보완되어야 효력이 있다.

② 통지 등의 장소는 계약서에 기재된 주소로 하며, 주소를 변경하는 경우에는 이를 즉시 계약 당사자에게 통지하여야 한다.

③ 통지 등의 효력은 계약 문서에 따로 정하는 경우를 제외하고는 계약당사자에게 도달한 날부터 발생한다. 이 경우 도달일이 공휴일인 경우에는 그 익일부터 효력이 발생한다.

④ 계약당사자는 계약이행중 이 조건 및 관계법령 등에서 정한 바에 따라 서면으로 정당한 요구를 받은 경우에는 이를 성실히 검토하여 회신하여야 한다.

제6조(채권양도) ① 계약상대자는 이 공사의 이행을 위한 목적 외에는 이 계약에 의하여 발생한 채권(공사대금 청구권)을 제3자에게 양도하지 못한다.

② 계약상대자가 채권양도를 하고자 하는 경우에는 미리 연대보증인 또는 공사이행보증서 발급기관(이하 "보증기관"이라 한다)의 동의를 얻어 발주기관의 서면승인을 받아야 한다.

③ 계약담당 공무원은 제②항의 규정에 의한 계약상대자의 채권양도 서면승인 요청에 대하여 계약이행을 위한 목적에 해당되지 않음을 이유로 승인을 하지 않는 경우에는 그 사유를 서면으로 계약상대자와 그 채권을 양수하고자 하는 자에게 통보하여야 한다.

제7조(계약보증금) ① 계약을 체결하고자 하는 자는 계약체결일까지 시행령 제50조의 규정에 정한 바에 따라 시행령 제37조 제②항에 규정된 현금 또는 보증서 등으로 계약보증금을 납부하여야 한다.

② 계약보증금의 전부 또는 일부의 납부를 면제받은 경우에는 제8조 제①항 및 제②항의 규정에 의하여 국고귀속사유가 발생할 때에 계약보증금에 해당하는 금액을 현금으로 납입할 것을 보장하기 위하여 그 지급을 확약하는 내용의 문서(이하 "계약보증금지급각서"라 한다)를 제출하여야 한다.

③ 계약상대자는 이 조건의 규정에 의하여 계약금액이 증액된 경우에는 이에 상응하는 금액의 계약보증금을 시행령 제50조 및 제52조에 정한 바에 따라 추가로 납부하여야 하며 계약금액이 감액된 경우에는 이에 상응하는 금액의 계약보증금을 반환청구할 수 있다.

④ 계약담당공무원은 시행령 제37조 제②항 제2호의 규정에 의한 유가증권이나 현금으로 납부된 계약보증금을 계약상대자가 특별한 사유로 시행령 제37조 제②항 제1호 내지 제5호에 규정된 보증서 등으로 대체납부할 것을 요청한 때에는 동가치 상당액 이상으로 대체납부하게 할 수 있다.

제8조(계약보증금의 처리) ① 계약상대자가 정당한 이유 없이 계약kd의 의무를 이행하지 아니한 때에는 계약보증금을 국고에 귀속한다.

② 제①항의 규정은 시행령 제69조의 규정에 의한 장기계속공사계약에 있어서 계약상대자가 2차 이후의 공사계약을 체결하지 아니한 경우에 이를 준용한다.

③ 시행령 제50조 제⑩항의 규정에 의하여 계약보증금지급각서를 제출한 경우로서 계약보증금의 국고귀속사유가 발생하여 계약담당공무원의 납입요청이 있을 때에는 계약상대자는 당해 계약보증금을 지체 없이 현금으로 납부하여야 한다.

④ 제①항 및 제②항의 규정에 의하여 계약보증금을 국고에 귀속함에 있어서 그 계약보증금은 이를 기성부분에 대한 미지급액과 상계 처리할 수 없다.

⑤ 계약상대자가 납부한 계약보증금은 계약이 이행된 후 계약상대자에게 지체 없이 반환한다.

제9조(공사계약에 있어서의 이행보증) ① 계약상대자는 계약 체결시 다음 각 호의 방법 중 하나를 선택하여 계약이행보증을 하여야 한다.

1. 시행령 제50조제①항 내지 제③항의 규정에 의한 계약보증금을 납부하고 당해 공사의 계약상의 시공의무이행(하자보수이행을 포함하며, 장기계속공사인 경우에는 부기한 총공사의 이행을 말한다)을 보증하는 1인 이상의 연대보증인을 세우는 방법

2. 제1호의 규정에 의한 연대보증인을 세우지 아니하고 계약보증금을 계약금액의 100분의 20이상으로 납부하는 방법

3. 시행령 제50조 제①항 내지 제③항의 규정에 의한 계약보증금을 납부하지 아니하고 공사이행보증서(당해공사의 계약상의 의무를 이행할 것을 보증한 기관이 계약상대자를 대신하여 계약상의 의무를 이행하지 아니하는 경우에는 계약금액의 100분의 30이상을 납부할 것을 보증하는 것이어야 한다)를 제출하는 방법

② 시행령 제52조의 규정에 의한 연대보증인 및 보증이행업체는 다음 각 호에 해당하는 자격을 갖추고 있어야 하며, 계약담당공무원은 연대보증인 및 보증이행업체의 적격여부를 심사하기 위하여 계약상대자에게 관련 자료의 제출을 요구할 수 있다.

1. 독점규제및공정거래에관한법률에 의한 계열회사가 아닌 자

2. 시행령 제76조의 규정에 의한 입찰참가자격 제한을 받고 그 제한기간 중에 있지 아니한 자

3. 시행령 제36조의 규정에 의한 입찰공고등에서 정한 입찰참가자격과 동등이상의 자격을 갖춘 자

4. 시행령 제13조의 규정에 의한 입찰의 경우에는 입찰참가자격 사전 심사기준에 따른 입찰참가에 필요한 종합평점이상이 되는 자

③ 계약담당공무원은 제①항의 규정에 의하여 연대보증인 및 보증이행업체로 된 자가 부적격하다고 인정되는 때에는 계약상대자에게 연대보증인 및 보증이행업체의 변경을 요구할 수 있다.

④ 시행령 제52조 제①항 제3호의 규정에 의한 공사이행보증서의 제출등에 대하여는 제①항 및 제②항 외에 회계예규 공사이행보증제도운용요령(이하"보증제도운용요령"이라 한다)에 정한 바에 의한다.

제10조(손해보험) ① 계약상대자는 당해 계약의 목적물 등에 대하여 손해보험에 가입할 수 있으며, 시행령 제78조 및 시행규칙 제23조 제①항에 규정된 공사에 대하여는 특별한 사유가 없는 한 계약목적물 및 제3자 배상책임을 담보할 수 있는 손해보험에 가입하여야 한다.

② 계약상대자는 제①항의 규정에 의한 보험가입시 발주기관, 계약상대자, 하수급인 및 당해공사의 이해관계인을 피보험자로 하여야 하며, 보험사고 발생으로 발주기관 이외의 자가 보험금을 수령하게 될 경우에는 발주지관의 장의 사전동의를 받아야 한다.

③ 계약목적물에 대한 보험가입금액은 공사의 보험가입 대상부분의 순계약금액(계약금액에서 부가가치세와 손해보험료를 제외한 금액을 말하며, 관급자재가 있을 경우에는 이를 포함한다. 이하 같다)을 기준으로 한다.

④ 제①항의 규정에 의한 보험가입은 공사착공일 이전까지 하고 그 증서를 착공신고서 제출시 발주기관에 제출하여야 하며, 보험기간은 당해공사 착공시부터 발주기관의 인수시(시운전이 필요한 공사인 경우에는 시운전 시기까지 포함한다)까지로 하여야 한다.

⑤ 계약상대자는 손해보험가입시 제48조의 규정에의하여 연대보증이 또는 보증기관이 시

공하게 될 경우 계약상대자의 보험계약상의 권리와 의무가 연대보증인 또는 보증기관에 승계될 수 있도록 하여야 하며 제44조 내지 제46조의 규정에 의하여 계약이 해제 또는 해지된 후 새로운 계약상대자가 선정될 경우에도 계약상대자의 보험계약상의 권리와 의무가 새로운 계약상대자에게 승계될 수 있도록 하여야 한다.

⑥ 계약상대자는 발주기관이 작성한 예정가격조서상의 보험료 또는 계약상대자가 제출한 입찰금액 산출내역서상의 보험료와 계약상대자가 손해보험회사에 실제 납입한 보험료간의 차액 발생을 이유로 보험가입을 거절하거나 동 차액의 정산을 요구하여서는 안된다.

⑦ 계약상대자는 보험가입 목적물의 보험사고로 보험금이 지급되는 경우 동 보험금을 당해 공사의 복구에 우선 사용하여야 하며, 보험금 지급이 지연되거나 부족하게 지급되는 경우에도 이를 이유로 피해복구를 지연하거나 거절하여서는 안된다.

⑧ 제①항 내지 제⑦항에 규정한 사항이외에 손해보험과 관련된 기타 계약조건은 회계예규"공사손해보험 가입업무 집행요령"에 정한 바에 의한다.

제11조(공사용지의 확보) ① 발주기관은 계약문서에 따로 정한 경우를 제외하고는 계약상대자가 공사의 수행에 필요로 하는 날까지 공사용지를 확보하여 계약상대자에게 인도하여야 한다.

② 계약상대자는 현장에 인력, 장비 또는 자재를 투입하기 전에 공사용지의 확보여부를 계약담당공무원으로부터 확인을 받아야 한다.

제12조(공사자재의 검사) ① 공사에 사용할 자재는 신품이어야 하며 품질·규격 등은 반드시 설계서와 일치되어야 한다. 그러나 설계서에 명확히 규정되지 않은 것은 표준품 이상으로서 계약의 목적을 달성하는 데에 가장 적합한 것이어야 한다.

② 계약상대자는 공사자재를 사용하기 전에 공사감독관의 검사를 받아야 하며, 불합격된 자재는 즉시 대체하여 다시 검사를 받아야 한다.

③ 제②항의 규정에 의한 검사에 이의가 있을 경우 계약상대자는 계약담당공무원에게 재검사를 청구할 수 있으며, 재검사가 필요하다고 인정되는 경우 계약담당공무원은 지체없이 재검사하도록 조치하여야 한다.

④ 계약담당공무원은 계약상대자로부터 공사에 사용할 자재의 검사를 요청받거나 제 ③항의 규정에 의한 재검사의 요청을 받은 때에는 정당한 이유 없이 검사를 재체할 수 없다.

⑤ 계약상대자가 불합격된 자재를 즉시 이송하지 않거나 대체하지 않은 경우에는 계약담당공무원이 일방적으로 불합격 자재를 제거하거나 대체시킬 수 있다.

⑥ 계약상대자는 시험 또는 조합을 요하는 자재가 있는 경우 공사감독관의 참여하에 그 시험 또는 조합을 하여야 한다.

⑦ 수중 또는 지하에 매몰하는 공작물 기타 준공 후 외부로부터 검사할 수 없는 공작물의 공사는 공사감독관의 참여하에 시공하여야 한다.

⑧ 계약상대자가 제①항 내지 제⑦항에 정한 조건에 위배하거나 또는 설계서에 합치되지 않는 시공을 하였을 때에는 계약담당공무원은 공작물의 대체 또는 개조를 명할 수 있다.

⑨ 제②항 내지 제⑧항의 경우 계약금액을 증감하거나 계약기간을 연장할 수 없다. 다만, 제③항의 규정에 의하여 재검사 결과 적합한 자재인 것으로 판명될 경우에는 재검사에 소요된 기간에 대하여는 계약기간을 연장할 수 있다.

제13조(관급자재 및 대여품) ① 발주기관은 공사의 수행에 필요한 특정자재 또는 기계·기구 등을 계약상대자에게 공급하거나 대여할 수 있으며, 이 경우 관급자재등(관급자재 및 대여품을 말한다. 이하같다)은 설계서에 명시하여야 한다.

② 관급자재 등은 제17조 제①항 제2호의 공사공정예정표에 따라 적기에 공급되어야 하며, 인도일시 및 장소는 계약당사자간에 협의하여 결정한다.

③ 관급자재 등의 소유권은 발주기관에 있으며, 잉여분이 있을 경우 계약상대자는 이를

발주 기관에 통지하여 계약담당공무원의 지시에 따라 이를 반환하여야 한다.

④ 제②항의 규정에 의한 인도 후의 관급자재 등에 대한 관리상의 책임은 계약상대자에게 있으며, 이를 멸실 또는 훼손하였을 경우에는 발주기관에 변상하여야 한다.

⑤ 계약상대자는 관급자재 등을 계약의 수행 외의 목적으로 사용할 수 없으며, 공사감독관의 서면승인 없이는 현장외부로 반출하여서는 안된다.

⑥ 계약상대자는 관급자재등의 공급이 지체되어 공사가 상당기간 지연될 것이 예상될 때에는 계약담당공무원의 승인을 얻어 자기보유의 자재 등을 대체사용할 수 있다. 이 경우 계약담당공무원은 대체 사용한 자재 등을 계약상대자와 합의된 일시 및 장소에서 현품으로 반환하거나 대체사용당시의 가격에 의하여 그 대가를 제40조의 규정에 의한 준공대가에 합산하여 지급하여야 한다.

⑦ 계약상대자는 관급자재 등을 인수할 때에는 이를 검수하여야 하며 그 품질 또는 규격이 시공에 적당하지 않다고 인정될 경우에는 즉시 계약담당공무원에게 이를 통지하여 이의 대체를 요구하여야 한다.

⑧ 계약담당공무원은 필요하다고 인정할 경우에는 관급자재 등의 수량·품질·규격·인도시기·인도 장소 등을 변경할 수 있다. 이 경우에는 제20조 및 제23조의 규정을 적용한다.

제14조(공사현장대리인) ① 계약상대자는 계약된 공사에 적격한 공사현장대리인(국가기술자격취득자 또는 건설기술관리법 등 관계법령에 의하여 기술자로 인정하고 있는 자를 말한다. 이하같다)을 지명하여 계약담당공무원에게 통지하여야 한다.

② 공사현장대리인은 공사현장에 상주하여 계약문서와 공사감독관의 지시에 따라 공사현장의 단속 및 공사에 관한 모든 사항을 처리하여야 한다.

제15조(공사현장 근로자) ① 계약상대자는 당해계약의 시공 또는 관리에 필요한 기술과 경험을 가진 근로자를 채용하여야 하며 근로자의 행위에 대하여 모든 책임을 져야 한다.

② 계약상대자는 계약담당공무원이 계약상대자가 채용한 근로자에 대하여 당해계약의 시공 또는 관리상 적당하지 아니하다고 인정하여 이의 교체를 요구한 때에는 즉시 교체하여야 하며 계약담당공무원의 승인 없이는 교체된 근로자를 당해계약의 시공 또는 관리를 위하여 다시 채용할 수 없다.

제16조(공사감독관) ① 공사감독관은 계약된 공사의 수행과 품질의 확보 및 향상을 위하여 건설기술관리법 제35조의 규정 및 이 조건에서 규정한 업무를 행한다.

② 공사감독관은 계약담당공무원의 승인 없이 계약상대자의 의무와 책임을 면제시키거나 증감시킬 수 없다.

③ 계약상대자는 공사감독관의 지시 또는 결정이 이 조건에서 정한 사항에 위반되거나 계약의 이행에 적합하지 않다고 인정될 경우에는 즉시 계약담당공무원에게 이의 시정을 요구하여야 한다.

④ 계약담당공무원은 제③항의 규정에 의한 시정요구를 받은 날부터 7일 이내에 필요한 조치를 하여야 한다.

⑤ 계약상대자는 그가 발주기관에 제출하는 모든 문서에 대하여 그 사본을 공사감독관에게 제출하여야 한다.

제17조(착공 및 공정보고) ① 계약상대자는 계약문서에 정하는 바에 따라 착공하여야 하며 착공시에는 다음 각 호의 서류가 포함된 착공신고서를 발주기관에 제출하여야 한다.

1. 건설기술관리법령 등 관련법령의 규정에 의한 현장기술자지정신고서
2. 공사공정예정표
3. 안전 · 환경 및 품질관리계획서
4. 공정별인력 및 장비투입계획서

5. 착공 전 현장사진
6. 기타 계약담당공무원이 지정한 사항

② 계약상대자는 계약의 이행 중에 설계변경 또는 기타 계약내용의 변경으로 인하여 제①항의 규정에 의하여 제출한 서류의 변경이 필요한 때에는 관련서류를 변경하여 제출하여야 한다.

③ 계약담당공무원은 제①항 및 제②항의 규정에 의하여 제출된 서류의 내용을 조정할 필요가 있다고 인정하는 경우에는 계약상대자에게 이의 조정을 요구할 수 있다.

④ 계약담당공무원은 계약상대자로 하여금 월별로 수행한 공사에 대하여 다음 각 호의 사항을 명백히 하여 익월 14일까지 발주기관에 제출하게 할 수 있으며, 이 경우 계약상대자는 이에 응하여야 한다.

1. 월별공정률 및 수행공사금액
2. 인력 · 장비 및 자재현황
3. 계약사항의 변경 및 계약 금액의 조정내용
4. 공정상황을 나타내는 현장사진

⑤ 계약담당공무원은 공정이 지체되어 소정기한 내에 공사가 준공될 수 없다고 인정할 경우에는 제④항의 규정에 의한 월별 현황과는 별도로 주간공정현황의 제출 등 공사추진에 필요한 조치를 계약상대자에게 지시할 수 있다.

제18조(휴일 및 야간작업) ① 계약상대자는 계약문서에서 별도로 규정하고 있지 아니하는 한 계약담당공무원의 필요에 의한 경우를 제외하고는 계약담당공무원의 승인없이 휴일 또는 야간작업을 할 수 없다.

② 계약상대자는 제①항의 규정에 의하여 계약담당공무원의 승인을 얻어 휴일 또는 야간작업을 하는 경우에는 추가비용을 청구할 수 없다. 다만, 계약담당공무원의 공기단축지시 및 발주기관의 부득이한 사유로 인하여 휴일 또는 야간작업을 지시하였을 때에는 그렇지 않다.

③ 제23조의 규정은 제②항 단서의 경우에 이를 준용한다.

제19조(설계변경 등) ① 설계변경은 다음 각 호의 1에 해당하는 경우에 한다.

1. 설계서의 내용이 불분명하거나 누락·오류 또는 상호모순되는 점이 있을 경우
2. 지질, 용수 등 공사현장의 상태가 설계서와 다를 경우
3. 새로운 기술·공법사용으로 공사비의 절감 및 시공기간의 단축 등의 효과가 현저할 경우
4. 기타 발주기관이 설계서를 변경할 필요가 있다고 인정할 경우 등

② 제①항의 규정에 의한 설계변경을 함에 있어서 다음 각 호의 1의 사항은 설계서에 포함하지 않는다.

1. 추정가격이 1억원 미만인 공사로서 입찰을 실시하여 체결한 공사의 산출내역서
2. 수의계약으로 체결한 공사의 산출내역서
3. 시행령 제78조의 규정에 의한 일괄입찰 실시설계·시공입찰에 의한 공사 및 대안입찰에 있어 대안이 채택된 공종의 공사에 있어서의 산출내역서

③ 제①항의 규정에 의한 설계변경은 그 설계변경이 필요한 부분의 시공 전에 완료하여야 한다. 다만, 계약담당공무원은 공정이행의 지연으로 품질저하가 우려되는 등 긴급하게 공사를 수행할 필요가 있는 때에는 계약상대자와 협의하여 설계변경의 시기 등을 명확히 정하고, 설계변경을 완료하기 전에 우선시공을 하게 할 수 있다.

제19조의2(설계서의 불분명·누락·오류 및 설계서간의 상호모순 등에 의한 설계변경) ① 계약상대자는 공사계약의 이행중 설계서의 내용이 불분명하거나 설계서에 누락·오류 및 설계서간에 상호모순 등이 있는 사실을 발견하였을 때에는 설계변경이 필요한 부분의 이행 전에 당해사항을 분명히 한 서류를 작성하여 공사감독관을 경유하여 계약담당공무원에게 이를 통

지하여야 한다.

② 계약담당공무원은 제①항의 규정에 의한 통지를 받은 즉시 공사가 적절히 이행될 수 있도록 다음 각 호의 1의 방법으로 설계변경 등 필요한 조치를 하여야 한다.

1. 설계서의 내용이 불분명한 경우(설계서만으로는 시공방법, 투입자재 등을 확정할 수 없는 경우)에는 설계자의 의견 및 발주기관이 작성한 단가산출서 또는 수량산출서 등의 검토를 통하여 당초 설계서에 의한 시공방법·투입자재 등을 확인하고 이를 기준으로 설계변경 여부를 결정

2. 설계서에 누락·오류가 있는 경우에는 그 사실을 조사 확인하고 계약목적물의 기능 및 안전을 확보할 수 있도록 설계서를 보완

3. 설계도면과 공사시방서는 서로 일치하나 물량내역서와 상이한 경우에는 설계도면 및 공사시방서에 물량내역서를 일치시킴.

4. 설계도면과 공사시방서가 상이한 경우로서 물량내역서가 설계도면과 상이하거나 공사시방서와 상이한 경우에는 설계도면과 공사시방서 중 최선의 공사시공을 위하여 우선되어야 할 내용으로 설계도면 또는 공사시방서를 확정한 후 그 확정된 내용에 따라 물량내역서를 일치시킴.

③ 제②항 제3호 및 제4호의 규정은 제19조 제②항의 규정에 정한 공사의 경우에는 적용되지 않는다. 다만, 제19조 제②항의 규정에 정한 공사의 경우로서 설계도면과 공사시방서가 상호모순되는 경우에는 관련 법령 및 입찰에 관한 서류 등에 정한 내용에 따라 우선 여부를 결정하여야 한다.

제19조의3(현장상태와 설계서의 상이로 인한 설계변경) ① 계약상대자는 공사의 이행 중 지질, 용수, 지하매설물 등 공사현장의 상태가 설계서와 다른 사실을 발견하였을 때에는 지체없이 설계서에 명시된 현장상태와 상이하게 나타난 현장상태를 기재한 서류를 작성하여 공사감독관을 경유하여 계약담당공무원에게 이를 통지하여야 한다.

② 계약담당공무원은 제①항의 통지를 받은 즉시 현장을 확인하고 현장상태에 따라 설계서를 변경하여야 한다.

제19조의4(신기술 및 신공법에 의한 설계변경) ① 계약상대자는 새로운 기술·공법(발주기관의 설계와 동등이상의 기능·효과를 가진 기술·공법 및 기자재 등을 포함한다. 이하 같 다)을 사용함으로써 공사비의 절감 및 시공기간의 단축 등에 효과가 현저할 것으로 인정하는 경우에는 다음 각 호의 서류를 첨부하여 공사감독관을 경유하여 계약담당공무원에게 서면으로 설계변경을 요청할 수 있다.

1. 제안사항에 대한 구체적인 설명서
2. 제안사항에 대한 산출내역서
3. 제17조 제①항 제2호에 대한 수정공정예정표
4. 공사비의 절감 및 시공기간의 단축효과
5. 기타 참고사항

② 계약담당공무원은 제①항의 규정에 의하여 설계변경을 요청받은 경우에는 이를 검토하여 그 결과를 계약상대자에게 통지하여야 한다. 이 경우 새로운 기술·공법 등의 범위와 한계에 대하여 이의가 있을 때에는 건설기술관리법 시행령 제38조의 7의 규정에 의한 설계자문위원회(이하 "설계자문위원회"라 한다)에 청구하여 심의를 받아야 한다. 다만, 설계자문위원회가 설치되어 있지 아니한 경웅는 건설기술관리법 시행령 제39조의 규정에 정한 바에 따라 심의를 청구하여야 한다.

③ 계약상대자는 제①항의 규정에 의한 요청이 승인되었을 경우에는 지체없이 새로운 기술·공법으로 수행할 공사에 대한 시공상세도면을 공사감독관을 경유하여 계약담당공무원에

게 제출하여야 한다.

④ 계약상대자는 제②항의 규정에 의한 계약담당공무원의 결정에 대하여 이의를 제기할 수 없으며, 또한 새로운 기술·공법의 개발에 소요된 비용 및 새로운 기술·공법에 의한 설계변경 후 동기술·공법에 의한 시공이 불가능한 것으로 판명된 경우 시공에 소요된 비용을 발주기관에 청구할 수 없다.

제19조의5(발주기관의 필요에 의한 설계변경) ① 계약담당공무원은 다음 각 호의 1의 사유로 인하여 설계서를 변경할 필요가 있다고 인정할 경우에는 계약상대자에게 이를 서면으로 통보할 수 있다.

1. 당해공사의 일부변경이 수반되는 추가공사의 발생
2. 특정공종의 삭제
3. 공정계획의 변경
4. 시공방법의 변경
5, 기타 공사의 적정한 이행을 위한 변경

② 계약담당공무원은 제①항의 규정에 의한 설계변경 통보시에는 다음 각 호의 서류를 첨부하여야 한다. 다만, 발주기관이 설계서를 변경 작성할 수 없을 경우에는 설계변경 개요서만을 첨부하여 설계변경을 통보할 수 있다.

1. 설계변경개요서
2. 수정설계도면 및 공사시방서
3. 기타 필요한 서류

③ 계약상대자는 제①항의 규정에 의한 통보를 받은 즉시 공사이행상황 및 자재수급 상황 등을 검토하여 설계변경 통보내용의 이행가능 여부(이행이 불가능하다고 판단될 경우에는 그 사유와 근거자료를 첨부)를 공사감독관을 경유하여 계약담당공무원에게 이를 서면으로 통지하여야 한다.

제19조의6(소요자재의 수급방법 변경) ① 계약담당공무원은 발주기관의 사정으로 인하여 당초 관급자재로 정한 품목을 계약상대자와 협의하여 계약상대자가 직접 구입하여 투입하는 자재(이하“사급자재”라 한다)로 변경하고자 하는 경우 또는 제13조 제⑥항의 규정에 의하여 계약상대자가 대체사용 승인을 신청한 경우로서 이를 승인한 경우에는 이를 서면으로 계약상대자에게 통보하여야 한다.

② 계약담당공무원은 공사의 이행 중 설계변경 등으로 인하여 당초 관급자재의 수량이 증가되는 경우로서 증가되는 수량을 적기에 지급할 수 없어 공사의 이행이 지연될 것으로 예상되는 등 필요하다고 인정되는 때에는 계약상대자와 협의한 후 증가되는 수량을 계약상대자가 직접 구입하여 투입하도록 이를 서면으로 계약상대자에게 통보할 수 있다.

③ 제①항의 규정에 의하여 자재의 수급방법을 변경한 경우에는 통보당시의 가격에 의하여 그 대가를 제40조의 규정에 의한 준공대가에 합산하여 지급하여야 한다. 다만, 계약상대자의 대체사용 승인신청에 따라 자재를 대체사용한 경우에는 계약상대자와 합의된 장소 및 일시에 현품으로 반환할 수도 있다.

④ 계약담당공무원은 당초계약시의 사급자재를 관급자재로 변경할 수 없다. 다만, 사급자재를 관급자재로 변경하지 않으면 계약목적을 이행할 수 없다고 인정되는 때에는 계약당사자간의 협의에 의하여 변경할 수 있다.

⑤ 제②항 및 제④항의 규정에 의하여 추가되는 관급자재를 사급자재로 변경하거나 사급자재를 관급자재로 변경한 경우에는 제20조의 규정에 정한 바에 따라 계약금액을 조정하여야 하며, 제③항 본문의 규정에 의하여 대가를 지급하는 경우에는 제20조 제④항의 규정을 준용한다.

제19조의7(설계변경에 따른 추가조치 등) ① 계약담당공무원은 제19조 제①항의 규정에 의하여 설계변경을 하는 경우 그 변경사항이 목적물의 구조변경 등으로 인하여 안전과 관련이 있는 때에는 하자발생시 책임한계를 명확하게 하기 위하여 당초 설계자의 의견을 들어야 한다.

② 계약담당공무원은 제19조의 3 및 제19조의 5의 규정에 의하여 설계변경을 하는 경우 계약상대자로 하여금 다음 각 호의 사항을 공사감독관을 경유하여 제출하게 할 수 있으며, 이 경우 계약상대자는 이에 응해야 한다.

1. 당해공종의 수정공정예정표
2. 당해공종의 수정도면 및 수정상세도면
3. 조정이 요구되는 계약금액 및 기간
4. 여타의 공정에 미치는 영향

③ 계약담당공무원은 제②항 제2호의 규정에 의하여 당초의 설계도면 및 시공상세도면을 계약상대자가 수정하여 제출하는 경우에는 그 수정에 소요된 비용을 제23조의 규정에 의하여 계약상대자에게 지급하여야 한다.

제20조(설계변경으로 인한 계약금액의 조정) ① 계약담당공무원은 설계변경으로 시공방법의 변경, 투입자재의 변경 등 공사량의 증감이 발생하는 경우에는 다음 각 호의 1의 기준에 의하여 계약금액을 조정하여야 한다.

1. 증감된 공사량의 단가는 계약단가로 한다. 다만, 계약단가가 예정가격단가보다 높은 경우로서 물량이 증가하게 되는 경우 그 증가된 물량에 대한 적용단가는 예정가격단가로 한다.
2. 산출내역서에 없는 품목 또는 비목(동일한 품목이라도 성능, 규격 등이 다른 경우를 포함한다. 이하 "신규비목"이라 한다)의 단가는 설계변경 당시(설계도면의 변경을 요하는 경우에는 변경도면을 발주기관이 확정된 때, 설계도면의 변경을 요하지 않는 경우에는 계약당사자 간에 설계변경을 문서에 의하여 합의한 때를 말한다. 이하 같다)를 기준으로 산정한 단가에 낙찰률(예정가격에 대한 낙찰금액 또는 계약금액의 비율을 말한다. 이하 같다)을 곱한 금액으로 한다.

② 발주기관이 설계변경을 요구한 경우(계약상대자의 책임 없는 사유로 인한 경우를 포함한다. 이하 같다)에는 제①항의 규정에도 불구하고 증가된 물량 또는 신규비목의 단가는 설계변경당시를 기준으로 하여 산정한 단가와 동 단가에 낙찰률을 곱한 금액의 범위안에서 발주기관과 계약상대자가 상호 협의하여 결정한다.

③ 제19조의 4의 규정에 의한 설계변경의 경우에는 당해절감액의 100분의 50에 해당하는 금액은 이를 감액하지 아니한다.

④ 제①항 및 제②항의 규정에 의한 계약금액의 증가분에 대한 간접노무비, 산재보험료 및 안전관리비 등 승률비용과 일반관리비 및 이윤은 산출내역서상의 간접노무비율, 산재보험료율 및 안전관리비율 등의 승률비율과 일반관리비율 및 이윤율에 의하되 관계법령 및 재정경제원 장관이 정한 율을 초과할 수 없다.

⑤ 계약담당공무원은 예정가격의 100분의 88미만으로 낙찰된 공사계약의 계약금액을 제①항의 규정에 의하여 증액 조정하고자 하는 경우로서 당해 증액조정금액이 당초 계약금액의 100분의 10이상인 경우에는 소속중앙관서의 장의 승인을 얻어야 한다.

⑥ 일부 공종의 단가가 세부공종별로 분류되어 작성되지 아니하고 총계방식으로 작성(이하 "1식단가"라 한다)되어 있는 경우에도 설계도면 또는 공사시방서가 변경되어 1식단가의 구성내용이 변경되는 때에는 제①항 내지 제⑤항의 규정에 의하여 계약금액을 조정하여야 한다.

⑦ 발주기관은 제①항 내지 제⑥항의 규정에 의하여 계약금액을 조정하는 경우에는 계약상대자의 계약금액조정 청구를 받은 날부터 30일 이내에 계약금액을 조정하여야 한다.

이 경우 예산배정의 지연 등 불가피한 경우에는 계약상대자와 협의하여 그 조정기한을 연장할 수 있으며, 계약금액을 조정할 수 있는 예산이 없는 때에는 공사량 등을 조정하여 그 대가를 지급할 수 있다.

⑧ 계약담당공무원은 제⑦항의 규정에 의한 계약상대자의 계약금액조정 청구 내용이 부당함을 발견한 때에는 지체 없이 필요한 보완요구 등의 조치를 하여야 한다. 이 경우 계약상대자가 보완요구 등의 조치를 통보받은 날부터 발주기관이 그 보완을 완료한 사실을 통지받은 날까지의 기간은 제⑦항의 규정에 의한 기간에 산입하지 아니한다.

제21조(대형공사의 설계변경 등) ① 시행령 제78조의 규정에 의한 일괄입찰, 실시설계·시공입찰 및 대안입찰(대안이 채택된 공종에 한함)을 실시하여 체결된 공사계약에 있어서는 설계변경으로 계약내용을 변경하는 경우에도 정부에 책임 있는 사유 또는 천재·지변 등 불가항력의 사유로 인한 경우를 제외하고는 그 계약 금액을 증액할 수 없다.

② 제①항의 경우에 계약금액을 조정하고자 할 때에는 다음 각 호의 기준에 의한다.

1. 감소된 공사량의 단가 : 시행령 제85조 제②항 내지 제④항의 규정에 의하여 제출한 산출내역서상의 단가
2. 증가된 공사량의 단가 : 설계변경당시를 기준으로 산정한 단가와 제1호의 규정에 의한 산출내역서상의 단가의 범위 안에서 계약당사자간에 협의하여 결정한 단가
3. 제1호의 규정에 의한 산출내역서상에 없는 신규비목의 단가 : 설계변경당시를 기준으로 산정한 단가

③ 제①항에 정한 정부의 책임 있는 사유 또는 불가항력의 사유란 다음 각 호의 1의 경우를 말한다. 다만, 설계시 공사관련법령 등에 정한 바에 따라 설계서가 작성된 경우에 한한다.

1. 사업계획 변경 등 발주기관의 필요에 의한 경우
2. 발주기관 외에 당해공사와 관련된 인허가기관 등의 요구가 있어 이를 발주기관이 수용하는 경우
3. 공사관련법령(표준시방서, 전문시방서, 설계기준 및 지침 등 포함)의 제·개정으로 인한 경우
4. 공사관련법령에 정한 바에 따라 시공하였음에도 불구하고 발생되는 민원에 의한 경우
5. 발주기관 또는 공사 관련기관이 교부한 지하매설 지장물 도면과 현장 상태가 상이하거나 계약이후 신규로 매설된 지장물에 의한 경우
6. 토지·건물소유자의 반대, 지장물의 존치, 관련기관의 인허가 불허 등으로 지질조사가 불가능했던 부분의 경우
7. 제32조의 규정에 정한 사항 등 계약당사자 누구의 책임에도 속하지 않는 사유에 의한 경우

④ 제②항의 규정에 의하여 계약금액을 증액하고자 하는 경우 증가되는 공사물량은 수정전의 설계도면과 수정 후의 설계도면을 비교하여 산출한다.

⑤ 제③항의 각 호의 1에 정한 사유에 해당되지 않는 경우로서 현장상태와 설계서의 상이 등으로 인하여 설계변경을 하는 경우 세부공종(단일사유로 계약금액 조정이 동시에 발생되는 관련공종이 있는 경우에는 동 공종을 포함한다. 이하 같다)에서 감액되는 금액과 증액되는 금액이 동시에 발생되는 때에는 세부 공종단위로 증·감되는 금액을 합산하여 계약금액을 조정하되, 세부공종 단위별 계약금액을 증액할 수는 없다.

⑥ 제①항 내지 제⑤항의 규정에 의한 계약금액조정의 경우에는 제20조 제⑦항 및 제⑧항의 규정을 준용한다.

제22조(물가변동으로 인한 계약금액의 조정) ① 물가변동으로 인한 계약금액의 조정은 시행

령 제64조 및 시행규칙 제74조의 규정에 정한 바에 의한다.

② 동일한 계약에 대한 계약금액의 조정시 품목조정률 및 지수조정률을 동시에 적용하여서는 아니되며, 계약체결시 계약상대자와 협의하여 품목조정률 또는 지수조정률 중 하나의 방법을 택하여 계약서에 명시하여야 한다.

③ 제①항의 규정에 의하여 계약금액을 증액하는 경우에는 상대자의 청구에 의하여야 하며, 조정된 계약금액은 직전의 물가변동으로 인하여 계약금액조정기준일로부터 60일 이내에 이를 다시 조정할 수 없다.

④ 계약상대자는 제③항의 규정에 의하여 계약금액의 증액을 청구하는 경우에는 계약금액조정 내역서를 첨부하여야 한다.

⑤ 발주기관은 제①항 내지 제④항의 규정에 의하여 계약금액을 증액하는 경우에는 계약상대자의 청구를 받은 날로부터 30일 이내에 계약금액을 조정하여야 한다. 이 경우 예산배정의 지연 등 불가피한 경우에는 계약상대자와 협의하여 그 조정기한을 연기할 수 있으며, 계약금액을 증액할 수 있는 예산이 없는 때에는 공사량 등을 조정하여 그 대가를 지급할 수 있다.

⑥ 계약담당공무원은 제④항 및 제⑤항의 규정에 의한 계약상대자의 계약금액조정청구 내용이 부당함을 발견한 때에는 지체 없이 필요한 보완요구 등의 조치를 하여야 한다. 이 경우 계약상대자가 보완요구 등의 조치를 통보받은 날부터 발주기관이 그 보완을 완료한 사실을 통지받은 날까지의 기간은 제⑤항의 규정에 의한 기간에 산입하지 아니한다.

第23조(기타 계약내용의 변경으로 인한 계약금액의 조정) ① 계약담당공무원은 공사계약에 있어서 제20조 및 제22조의 규정에 의한 경우 외에 공사기간·운반거리의 변경 등 계약내용의 변경으로 계약금액을 조정하여야 할 필요가 있는 경우에는 그 변경된 내용에 따라 실비를 초과하지 아니하는 범위 안에서 이를 조정한다.

② 제①항의 규정에 의한 계약내용의 변경은 변경되는 부분의 이행에 착수하기 전에 완료하여야 한다. 다만 계약담당공무원은 계약이행의 지연으로 품질저하가 우려되는 등 긴급하게 계약을 이행하게 할 필요가 있는 때에는 계약상대자와 협의하여 계약내용 변경의 시기 등을 명확히 정하고, 계약내용을 변경하기 전에 계약을 이행하게 할 수 있다.

③ 제①항의 경우에는 제20조 제④항을 준용한다.

④ 제①항의 경우 계약금액이 증액될 때에는 계약상대자의 신청에 의거 조정하여야 한다.

⑤ 제①항 내지 제④항의 규정에 의한 계약금액조정의 경우에는 제20조 제⑦항·제⑧항의 규정을 준용한다.

제24조(응급조치) ① 계약상대자는 시공기간 중 재해방지를 위하여 필요하다고 인정할 때에는 미리 공사감독관의 의견을 들어 필요한 조치를 취하여야 한다.

② 공사감독관은 재해방지 기타 시공상 부득이할 때에는 계약상대자에게 필요한 응급조치를 취할 것을 구두 또는 서면으로 요구할 수 있다. 이 경우 구두로 응급조치를 요구한 때에는 추후 서면으로 이를 보완하여야 한다.

③ 계약상대자는 제②항의 규정에 의한 요구를 받은 때에는 즉시 이에 응하여야 한다. 다만, 계약상대자가 요구에 응하지 아니할 때에는 계약담당공무원은 일방적으로 계약상대자 부담으로 제3자로 하여금 응급조치하게 할 수 있다.

④ 제①항 내지 제③항의 조치에 소요된 경비 중에서 계약상대자가 계약금액의 범위 내에서 부담하는 것이 부당하다고 인정되는 때에는 제23조의 규정에 의하여 실비의 범위 안에서 계약금액을 조정할 수 있다.

제25조(지체상금) ① 계약상대자는 계약서에 정한 준공기한(계약서상 준공신고서 제출기일을 말한다. 이하 같다)내에 공사를 완성하지 아니한 때에는 매 지체일수마다 계약서에 정한 지

체상금률을 계약금액에 곱하여 산출한 금액(이하 "지체상금"이라 한다)을 현금으로 납부하여야 한다.

② 계약담당공무원은 제①항의 경우에 제29조의 규정에 의하여 기성부분을 인수(인수하지 아니하고 관리·사용하고 있는 경우를 포함한다. 이하 이조에서 같다)한 때에는 그 부분에 상당하는 금액을 계약금액에서 공제한다. 이 경우 기성부분의 인수는 그 성질상 분할할 수 있는 공사에 대한 완성부분으로 인수하는 것에 한한다.

③ 계약담당공무원은 다음 각 호의 1에 해당되어 공사가 지체되었다고 인정할 때에는 그 해당일수를 제①항의 지체일수에 산입하지 아니한다.

1. 제23조에서 규정한 불가항력의 사유에 의한 경우
2. 계약상대자가 대체 사용할 수 없는 중요관급자재 등의 공급이 지연되어 공사의 진행이 불가능하였을 경우
3. 발주기관의 책임으로 착공이 지연되거나 시공이 중단되었을 경우
4. 계약상대자의 부도 등으로 연대보증인이 보증시공을 할 경우
5. 계약상대자의 부도 등으로 보증기관이 보증이행업체를 지정하여 보증 시공할 경우
6. 제19조의 규정에 의한 설계변경으로 인하여 준공 기한 내에 계약을 이행할 수 없을 경우
7. 기타 계약상대자의 책임에 속하지 아니하는 사유로 인하여 지체된 경우

④ 제③항 제4호의 규정에 의하여 지체일수에 산입하지 아니하는 기간은 부도 등이 확정된 날부터 보증시공을 지시한 날까지이며, 제③항 제5호의 규정에 의하여 지체일수에 산입하지 아니하는 기간은 발주기관으로부터 보증채무 이행청구서를 접수한 날부터 보증이행 개시일 전일까지(단, 30일 이내에 한한다)로 한다.

⑤ 계약담당공무원은 제①항의 규정에 의한 지체일수를 다음 각 호에 따라 산정하여야 한다.

1. 준공 기한 내에 준공신고서를 제출한 때에는 제27조의 규정에 의한 준공검사에 소요된 기간은 지체일수에 산입하지 아니한다. 다만, 준공기한 이후에 제27조 3항의 규정에 의한 시정조치를 한 때에는 시정조치를 한 날로부터 최종준공검사에 합격한 날까지의 기간(검사기간이 제27조의 규정에 정한 기간을 초과하는 경우에는 동조에 정한 기간을 말한다. 이하 같다)을 지체일수에 산입한다.
2. 준공기한을 경과하여 준공신고서를 제출한 때에는 준공기한 익일부터 준공검사(시정조치를 한 때에는 최종준공검사)에 합격한 날까지의 기간을 지체일수에 산입한다.

⑥ 계약담당공무원은 제①항 내지 제③항의 규정에 의한 지체상금은 계약상대자에게 지급될 대가, 대가지급지연에 대한 이자 또는 기타 예치금 등과 상계할 수 있다.

제26조(계약기간의 연장) ① 계약상대자는 제25조 제③항 각 호의 1의 사유가 계약기간 내에 발생한 경우에는 지체 없이 제17조 제①항 제2호에 대한 수정공정표를 첨부하여 공사감독관을 경유하여 계약담당공무원에게 서면으로 계약기간의 연장을 청구하여야 한다.

② 계약담당공무원은 제①항의 규정에 의한 계약기간 연장 신청이 접수된 때에는 즉시 그 사실을 조사확인하고 공사가 적절히 이행될 수 있도록 계약기간의 연장 등 필요한 조치를 하여야 한다.

③ 계약담당공무원은 제①항에서 규정한 연장청구를 승인하였을 경우 동연장기간에 대하여는 제25조의 규정에 의한 지체상금을 부과하여서는 아니된다.

④ 제②항의 규정에 의하여 계약기간을 연장한 경우에는 제23조의 규정에 의하여 그 변경된 내용에 따라 실비를 초과하지 아니하는 범위 안에서 계약금액을 조정한다. 다만, 제25조 제③항 제4호 및 제5호의 사유에 의한 경우에는 그러하지 아니한다.

⑤ 계약담당공무원은 제①항 내지 제④항의 규정에도 불구하고 계약상대자의 의무 불이행으로 인하여 발생한 지체상금이 시행령 제50조 제①항의 규정에 의한 계약보증금상당액에 달한 경우로서 계약목적물이 국가정책사업 대상이거나 계약의 이행이 노사분규 등 불가피한 사유로 인하여 지연된 때에는 계약기간을 연장할 수 있다.

⑥ 제⑤항의 규정에 의한 계약기간의 연장은 지체상금이 계약보증금 상당액에 달한 때에 하여야 하며, 연장된 계약기간에 대하여는 제25조의 규정에 불구하고 지체상금을 부과하여서는 아니된다.

제27조(검사) ① 계약상대자는 공사를 완성하였을 때에는 그 사실을 준공신고서 등 서면으로 계약담당공무원(건설기술관리법 제27조의 규정에 의하여 책임 감리를 하는 공사에 있어서는 당해 공사의 감리전문회사를 말한다. 이하 이조 제②항, 제③항 및 제⑥항에서 같다)에게 통지하고 필요한 검사를 받아야 한다.

② 계약담당공무원은 제①항의 통지를 받은 때에는 계약서, 설계서, 준공신고서, 기타 관계서류에 의하여 그 날로부터 14일 이내에 계약상대자의 입회하에 그 이행을 확인하기 위한 검사를 하여야 한다. 다만, 천재지변 등 불가항력적인 사유로 인하여 검사를 완료하지 못한 경우에는 당해 사유가 존속되는 기간과 당해 사유가 소멸된 날로부터 3일까지는 이를 연장할 수 있으며, 공사 계약금액(관급자재가 있는 경우에는 관급자재 대가를 포함한다)이 100억 원 이상이거나 기술적 특수성 등으로 인하여 14일 이내에 검사를 완료할 수 없는 특별한 사유가 있는 경우에는 7일 범위 내에서 검사 기간을 연장할 수 있다.

③ 계약담당공무원은 제②항의 검사에 있어서 계약상대자의 계약이행 내용의 전부 또는 일부가 계약에 위반되거나 부당함을 발견한 때에는 필요한 시정조치를 하여야 한다. 이 경우에는 계약상대자로부터 그 시정을 완료한 사실을 통지받은 날로부터 제②항의 기간을 계산한다.

④ 제③항의 경우에 계약이행기간이 연장될 때에는 계약담당공무원은 제25조의 규정에 의한 지체상금을 부과하여야 한다.

⑤ 계약상대자는 제②항의 규정에 의한 검사에 입회·협력하여야 한다. 계약상대자가 입회를 거부하거나 검사에 협력하지 아니함으로써 발생하는 지체에 대하여는 제③항 및 제④항의 규정을 준용한다.

⑥ 계약담당공무원은 검사를 완료한 때에는 그 결과를 지체 없이 계약상대자에게 통지하여야 한다. 이 경우 계약상대자는 검사에 대한 이의가 있을 때에는 재검사를 요청할 수 있으며, 계약담당공무원은 필요한 조치를 하여야 한다.

⑦ 계약상대자는 제⑥항의 규정에 의한 검사완료통지를 받은 때에는 모든 공사 시설, 잉여 자재, 폐기물 및 가설물을 공사장으로부터 즉시 철거반출하여야 하며 공사장을 정돈하여야 한다.

⑧ 제39조의 규정에 의한 기성대가 지급시의 기성 검사는 공사감독관이 작성한 감독조서의 확인으로 갈음할 수 있다.

⑨ 제⑧항의 규정에 의한 기성검사시 검사에 합격된 자재라도 단순히 공사현장에 반입된 것만으로는 기성부분으로 인정할 수 없다. 다만, 계약상대자가 직접 또는 제3자에게 위탁하여 가공·조리 또는 제작된 자재인 때에는 당해 자재의 특성, 용도 및 시장 거래 상황 등을 고려하여 반입(당해 자재를 계약목적물에 투입하는 과정의 특수성으로 인하여 가공·조리 또는 제작하는 공장에서 기성검사를 실시, 동검사에 합격한 경우를 포함)된 자재의 100분의 50 범위 내에서 기성부분으로 인정할 수 있다.

제28조(인수) ① 계약담당공무원은 제27조 제⑥항의 규정에 의하여 검사완료 통지를 한 후, 계약상대자가 서면으로 인수를 요청하였을 때에는 즉시 현장인수증명서를 발급하고 당해

공사목적물을 인수하여야 한다.

② 계약담당공무원은 제①항의 규정에 의하여 인수를 요청할 경우 공사규모 등을 고려하여 필요하다고 인정할 때에는 계약상대자로 하여금 다음 각 호의 사항이 첨부된 준공명세서를 제출하게 하여야 한다.

1. 완성된 공사목적물의 전면·후면·측면 사진(10″×15″) 각 5매 및 필름
2. 제27조의 주요검사과정을 촬영한 비디오테이프(VHS) 5본
3. 착공에서 준공까지의 행정처리 과정, 참여기술자, 관련참여업체 등의 내용을 포함하는 건설기술관리법시행령 제38조의 9의 규정에 의한 준공보고서

③ 계약담당공무원은 계약상대자가 검사완료 통지를 받은 날부터 7일 이내에 제①항의 규정에 의한 인수요청을 아니할 때에는 계약상대자에게 현장 인수 증명서를 발급하고, 당해 공사목적물을 인수할 수 있다. 이 경우 계약상대자는 지체없이 제②항의 규정에 의한 준공명세서를 제출하여야 한다.

④ 계약담당공무원은 공사목적물을 인수한 때에는 다음 사항을 기재한 표찰을 부착하여 공시하여야 한다.

1. 공사명 및 발주기관(관리청)
2. 착공 및 준공년월일
3. 공사 금액
4. 계약상대자
5. 공사감독관 및 검사관
6. 하자발생시 신고처
7. 기타 필요한 사항

⑤ 발주관서는 제③항의 규정에 의하여 인수된 공사목적물을 계약상대자에게 유지관리를 요구하는 경우에는 이에 필요한 비용을 지급하여야 한다.

제29조(기성부분의 인수) ① 계약담당공무원은 전체공사목적물이 아닌 기성부분(성질상 분할할 수 있는 공사에 대한 완성부분에 한한다)에 대하여 이를 인수할 수 있다.

② 제28조의 규정은 제①항의 경우에 이를 준용한다.

제30조(부분사용 및 부가공사) ① 발주기관은 계약목적물이 인수전에 기성부분이나 미완성부분을 사용할 수 있으며 동부분에 대하여는 당해 구조물안전에 지장을 주지 아니하는 부가공사를 할 수 있다.

② 제①항의 경우 계약상대자와 부가공사에 대한 계약상대자는 계약담당공무원의 지시에 따라 공사를 진행하여야 한다.

③ 계약담당공무원은 제①항의 규정에 의한 부분사용 또는 부가공사로 인하여 계약상대자에게 손해가 발생한 경우 또는 추가 공사비가 필요한 경우로서 계약상대자의 청구가 있는 때에는 제23조의 규정에 의하여 설비의 범위 안에서 보상하거나 계약금액을 조정하여야 한다.

제31조(일반적 손해) ① 계약상대자는 계약의 이행 중 공사 목적물, 관급자재, 대여품 및 제3자에 대한 손해를 부담하여야 한다. 다만, 계약상대자의 책임 없는 사유로 인하여 발생한 경우에는 발주기관의 부담으로 한다.

② 제10조의 규정에 의하여 손해보험에 가입한 공사의 경우 제①항의 규정에 의한 계약상대자 및 발주기관의 부담은 보험에 의하여 보전되는 금액을 초과하는 부분으로 한다.

③ 제28조 및 제29조의 규정에 의하여 인수한 공사목적물에 대한 손해는 발주기관이 부담하여야 한다.

제32조(불가항력) ① 불가항력이라 함은 태풍, 홍수, 기타 악천우, 전쟁 또는 사변, 지진, 화

재, 전염병, 폭동 기타 계약상대자의 통제범위를 초월하는 사태의 발생 등의 사유(이하 "불가항력의 사유"라 한다)로 인하여 계약당사자 누구의 책임에도 속하지 아니하는 경우를 말한다. 다만, 이는 대한민국 국내에서 발생하여 공사이행에 직접적인 영향을 미친 경우에 한한다.

② 제①항에서 규정한 불가항력의 사유로 인하여 다음 각 호에 발생한 손해는 발주기관이 부담하여야 한다.

1. 제27조의 규정에 의하여 검사를 피한 기성부분
2. 검사를 피하지 아니한 부분 중 객관적인 자료(감독일지, 사진 또는 비디오테이프 등)에 의하여 이미 시공되었음이 판명된 부분
3. 제31조 제①항 단서 및 동조 제③항의 규정에 의한 손해

③ 계약대상자는 제②항의 손해가 발생하였을 때에는 지체 없이 그 사실을 계약담당공무원에게 통지하여야 하며, 계약담당공무원은 통지를 받았을 때에는 즉시 그 사실을 조사하고 그 손해의 상황을 확인한 후 그 결과를 계약상대자에게 통지하여야 한다. 이 경우 공사감독관의 의견을 참작할 수 있다.

④ 계약담당공무원은 제③항의 규정에 의하여 손해의 상황을 확인하였을 때에는 별도의 약정이 없는 한 공사금액의 변경 또는 손해액의 부담 등 필요한 조치를 계약상대자와 협의하여 이를 결정한다. 다만, 협의가 성립되지 않을 때에는 제51조의 규정에 의해서 처리한다.

제33조(하자보수) ① 계약상대자는 전체 목적물을 인수한 날과 준공검사를 완료한 날 중에서 먼저 도래한 날부터 시행령 제60조의 규정에 의하여 계약서에 정한 기간(이하 "하자담보책임기간"이라 한다)동안 공사목적물의 하자에 대한 보수책임이 있다.

② 공사책임자는 하자보수 통지를 받은 때에는 즉시 보수작업을 하여야 하며 당해 하자의 발생 원인 및 기타 조치 사항을 명시하여 발주기관에 제출하여야 한다.

제34조(하자보수 보증금) ① 계약상대자는 공사의 하자보수를 보증하기 위하여 계약서에서 정한 하자보수보증금률을 계약금액(당초 계약금액이 조정된 경우에는 조정된 계약금액을 말한다)에 곱하여 산출한 금액(이하 "하자보수보증금"이라 한다)을 시행령 제62조 및 시행규칙 제72조의 규정에 정한 바에 따라 납부하여야 한다.

② 계약상대자가 제33조 제①항의 규정에 의한 하자담보책임기간 중 계약담당공무원으로부터 하자보수요구를 받고 이에 불응한 경우에는 제①항의 규정에 의한 하자보수보증금을 국고에 귀속한다.

③ 계약담당공무원은 제35조 제②항의 규정에 의한 하자보수완료확인서의 발급일까지 하자보수보증금을 계약상대자에게 반환하여야 한다. 다만, 하자담보책임기간이 서로 다른 공종이 복합된 건설공사에 있어서는 시행규칙 제70조의 규정에 의한 공종별하자담보책임기간이 만료되어 보증목적이 달성된 공종의 하자보수보증금은 계약상대자의 요청이 있을 경우 즉시 반환하여야 한다.

제35조(하자검사) ① 계약담당공무원은 제33조 제①항에서 규정한 하자담보책임기간 중 연 2회 이상 정기적으로 하자를 검사하여야 한다.

② 계약담당공무원은 하자담보책임기간의 만료일부터 14일 이내에 따로 최종검사를 하여야 하며, 최종검사를 완료하였을 때에는 즉시 하자보수완료확인서를 계약상대자발급하여야 한다. 이 경우 최종검사에서 발견되는 하자사항은 이 확인서가 발급되기 전까지 계약상대자가 자신의 부담으로 보수하여야 한다.

③ 계약상대자는 제①항 및 제②항의 검사에 입회하여야 한다. 다만, 계약상대자가 입회를 거부하는 경우에는 계약담당공무원은 일방적으로 검사를 할 수 있으며 검사결과에 대하여 계약상대자가 동의한 것으로 간주한다.

④ 계약상대자의 책임과 의무는 제②항의 규정에 의한 하자보수완료확인서의 발급일부터 소멸한다.

제36조(특별책임) 계약담당공무원은 제35조제②항의 규정에 의한 하자보수완료확인서의 발급에 불구하고 당해공사의 특성 및 관련법령에서 정한 바에 따라 필요하다고 인정하는 경우 제27조 및 제35조의 규정에 의한 검사과정에서 발견되지 아니한 시공상의 하자에 대하여는 계약상대자의 책임으로 하는 특약을 정할 수 있다.

제37조(특허권의 사용) 공사의 이행에 특허권 기타 제3자의 권리의 대상으로 되어 있는 시공방법을 사용할 때에는 계약상대자는 그 사용에 관한 일체의 책임을 져야 한다. 그러나 발주기관이 계약서에 시공방법을 지정하지 아니하고 그 시공을 요구할 때에는 계약상대자에 대하여 제반 편의를 제공·알선하거나 소요된 비용을 지급할 수 있다.

제38조(발굴물의 처리) ① 공사현장에서 발견한 모든 가치 있는 화석·금전·보물 기타 지질학 및 고고학상의 유물 또는 용품은 관계법규에서 정하는 바에 의하여 처리한다.

② 계약상대자는 제①항의 용품이나 유물을 발견하였을 때에는 즉시 계약담당공무원에게 통지하고 그 지시에 따라야 하며 이를 취급할 때에는 파손이 없도록 적절한 예방조치를 하여야 한다.

제39조(기성대가의 지급) ① 계약상대자는 적어도 30일마다 제27조 제⑧항에 의한 검사를 완료하는 날까지 기성부분에 대한 대가지급청구서를 공사감독관을 경유하여 발주기관에 제출할 수 있다.

② 계약담당공무원은 검사완료일로부터 7일 이내에 검사된 내용에 따라 기성대가를 확정하여 계약상대자에게 지급하여야 한다. 다만, 계약상대자가 검사완료일 후에 대가의 지급을 청구한 때에는 그 청구를 받은 날부터 7일 이내에 지급하여야 한다.

③ 계약담당공무원은 제27조 제⑨항 단서의 규정에 의한 자재에 대하여 기성대가를 지급하는 경우에는 계약상대자로 하여금 그 지급 대가에 상당하는 보증서(시행령 제37조 제②항의 규정된 증권 또는 보증서 등을 말한다)를 제출하게 하여야 한다.

④ 계약담당공무원은 은 제①항의 규정에 의한 청구서의 기재 사항이 검사된 내용과 일치하지 아니할 때에는 그 사유를 명시하여 계약상대자에게 이의 시정을 요구하여야 한다. 이 경우 시정에 소요되는 기간은 제②항에서 규정한 기간에 산입하지 아니한다.

⑤ 기성대가는 계약단가에 의하여 산정·지급한다. 다만, 계약단가가 없을 경우에는 제20조 제①항 제2호 및 제②항의 규정에 의하여 산정된 단가에 의한다.

⑥ 제40조 제③항의 규정은 기성대가 지급의 경우에 이를 준용한다.

제39조의2(계약금액조정전의 기성대가지급) ① 계약담당공무원은 물가변동, 설계변경 및 기타 계약내용의 변경으로 인하여 계약금액이 당초 계약금액보다 증감될 것이 예상되는 경우로서 기성대가를 지급하고자 하는 경우에는 예산회계법 시행령 제57조 제①항 제7호 및 회계예규 "정부회계의 수입·지출·보고 등에 관한 기준" 제27조의 규정에 의하여 당초 산출내역서를 기준으로 산출한 기성대가를 개산급으로 지급할 수 있다. 다만, 감액이 예상되는 경우에는 예상되는 감액금액을 제외하고 지급하여야 한다.

② 계약상대자는 제①항의 규정에 의하여 기성대가를 개산급으로 지급받고자 하는 경우에는 기성대가신청시 개산급신청사유를 서면으로 작성하여 첨부하여야 한다.

제40조(준공대가의 지급) ① 계약상대자는 공사를 완성한 후 제27조의 규정에 의한 검사에 합격한 때에는 소정절차에 따라 대가지급을 청구할 수 있다.

② 계약담당공무원은 제①항의 청구를 받은 때에는 그 청구를 받은 날로부터 14일 이내에 그 대가를 지급한다. 이 경우 계약상대자와의 합의에 의하여 14일을 초과하지 아니하는 범위 안에서 대가의 지급기간을 연장할 수 있는 특약을 정할 수 있다.

③ 천재지변 등 불가항력의 사유로 인하여 대가를 지급할 수 없게 된 경우에는 당해사유가 존속되는 기간과 당해사유가 소멸된 날로부터 3일까지는 대가의 지급을 연장할 수 있다.

④ 계약담당공무원은 제①항의 청구를 받은 후 그 청구내용의 전부 또는 일부가 부당함을 발견한 때에는 그 사유를 명시하여 계약상대자에게 당해 청구서를 반송할 수 있다. 이 경우에는 반송한 날로부터 재청구를 받은 날까지의 기간은 제②항의 지급기간에 이를 산입하지 아니한다.

제41조(대가지급지연에 대한 이자) ① 계약담당공무원은 대가지급청구를 받은 경우에 제39조 및 제40조의규정에 의한 대가지급기한(국고채무부담행위에 의한 계약의 경우에는 다음 회계연도 개시 후 예산회계법에 의하여 당해 예산이 배정된 날부터 20일)까지 대가를 지급하지 못하는 경우에는 지급기한의 다음날부터 지급하는 날까지의 일수(이하 "대가지급지연일수"라 한다)에 당해 미지급금액에 대하여 은행의 일반자금대출시 적용되는 연체이자율을 곱하여 산출한 금액을 이자로 지급하여야 한다.

② 천재지변 등 불가항력적인 사유로 인하여 검사 또는 대가지급이 지연된 경우에 제27조 제②항 단서 및 제40조 제③항의 규정에 의한 연장기간은 대가지급 지연일수에 산입하지 아니한다.

제42조(하도급의 승인 등) 계약상대자가 계약된 공사의 일부를 제3자에게 하도급하고자 하는 경우에는 건설산업기본법 등 관련법령에 정한 바에 의하여야 한다.

제43조(하도급대가의 직접지급 등) ④ 계약담당공무원은 계약상대자가 다음 각 호의 1에 해당하는 경우 건설산업기본법 등 관련법령의 규정에 의하여 체결한 하도급계약 중 하수급인이 시공한 부분에 상당하는 금액에 대하여는 계약상대자가 하수급인에게 제39조 및 제40조의 규정에 의한 대가지급을 의뢰한 것으로 보아 당해 하수급인에게 직접 지급하여야 한다.

1. 하수급인이 계약상대자를 상대로 하여 받은 판결로서 그가 시공한 분에 대한 하도급대금지급을 명하는 확정판결이 있는 경우
2. 계약상대자가 파산, 부도, 영업정지 및 면허취소 등으로 하도급대금을 하수급인에게 지급할 수 없게 된 경우
3. 하도급거래공정화에관한법률 또는 건설산업기본법에 규정한 내용에 따라 계약상대자가 하수급인에 대한 하도급대금 지급보증서를 제출하여야 할 대상 중 그 지급보증서를 제출하지 아니한 경우

② 계약담당공무원은 제①항의 규정에 불구하고 하수급인이 당해 하도급계약과 관련하여 노임, 중기사용료, 자재대 등을 체불한 사실을 계약상대자가 객관적으로 입증할 수 있는 서류를 첨부하여 당해 하도급대가의 직접 지급 중지를 요청한 때에는 당해 하도급대가를 직접 지급하지 아니할 수 있다.

③ 계약상대자는 제27조 제⑩항의 규정에 의한 준공신고 또는 제39조의 규정에 의한 기성대가의 지급청구를 위한 검사를 신청하고자 할 경우에는 하수급인이 시공한 부분에 대한 내역을 구분하여 신청하여야 하며, 제39조 및 제40조의 규정에 의하여 제①항의 하도급대가가 포함된 대가지급을 청구할 때에는 당해 하도급대가를 분리하여 청구하여야 한다.

④ 제①항의 경우에는 회계예규 정부회계의 수입·지출·보고 등에 관한 기준 제24조의 규정 중 하수급인을 채권자가 지명하는 자로 본다.

제44조(계약상대자의 책임 있는 사유로 인한 계약의 해제 또는 해지) ① 계약담당공무원은 계약상대자가 다음 각 호의 1에 해당하는 경우에는 당해 계약의 전부 또는 일부를 해제 또는 해지할 수 있다. 다만, 제3호의 경우에는 해제 또는 해지하여야 한다.

1. 정당한 이유 없이 약정한 착공시일을 경과하고도 공사에 착수하지 아니할 경우
2. 계약상대자의 책임 있는 사유로 인하여 준공기한까지 공사를 완성하지 못하거나 완

성할 가능성이 없다고 인정될 경우

3. 제25조 제①항의 규정에 의한 지체상금이 시행령 제50조 제①항의 규정에 의한 당해 계약(장기계속공사계약인 경우에는 차수별 계약)의 계약보증금상당액(계약금액의 100분의 10이상)에 달한 경우로서 계약기간을 연장하여도 공사를 완공할 가능성이 없다고 판단되는 경우

4. 장기계속공사의 계약에 있어서 제2차공사이후의 계약을 체결하지 아니하는 경우

5. 계약의 수행 중 뇌물수수 또는 정상적인 계약관리를 방해하는 불법·부정행위가 있는 경우

6. 기타 계약조건을 위반하고 그 위반으로 인하여 계약의 목적을 달성할 수 없다고 인정될 경우

② 계약담당공무원은 제①항의 규정에 의하여 계약을 해제 또는 해지한 때에는 그 사실을 계약상대자 및 제42조의 규정에 의한 하수급자에게 통지하여야 한다.

③ 제②항의 규정에 의한 통지를 받은 계약상대자는 다음 각 호의 사항을 준수하여야 한다.

1. 당해공사를 즉시 중지하고 모든 공사자재 및 기구 등을 공사장으로부터 철거하여야 한다.

2. 제13조의 규정에 의한 대여품이 있을 때에는 지체없이 발주기관에 반환하여야 한다. 이 경우 당해 대여품이 계약상대자의 고의 또는 과실로 인하여 멸실 또는 파손되었을 때에는 원상회복 또는 그 손해배상을 하여야 한다.

3. 제13조의 규정에 의한 관급재료 중 공사의 기성부분으로서 인수된 부분에 사용한 것을 제외한 잔여재료는 발주관서에 반환하여야 한다. 이 경우 당해 재료가 계약상대자의 고의 또는 과실로 인하여 멸실 또는 파손되었을 때, 또는 공사의 기성부분으로서 인수되지 아니하는 부분에 사용된 때에는 원상회복 또는 그 손해배상을 하여야 한다.

4. 발주기관이 요구하는 공사장의 모든 재료, 정보 및 편의를 발주기관에 제공하여야 한다.

④ 계약담당공무원은 제①항의 규정에 의하여 계약을 해제 또는 해지한 경우 및 제48조의 규정에 의하여 연대보증인 또는 보증기관이 보증이행을 하는 경우에 기성부분을 검사하여 인수한 때에는 당해 부분에 상당하는 대가를 계약상대자에게 지급하여야 한다. ⑤ 제①항의 규정에 의하여 계약이 해제 또는 해지된 경우 계약상대자는 지급받은 선금에 대하여 미정산잔액이 있는 경우에는 그 잔액에 대한 약정이자상당액을 가산하여 발주기관에 상환하여야 한다. 이 경우 계약담당공무원은 상환할 금액과 기성부분의 대가를 상계할 수 있다. 다만, 제43조 제①항의 규정에 의하여 하도급대가를 직접 지급하는 경우 하도급대가 지급 후 잔액이 있을 때에는 이와 상계할 수 있다.

제45조(사정변경에 의한 계약의 해제 또는 해지) ① 발주기관은 제44조 제①항 각 호의 경우 외에 객관적으로 명백한 발주기관의 불가피한 사정이 발생한 때에는 계약을 해제 또는 해지할 수 있다.

② 제44조 제②항 본문 및 제③항의 규정은 제①항의 규정에 의하여 계약을 해제 또는 해지하는 경우에 이를 준용한다.

③ 발주기관은 제①항의 규정에 의하여 계약을 해제 또는 해지하는 경우에는 다음 각 호에 해당하는 금액을 제44조 제③항 각 호의 수행을 완료한 날부터 14일 이내에 계약상대자에게 지급하여야 한다. 이 경우 제7조의 규정에 의한 계약보증금을 동시에 반환하여야 한다.

1. 제32조 제②항 제1호 및 제2호에 해당하는 시공부분의 대가 중 지급하지 아니한 금액

2. 전체공사의 완성을 위하여 계약의 해제 또는 해지일 이전에 투입된 계약상대자의 인력·자재 및 장비의 철수 비용

④ 계약상대자는 선금에 대한 미정산잔액이 있는 경우에는 이를 발주기관에 상환하여야

한다. 이 경우 미정산잔액에 대한 이자는 가산하지 아니한다.

제46조(계약상대자에 의한 계약의 해제 또는 해지) ① 계약상대자는 다음 각 호의 1에 해당하는 사유가 발생한 경우에는 당해계약을 해제 또는 해지할 수 있다.

1. 제19조의 규정에 의하여 공사내용을 변경함으로써 계약금액이 100분의 40이상 감소되었을 때
2. 제47조의 규정에 의한 공사정지기간이 공기의 100분의 50을 초과하였을 경우

② 제45조 제②항 내지 제④항의 규정은 제①항의 규정에 의하여 계약이 해제 또는 해지되었을 경우에 이를 준용한다.

제47조(공사의 일시정지) ① 공사감독관은 다음 각 호의 경우에는 공사의 전부 또는 일부의 이행을 정지시킬 수 있다. 이 경우 계약상대자는 정지기간 중 선량한 관리자의 주의의무를 해태하여서는 아니된다.

1. 공사의 이행이 계약내용과 일치하지 아니하는 경우
2. 공사의 전부 또는 일부의 안전을 위하여 공사의 정지가 필요한 경우
3. 제24조의 규정에 의한 응급조치의 경우
4. 기타 발주기관의 필요에 의하여 계약담당공무원이 지시한 경우

② 공사감독관은 제①항의 규정에 의하여 공사를 정지시킨 경우에는 지체 없이 계약상대자 및 계약담당공무원에게 계약사유 및 정기 기간을 통지하여야 한다.

③ 제①항의 규정에 의하여 공사를 정지시킨 경우 계약상대자는 계약기간의 연장 또는 추가 금액을 청구할 수 없다. 다만, 계약상대자의 책임 있는 사유로 인한 정지가 아닌 때에는 그러하지 아니하다.

④ 발주기관의 책임 있는 사유에 의한 공사 정지 기간이 60일을 초과한 경우 발주기관은 그 초과된 기간에 대하여 잔여계약금액에 초과일수 매 1일마다 시중은행 일반자금 대출금리를 곱하여 산출한 금액을 준공대가지급시 계약상대자에게 지급하여야 한다.

제47조의2(계약상대자의 공사정지 등) ① 계약상대자는 발주기관이 국가를당사자로하는계약에관한법령과 계약문서 등에서 정하고 있는 계약상의 의무를 이행하지 아니하는 때에는 발주기관에 계약상의 의무 이행을 서면으로 요청할 수 있다.

② 계약담당공무원은 계약상대자로부터 제①항의 규정에 의한 요청을 받은 날부터 14일 이내에 이행계획을 서면으로 계약상대자에게 통지하여야 한다.

③ 계약상대자는 계약담당공무원이 제②항에 규정한 기한 내에 통지를 하지 아니하거나 계약상의 의무 이행을 거부하는 때에는 당해기간이 경과한 날 또는 의무 이행을 거부한 날부터 공사의 전부 또는 일부의 시공을 정지할 수 있다.

④ 계약담당공무원은 제③항의 규정에 의하여 정지된 기간에 대하여는 제26조의 규정에 의하여 공사기간을 연장하여야 한다.

제48조(공사계약의 이행보증) ① 계약담당공무원은 계약상대자가 제44조 제①항 각 호의 1에 해당하는 경우에는 제9조의 규정에 의한 연대보증인 또는 보증기관에 대하여 공사를 완성할 것을 청구하여야 한다.

② 제①항의 청구가 있을 때에는 연대보증인 또는 보증기관은 지체 없이 그 보증의무를 이행하여야 한다. 이 경우 보증의무를 이행한 연대보증인 또는 보증기관은 계속공사에 있어서 계약상대자가 가지는 계약체결상의 이익을 가진다. 다만, 보증기관은 보증이행업체를 지정하여 보증의무를 이행하는 대신 공사이행보증서에 정한 금액을 현금으로 발주기관에 납부함으로써 보증의무 이행에 갈음할 수 있다.

③ 제②항의 규정에 의하여 당해 계약을 이행하는 연대보증인 또는 보증기관은 계약금액 중 보증이행부분에 상당하는 금액을 발주관서에 직접 청구할 수 있는 권리를 가지며 계약

상대자는 연대보증인 또는 보증기관의 보증이행 부분에 상당하는 금액을 청구할 수 있는 권리를 상실한다.

④ 계약담당공무원은 연대보증인이 제①항의 청구를 받고 보증의무를 이행하지 아니한 경우에는 계약상대자와 동일한 제재조치를 하여야 하며, 연대보증인이 제33조의 규정에 의한 하자보수 의무를 이행하지 아니하는 경우에도 이와 같다.

⑤ 제①항 내지 제③항의 규정 외에 공사이행보증서 제출에 따른 보증의무이행에 대하여는 보증제도운용요령에 정한 바에 의한다.

제49조(부정당업자의 입찰참가자격제한) ① 계약상대자(연대보증인을 포함한다. 이하 이조에서 같다)가 시행령 제76조의 규정에 해당하는 경우에는 해당중앙관서의 장으로부터 일정기간동안 입찰참가자격 제한조치를 받게 된다.

② 계약상대자는 지방자치단체 또는 정부투자기관에서 입찰참가자격제한을 받은 경우 시행령 제76조 제⑧항의 규정에 의하여 그 제한사유가 시행령 제76조 제①항 제1호 내지 제5호, 제7호 내지 제8호에 의한 것은 반드시 그 제한을 받게 된다.

제50조(기술지식의 이용 및 비밀엄수 의무) ① 발주기관은 계약서상의 규정에 의하여 계약상대자가 제출하는 각종 보고서, 정보 기타 자료 및 이에 의하여 얻은 기술지식의 전부 또는 일부를 계약상대자의 승인을 얻어 발주기관의 이익을 위하여 복사이용 또는 공개할 수 있다.

② 계약상대자는 당해 계약을 통하여 얻은 정보 또는 국가의 비밀 사항을 계약이행의 전후를 막론하고 외부에 누설할 수 없다.

제51조(분쟁의 해결) ① 계약의 수행 중 계약당사자 간에 발생하는 분쟁은 협의에 의하여 해결한다.

② 제①항의 규정에 의한 협의가 이루어지지 아니할 때에는 다음 각 호에 정한 바에 의한다.

1. 중재법에 의한 중재기관의 중재
2. 국가를당사자로하는계약에관한법률(이하 "국가계약법"이라 한다) 제4조의 규정에 의한 국제입찰의 경우에는 국가계약법 제28조 내지 제31조에 규정한 절차[신설 2001. 2. 10]
3. 발주기관의 소재지를 관할하는 법원의 판결

③ 계약상대자는 제①항 및 제②항의 규정에 의한 분쟁처리절차수행기간 중 공사의 수행을 중지하여서는 아니된다.

제52조(공사관련 자료의 제출) 계약담당공무원은 필요하다고 인정할 경우 계약상대자에게 산출내역서의 기초가 되는 단가산출서 또는 일위대가표의 제출을 요구할 수 있으며 이 경우 계약상대자는 이에 응하여야 한다.

제53조(적격심사관련사항 이행) ① 시행령 제42조 제①항 본문의 규정에 의한 공사를 수행함에 있어 계약상대자는 회계예규 적격심사기준 별표의 심사항목에 규정된 사항에 대하여 적격심사 당시 제출한 내용대로 철저하게 이행하여야 한다.

② 계약담당공무원은 제①항에 규정한 이행상황을 수시로 확인하여야 하며, 제출된 내용대로 이행이 되지 않고 있을 때에는 즉시 시정토록 조치하여야 한다.

제11장 건물시설관리 용역수주행정

제1절 수주행정의 개요

1. 수주행정의 의의

건물자산관리는 건물소유자가 직접 관리하는 경우를 제외하고는 대부분 위탁관리되므로 타인의 건물자산을 관리기술 또는 전문성을 가진 건물자산관리 전문회사를 통하여 용역관리하게 되며 따라서 건물자산관리업무(예 FM용역)를 전문회사에게 일정한 절차에 따라 입찰 또는 수의계약형식으로 발주하게 되므로 관리전문회사는 일정한 절차에 따라 건물관리용역업무를 위탁받게 되는바 이를 건물관리 용역수주라하고 용역수주에 필요한 제안서, PT자료, 입찰서, 견적서, 계약서, 보증서 등 일련의 행정적 문서사무가 요구되는 바 이를 총칭하여 수주행정이라 한다. 이 장에서 소개하는 수주행정은 정부발주기관인 조달청 발주절차를 기준으로 수주행정을 설명하고 있음을 참고하기 바란다.

2. 용역발주기관

국내 건물관리용역 발주기관에는 크게 정부발주기관(조달청)과 공공발주기관 그리고 기업단체 발주기관과 개인 발주기관 등이 있다.

제2절 용역의 종류와 시설물관리용역

1. 용역의 종류

정부발주기관인 조달청의 경우 용역의 종류는 일반용역과 기술용역으로 대별되며 그 내용은 <표 35>와 같다.

〈표 35〉 용역의 종류

구분	종 류
일반용역	- 정보통신관련 용역 - 폐기물처리 용역 - 시설물 관리, 청소, 경비 용역 - 조경관리 용역 - 육상운송 용역 - 학술연구 용역 - 전시 및 행사대행 용역 - 광고 및 디자인 용역 - 감리 및 검사 용역 - 장비 유지 · 보수 용역 - 보험 용역
기술용역	- 건설기술용역 - 엔지니어링기술진흥법에 의한 기술용역으로서 엔지니어링 용역 - 기타 개별법에서 정한 기술용역

2. 시설물 관리용역

(1) 개 요

시설분야 용역이라 함은 청소(위생관리)업무, 시설경비업무, 시설(물)관리업무 및 이에 준하는 용역 중 각각 또는 2종류 이상의 용역을 복합적으로 수행하는 업무의 전부 또는 일부를 하나의 같은 계약으로 도급받아 대행하는 영업을 말한다.

(2) 종 류

1) 시설물관리

공공용 또는 공중이 이용하는 시설물의 본체와 동 부속시설물(소방, 배전, 공조, 급·배수시설 등)에 대한 운전, 점검 및 유지보수와 에너지의 적정공급 등 효율적 관리를 통해 시설물 이용자 및 주변 일반주민들에게 안전하며 경제적인 시설환경을 조성하는 업무의 전부 또는 일부를 대행하는 영업을 말한다.

2) 시설물경비

국가중요시설, 산업시설, 공공시설 등 경비를 필요로 하는 시설 및 장소에서의 도난, 화재 그 밖의 혼잡 등으로 인한 위험발생을 방지하는 업무 또는 일부를 말한다.

3) 시설물 청소 · 위생관리

공공용 또는 공중이 이용하는 건축물, 시설물과 동 옥 · 내외 부대시설 등의 청결유지와 실내 공기정화를 말한다. 다만, 개별계약이 정하는 바에 따라서 방역, 부대소각로 운영관리 등을 포함할 수 있다.

제3절 시설관리용역 처리절차

1. 업무처리절차

조달청의 용역발주 업무처리절차는 다음과 같다.

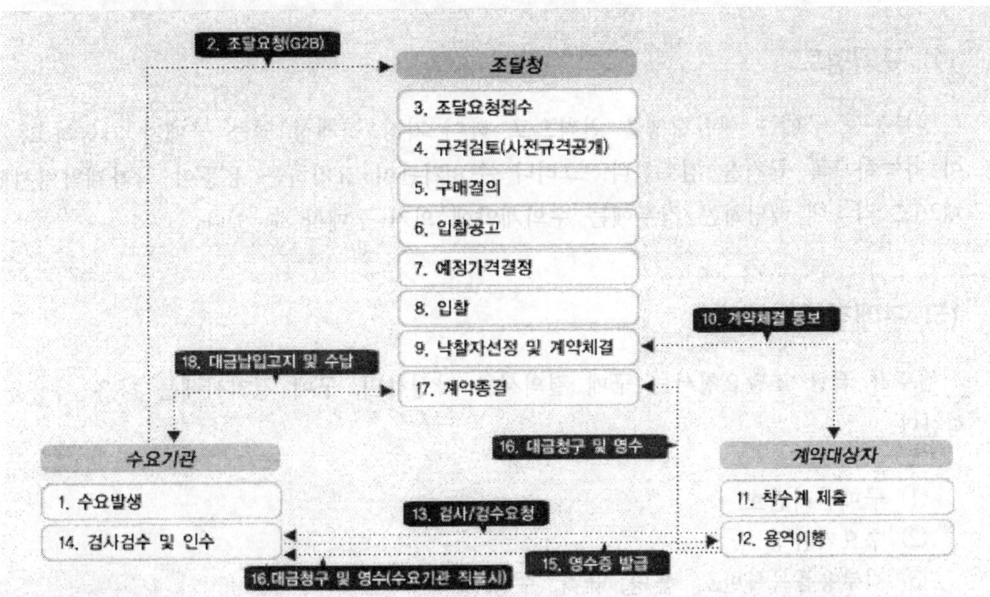

(자료출처 : 조달청, 용역업무처리절차도 인용)

2. 단계별 업무처리 절차

(1) 수요발생

수요발생은 수요기관의 사업목적에 필요한 용품 및 용역의 필요에 따른 것이며, 해당 예산을 확보함으로써 발생한다.

(2) 조달요청(나라장터(국가종합전자조달))

수요기관의 장은 수요물자를 필요로 할 때에는 품명, 규격(시방서), 납기, 특수조건 및 추산가격, 배정예산 및 용품수급관리계획 반영 여부 등을 기재하여 나라 장터(국가종합전자조달) 시스템을 이용 조달 요청한다.

다만, 구매예정금액이 품명당 5,000만원 미만인 경우와 수요긴급, 국방목적 등 자체구매가 유리하다고 판단되는 경우에는 수요기관에서 자체구매할 수 있다.

(3) 조달요청접수(나라장터)

조달요청서는 본청 및 수요기관을 관할하는 지방청에서 접수하며 접수와 동시에 홈페이지에 게재하여 일반에게 공개한다.

(4) 규격검토

정부용품 구매는 일반경쟁을 원칙으로 하여 가장 경제성 있는 구매가 가능하고 경쟁이 가능하도록 규격을 검토한다. 그러나 수요기관이 요청하는 용품이 국가계약법시행령 제26조 각호에 해당하는 경우에는 수의계약에 의거 구매할 수 있다.

(5) 구매결의

검토가 끝난 조달요청서는 구매 결의서를 작성하며, 구매 결의서에는 다음 사항을 포함한다.

① 구매관리번호
② 수요기관명
③ 정부용품목록번호, 품명, 규격, 수량
④ 계약방법
⑤ 낙찰자 선정방식 (적격심사, 종합낙찰제, 2단계입찰, 분리입찰, 유사용품복수경쟁 등)
⑥ 법적근거

⑦ 예산금액 또는 추정가격
⑧ 협정물자(특정조달) 대상여부
⑨ 입찰일시(경쟁입찰 시)
⑩ 납품기한 또는 계약기간, 납품장소, 인도조건, 검사 및 검수기관 이외에도 용품구매입찰유의서, 국가종합전자조달(나라장터) 시스템 전자입찰특별유의서, 청렴계약입찰특별유의서, 계약특수건, 청렴계약특수조건, 일반조건, 입찰보증금 수납에 관한 사항 등

(6) 입찰공고

입찰방법에 의하여 경쟁에 부치고자 하는 경우에는 지정정보처리장치(나라장터 시스템)를 이용하여 공고(국제입찰의 경우는 관보공고)하여야 한다. 다만 필요한 경우 일간신문 등에 게재하는 방법을 병행할 수 있다.

(7) 예정가격결정

예정가격은 계약담당공무원이 구매를 위한 경쟁입찰 또는 수의시담을 하기 전에 당해 계약목적물의 특성 및 계약여건 등을 고려하여 예산의 범위내에서 구매가격으로서 적정하다고 판단하여 정한 가격을 말하며 동 가격은 입찰 또는 시담에 의한 낙찰자 선정의 기준이 되며 계약체결에 대한 최고 상한 금액이 된다.

(8) 입 찰

입찰은 입찰공고에 명시된 입찰시간과 장소에서 실시한다.

(9) 낙찰자선정 및 계약체결

경쟁입찰은 입찰 후 낙찰예정자로 선정된자와 수의계약은 수의계약 대상자와 권리, 의무변동(발생, 변경, 소멸)의 효과가 발생하는 법률 행위로서 계약서에 상호 날인(계약금액 3천만원 이하 제외)함으로써 성립한다. (공동계약과 장기계약을 제외한 모든 내자계약은 나라장터로 요청, 전자계약 가능)

(10) 계약체결통보

계약서에는 인지세법에 의한 인지세액을 계산하여 과세문서(계약서)에 인지를 붙임으로써 납부케 하고 계약당사자 및 수요기관에게 송부한다.

(11) 납품준비

계약당사자는 계약서에 따라 용품을 납품하며, 계약용품은 계약서 규격, 시방서 및 제반 조건 등에 맞도록 제작한 용품을 공급한다.

(12) 납 품

계약자는 납품에 필요한 제반 준비사항을 완료한 후에 서면으로 수요기관에 통지하고 필요한 검사를 받아야 한다.

(13) 용품납품 및 검사/검수요청

계약상대자는 수요기관에 계약목적물에 대한 검사/검수요청을 납품일까지 서면으로 신청한다.

(14) 검사 검수 및 용품인수

"검사"는 계약목적물이 관련법령에 의거 적합하고 구매규격 · 시방서대로 제조 · 설치되었는지 여부를 검사공무원이 확인하는 것이며, "검수"는 검사에 합격된 계약목적물이 손상 또는 훼손품이 없고 납품서류상의 수량대로 납품되었는지 여부를 용품출납공무원이 확인하는 것을 말하며, 검사는 검사요청을 받은 날로부터 14일 이내에 검사를 하여야 한다.

(15) 용품납품 및 영수증발급

용품을 인수한 수요기관에서는 용품납품 및 영수증을 발급하며, 계약조건에 따른 유보금 및 공채매입 여부 등 대금지급시 참고할 내용을 부기한다.

(16) 대금청구 및 영수

수요기관에서 검사 · 검수가 완료되어 용품납품 및 영수증, 기타 제출서류를 첨부하여 계약자가 조달청에 대금청구를 하는 경우에는 제반기재사항, 계약용품의 규격 및 수량, 납품기한 대 실제 납품일, 하자보증금 적립여부, 계약자에게 지급될 금액에 관한 사항 등을 확인 후 대금을 청구한다. 다만, 수요기관 직불의 경우에는 해당 수요기관에서 대금청구와 관련된 업무를 처리한다.

(17) 계약종결

납품서류 확인결과 하자가 없거나 보완이 완료된 경우에는 계약종결서류를 작성하고, 계약종결 및 분할납품이행 내용(수요기관직불의 경우는 수요기관 통보내용)을 조달 EDI에 입력한다.

경영분석담당관은 해당 계약과에서 지급을 의뢰한 계약종결서류를 확인하고 다음의 금액을 공제하고 계약자에게 지급(계좌입금)한다.

① 기성 또는 기납 부분에 대한 대가 지급액
② 선금잔액
③ 지체상금 징수 대상액
④ 계약금액 지급유보 대상액(사후원가검토조건부 계약 기타 설치 및 시운전 미필 등 일부 유보할 사유가 있는 경우)
⑤ 하자보수보증금 (계약서에 명시된 경우에 한함)
* ④, ⑤항은 보증서로 갈음할 수 있음

납품대가는 계약상대자의 청구를 받은 날로부터 14일 이내(국가계약법시행령 제58조 제1항 및 제2항)에 지급토록 규정하고 있다. 조달청은 위 대가지급기한에 불구하고 계약상대자가 유효한 서류를 갖추어 대가청구를 하는 경우에는 4근무시간내에 지급한다(조달행정혁신, 2001. 11. 1.시행 조달서비스헌장).

(18) 대금납입고지 및 수납

계약상대자에게 계약용품대금을 지급한 후 계약대금과 해당 조달수수료를 가산하여 수요기관에 납입고지하고(수요기관 직불의 경우는 해당 수수료), 수요기관은 동 금액을 국고수납 대리점에 납부한다.

3. 단계별 처리절차의 내용요약

구 분	종 류
1. 수요발생	수요발생은 수요기관의 사업목적에 필요한 용품 및 용역에 따른 것이며, 해당예산을 확보함으로써 발생한다.
2. 조달요청	수요기관의 장은 수요물자를 필요할 때는 품명, 규격, 납기, 특수조건 및 추산가격, 배정예산 및 용품수급관리계획 반영여부 등을 기재하여 나라장터 시스템을 이용하여 조달요청한다.

구 분	종 류
3. 조달요청 접수	조달요청서는 본청 및 수요기관을 관할하는 지방청에서 접수하며 접수와 동시에 홈페이지에 게재하여 일반인에게 공개한다.
4. 규격검토 (사전규격공개)	용역 구매는 일반경쟁을 원칙으로 하여 국가에 가장 유리한 구매가 가능하도록 규격을 검토하며 일정기간동안 규격을 사전 공개하고 이해당사자의 의견을 청취한다. 그러나 수요기관이 요청하는 용역이 국가계약법시행령 제26조 각호에 해당하는 경우에는 규격을 사전 공개하지 않고 수의계약에 의거 구매할 수 있다.
5. 구매결의	규격검토가 끝난 요청서는 가장 적합한 계약방법, 낙찰자선정방식, 입찰일시 등을 결정하여 구매결의서를 작성한다.
6. 입찰공고	경쟁입찰방법에 의하여 낙찰자를 결정하고자 하는 경우에는 나라장터(G2B)를 이용하여 공고하여야 한다.
7. 예정가격결정	예정가격은 계약담당공무원이 구매를 위한 경쟁입찰 또는 수의시담을 하기 전에 당해 계약목적물의 특성 및 계약여건 등을 고려하여 예산의 범위내에서 구매가격으로 적정하다고 판단하여 정한 가격을 말하며 동 가격은 입찰 또는 시담에 의한 낙찰자 선정의 기준이 되며 계약체결에 대한 최고 금액이 된다.
8. 입 찰	입찰은 입찰공고에 명기된 입찰시간과 장소에서 실시한다.
9. 낙찰자선정 및 계약체결	계약체결은 권리, 의무변동(발생, 변경, 소멸)의 효과가 발생하는 법률행위로서 경쟁입찰은 입찰 후 낙찰예정자로 선정된 자와 수의계약은 수의계약 대상자와 계약서에 상호날인(전자계약인 경우 상호인증)함으로써 성립한다.
10. 계약체결통보	전자계약서 송부(계약자 수요기관)
11. 착수계 제출	계약상대자는 일반용역을 착수시에는 관련 법령에서 정한 서류 및 착수신고서를 발주기관에 제출한다.
12. 용역 이행	계약상대자는 계약문서에 정하는 바에 따라 용역을 착수・이행하여야 한다.
13. 검사・검수 요청	계약상대자는 일반용역을 완성하였을 때에는 그 사실을 서면으로 계약담당공무원에게 통지하고 수요기관에 계약목적물에 대한 검사・검수요청을 납품일까지 서면으로 신청한다.
14. 검사・검수 및 인수	"검사"는 계약목적물이 관련법령에 의거 적합하고 구매규격대로 이행되었는지 여부를 검사공무원이 확인하는 것이며, "검수"는 검사에 합격된 계약목적물이 손상 또는 훼손품이 없고 납품서류상의 수량대로 납품되었는지 여부를 용품출납공무원이 확인하는 것을 말한다.
15. 영수증 발급	계약용품을 이상없이 검사・검수한 후 수요기관은 용품납품 및 영수증을 발급하며, 계약조건에 따른 하자보수보증금 및 세금계산서 발행여부 등을 확인하여야 하며 기타 대금지급시 참고할 내용을 부기한다.
16. 대금청구 및 영수	수요기관에서 검사・검수가 완료되어 용품납품 및 영수증, 기타 제출서류를 첨부하여 계약자가 조달청에 대금청구를 하는 경우에는 제반기재사항, 계약용품의 규격 및 수량, 납품기한 대 실제 납품일, 하자보증금 적립여부, 계약자에게 지급될 금액에 관한 사항 등을 확인 후 대금을 청구한다. 다만, 수요기관 직불의 경우에는 해당 수요기관에서 대금청구와 관련된 업무를 처리한다.
17. 계약종결	납품서류 확인결과 하자가 없거나 보완이 완료된 경우에는 계약종결서류를 작성하고, 계약종결 및 분할납품이행 내용(수요기관직불의 경우는 수요기관 통보내용)을 조달 EDI에 입력한다. 경영법무담당관은 해당계약과에서 지급을 의뢰한 계약종결서류를 확인하고 계약자에게 지급(계좌입금)을 한다.

제4절 계약방법

1. 경쟁계약

	개 념	참가자격 및 기준
일반경쟁	- 불특정다수의 입찰희망자를 경쟁입찰에 참가토록 한 후 그 중에서 국가에 가장 유리한 조건을 제시한 자를 선정하여 계약을 체결하는 방법 - 입찰방식의 기본원칙	- 당해 입찰목적물의 제조·공급에 필요한 시설, 점포를 소유하고 있는 자 - 관련법령의 규정에 의한 면허, 허가, 인가, 등록 등을 받은 자 ▸ 조달청 입찰참가자격 등록
제한경쟁	계약의 목적, 성질 등에 비추어 필요한 경우 경쟁참가자의 자격을 일정한 기준에 의하여 제한하여 입찰케 하는 방법	- 고시금액(1.9억원) 미만의 용역에 대한 지역제한 - 특수한 기술이 요구되는 용역계약의 경우 - 중소기업간 경쟁지정용품 - 재무상태 등에 의한 제한입찰
지명경쟁	기술력·신용 등에 있어서 적당하다고 인정하는 특정 다수의 경쟁입찰 참가자를 지명하여 입찰케 하는 방법	- 계약의 성질·목적에 비추어 특수한 기술 - 실적을 갖춘 자가 10인 이내인 경우 - 중소기업간 경쟁지정 용품 - 수의계약에 의할 수 있는 경우

2. 수의계약

	개 념	참가자격 및 기준
수의계약	경쟁입찰에 부치지 않고 특정의 상대를 선정하여 그 자와 계약을 체결하는 것으로, 특수목적을 위하여 예외적으로 인정하는 경우	<대상> - 천재지변, 긴급한 행사 등 경쟁에 부칠 여유가 없을 경우 - 비밀리에 할 필요가 있는 경우 - 특정인의 기술을 요하는 조사·설계·감리·특수측량·훈련·시설관리 - 3천만원 미만인 용역 - 중소기업(협)조합과의 단체수의계약 <참가자격> 일반경쟁 참가자격과 동일함
재공고에 의한 수의계약	입찰에 부쳤으나 입찰자가 없거나 입찰자가 있어도 낙찰자가없어 유찰이 되는 등 입찰의 목적을 달성하지 못하였을 경우 실시하는 계약	<대상> 입찰참가자는 물론 당해 입찰에 참가하지 않은 자로서 국가에 가장 유리한 가격을 제시한 자 <참가자격> 일반경쟁 참가자격과 동일함

3. 공급방법별 계약

	개념	참가자격 및 기준
총액계약	당해 계약목적물 전체에 대하여 총액으로 계약체결	수요빈도가 적고, 제시된 규격에 의하여 제조 · 납품하는 용품 및 용역
단가계약	- 제조, 수리, 공급, 사용 등 일정기간 동안 계약목적물의 안정적 공급을 가능하게 하기 위하여 단가에 대하여 계약을 체결 - 조달청에서 계약자에게 납품 요구	수요빈도가 많고, 정형화된 규격에 의하여 제조 · 공급되는 용품(철근, 시멘트, 레미콘, 아스콘 등 계약물량을 조정·통제할 필요가 있는 용품)
제3자 단가 계약	계약방법의 특례로서 각 수요기관에서 공통적으로 사용하는 물자로 수요기관에서 직접 계약자에게 납품요구	행정사무자동화 기기, 우수제품 등 계약자 규격용품으로 제조 · 공급되는 용품 (전자복사기, FAX 등)

제5절 낙찰자 결정방법

1. 개 요

입찰자의 계약이행능력을 심사하여 일정수준 이상의 평점을 받은 우량업체를 낙찰자로 결정하는 제도로서 덤핑입찰에 의한 낙찰 예방, 계약이행의 신뢰성 확보, 업체의 경영합리화 및 품질향상 유도하는 기능을 하고 있다.

2. 일반계약절차

계약절차는 다음과 같다.

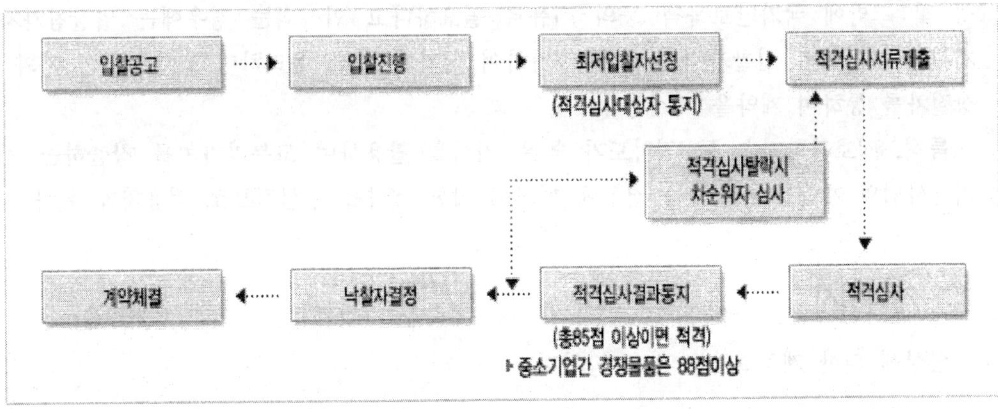

3. 2단계 경쟁 및 규격·가격분리 입찰의 계약절차

2단계 경쟁 및 규격·가격분리 입찰은 용품의 제조·구매 또는 용역계약에 있어서 미리 적절한 규격 등의 작성이 곤란하거나 기타 계약의 특성상 필요하다고 인정되는 경우의 입찰방법으로서 입찰자가 제출한 제안서를 평가하여 적격자로서 최저가격으로 입찰한 자를 낙찰자로 결정하고 계약을 체결하게 된다.

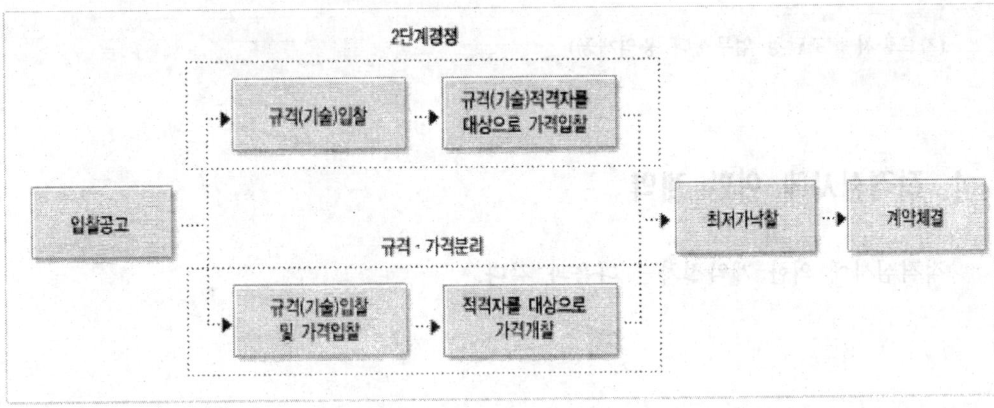

3. 협상에 의한 계약

(1) 개 요

용역사업을 수행함에 있어서 계약이행의 전문성·기술성·긴급성·공공시설물의 안전성 및 그밖에 국가안보목적 등의 이유로 필요하다고 인정되는 경우에는 입찰참가자가 제시한 제안서와 입찰가격을 종합 평가하여 국가에 가장 유리하다고 인정되는 자와 협상절차를 통하여 계약을 체결한다.

특히, 정보과학기술 등 집약도가 높은 지식을 활용하여 고부가가치를 창출하는 지식기반사업의 계약을 체결하는 경우에 협상에 의한 계약을 우선적으로 적용하게 된다.

(2) 계약절차

협상에 의한 계약절차는 다음과 같다.

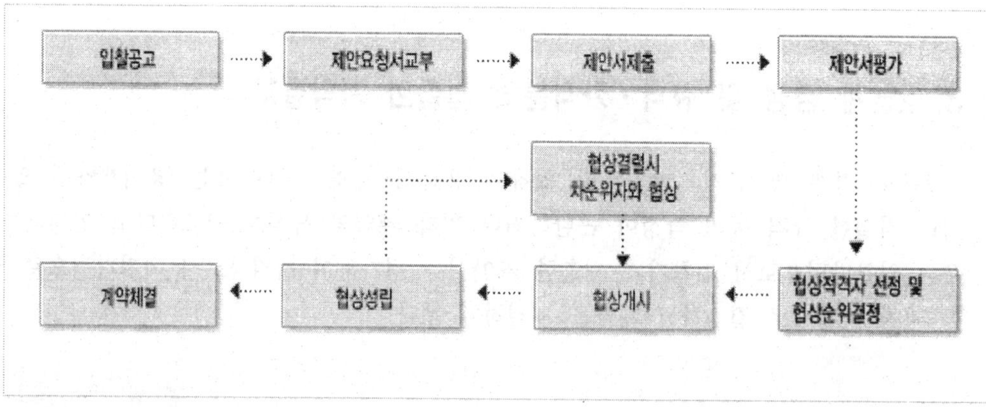

(자료출처 : 조달청 업무장터 용역제공)

4. 적격심사에 의한 계약

적격심사에 의한 계약절차는 다음과 같다.

적격심사에 의한 입찰 FLOW(현장입찰예시)

공 고	⇨	현장설명	⇨	입 찰	⇨	심 사	⇨	계 약
중앙일간지 혹은 홈페이지 1. 입찰공고문 2. 입찰참가신청서 및 입찰유의서 3. 적격심사기준 4. 용역계일반조건 5. 계약특약 및 특기시방서 6. 입찰관련서식 - 적격심사신청서 - 용역실적증명서양식 -적격심사자기평가 및 심사표 -기술자보유현황표 -재무관리상태표	3 ~ 4 일 정 도	1. 현설참가업체 서명날인 2. 입찰에 관한 유의서배포 및 설명 3. 상의가 정한 입찰참가자격 제반서류 받음 1) 실적증명(업무용빌딩종합실적) -실적증명서원본 -건축물관리대장원본 -유지관리계약서사본 2) 자기자본확인서 -법인재무재표 -법인등기부등본 3) 인감증명서 및 사용인감계 - 재직증명서 - 대표이사 위임장 - 의료보험증 사본	3 ~ 4 일 정 도	1.입찰참가대장 작성하면서 정족수 확인(발주처정함) 2. 입찰참서류 받음 -입찰보증금 등- 3. 입찰진행과 입찰관련 문구는 발주처의 해석에 따르며, 추후 문제를 제기치 않는다는 내용주지 4. 입찰에 관한 모든 서류를 받고나면 입찰시작함 5. 입찰진행 1)사전에 준비한 복수예비가격 15개(기초가격 ±3%) 중 4개를 참가업체에 뽑도록 한다. (봉투는 봉인함) 2)4개의 봉투는 입찰서의 작성완료까지 개봉안함 3)입찰서의 작성 -투찰금액에 부가세 포함여부를 사전에 공지한다. -한글과 숫자가 상이할시는 한글을 우선으로 한다. -수정시에는 반듯이 인감날인하며, 날인이 없으면 무효 -작성한 입찰서를 봉투에 넣고 봉인된 것을 수거 -모두 수거되면 상기 4개봉투를 개봉하여 공개한다. -또한 4개의 평균값을 내어서 예정가격으로 정함 -여기서 정해진 예정가격이 1,000,00,000원 이면 -유효최저투찰율환산(아래식적용) 평점(점)=30-[(88/100-입찰가격/예정가격)×100] ⓐ기술력(15), 이행실적(25), 경영상태(30)을 모두 만점을 받을시 85점이 될려면 가격점수가 15점이 나오도록 투찰율을 환산할 수 있음 15=30-(88/100-X)*100 X=0.73따라서 73%이며 최저투찰율은 72.995%가 나옴(소수점 5째자리에서 반올림한다고 입찰규정에 있으므로 5자리인 5을 반올림하면 결국 73%나오므로 72.995%로 가정함 ⓑ유효예상투찰금액 =1,000,000,000*0.72995=729,950,000원임 ⓒ각 업체입찰서를 공개 개봉한다. ⓓ상기금액 이하는 금액의 평가점수에서 만점을 받아도 85점이 안되므로 탈락됨(탈락업체 입찰장 외로 유도) ⓔ장내를 정리한 다음 상기금액 이상 투찰한 업체에 ⓕ공문으로 시한을 정하여 적격심사자기평가표와 관련 증빙자료 제출을 요구한다. 기간내 제출치 않는 업체는 입찰포기각서를 반드시 받아야 한다. -왜냐하면 참가업체는 자기점수를 알기 때문에 전체 합산하여 85점이 안되면 굳이 제출할 필요가 없고 포기각서만 받아도 된다.	5 ~ 7 일 정 도	1.증빙서류 제출받아 심사 및 실사작업 -적격심사신청서 -적격심사자기평가 및 심사표 -기술자보유현황(협회발행리스트) -실적증명(현장설명 받을시는 제외) -재무관리상태(감사보고서 or 재무제표) 2.제출서류 실사작업 -실적증명확인(발주처전화및방문, 문서위조여부등) -재무관리상태(공인회계사감사보고서와 관할세무서장이 확인한 재무제표) -기술자 보유현황 정밀조사(재직증명서, 3개월 이상 재직자임을 확인과 관련단체 전화 혹은 방문하여 확인, 공공보험 가입리스트) 3.심사가 완료되면 종합점수를 내어서 85점 미만은 제외 4.85점 이상중 최저가 업체로 낙찰 5.심사결과는 해당업체에 지체없이 통보하여야 한다. 6.심사결과 85점 이상이 없을 시는 유찰로 처리하여 최종심사대상 업체를 상대로 재입찰하거나 -차순위 최저가 입찰자순으로 규정에 정한바에 따라 심사하여 낙찰자를 정한다.	3 ~ 7 일 정 도	1. 계약이행 보증제출 2. 계약 3. 사무실 및 용원대기실 제공 4. 시설인수 및 유지관리계획서 제출받음 -인력투입스케쥴 -장비투입계획서 -용품투입계획서 등 5. 소장 등 인력투입 검증

제6절 전자입찰 행정사무

1. 전자입찰 등록방법

전자입찰 등록방법과 입찰방법은 다음과 같다.

(1) 로그인

국가종합전자조달(나라장터)에 로그인한다.(www.g2b.go.kr)

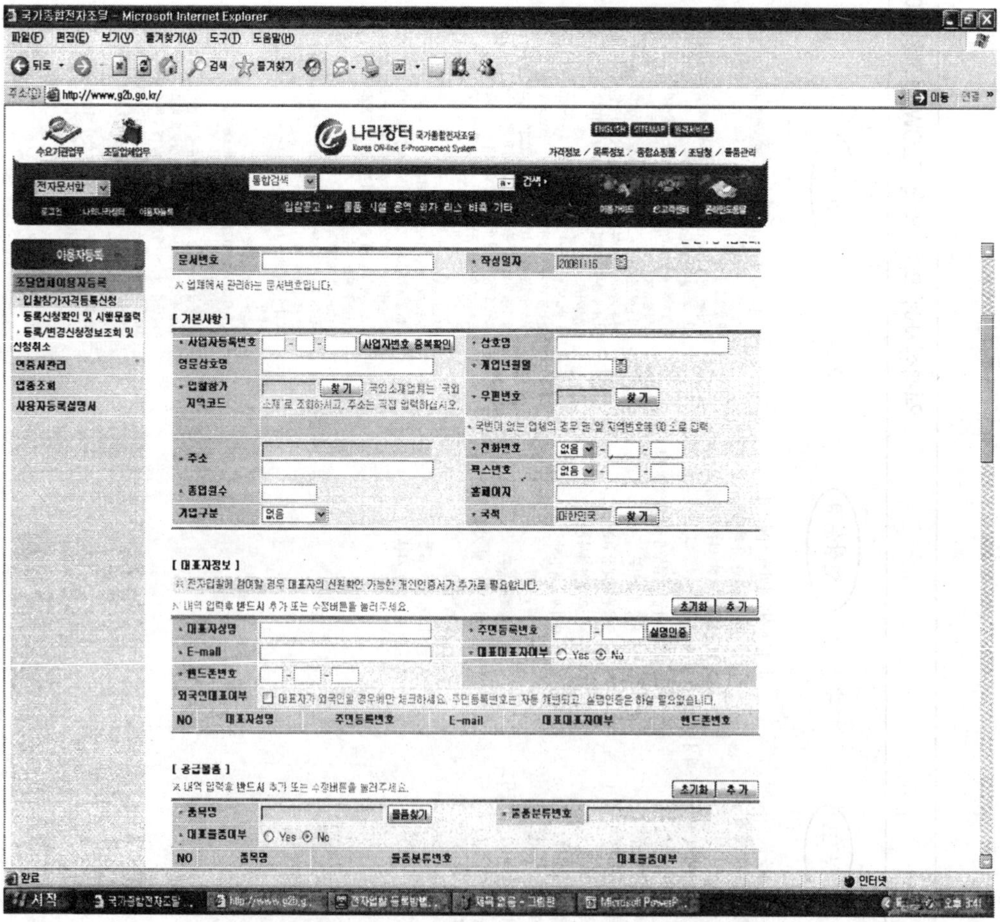

(2) 등 록

사이트 좌측 상단 이용자 등록을 클릭하여 조달청 이용자 등록을 한다. 조달청 등록을 하기 전 공인인증서를 발급받아야 한다. 다음은 공인인증기관 목록이다.

① 한국전자인증(http://g2b.crosscert.com)
② 한국정보인증(http://www.signgate.com/ra/g2b)
③ 코스콤(http://www.signkorea.com/service/g2b.htm)
④ 한국무역정보통신(http://g2b.tradesign.net/index.html)

인증서 등록을 마친 후 입찰참가자격 등록신청을 한다.

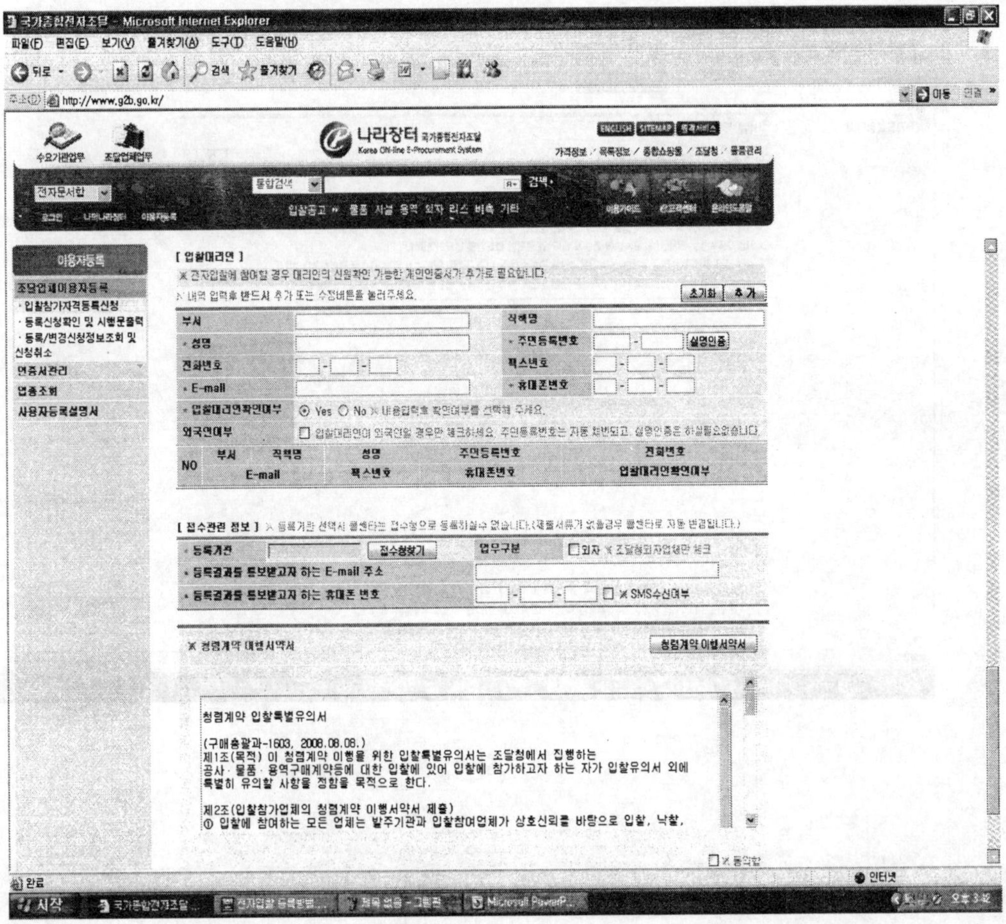

등록서를 작성 후 등록신청 확인 및 시행문을 출력, 증빙서류와 함께 조달청에 등록한다.

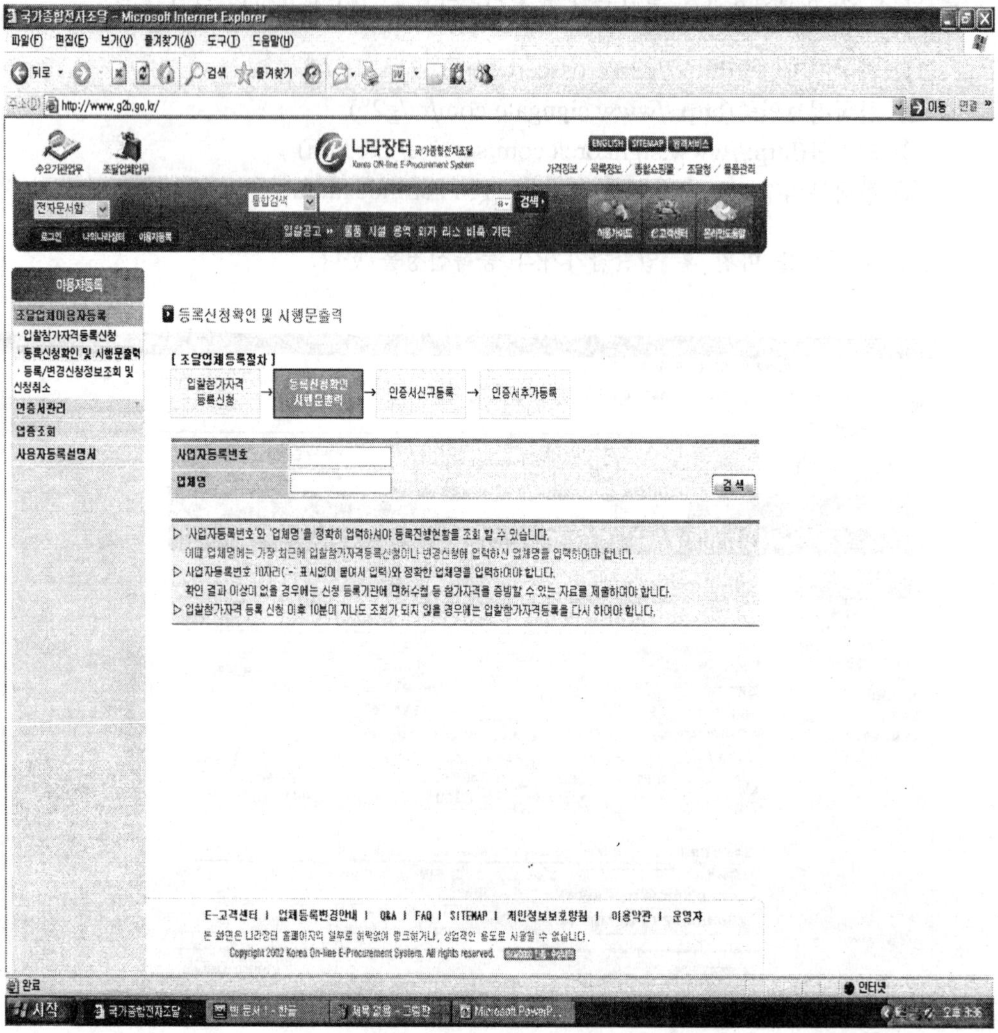

2. 전자입찰방법

① 전자관보 및 입찰정보 사이트에서 입찰정보를 취합한다.
② 나라장터 입찰공고 중 용역을 클릭하여 용역공고현황을 나타낸다.
③ 전자관보 및 입찰 사이트로부터 취득된 정보를 바탕으로 해당 입찰을 검색한다.

- 입찰공고번호로부터 검색(가장 쉽게 찾을 수 있음)
- 기관별 검색
- 공고명으로의 검샐
- 개찰일자로서의 검색

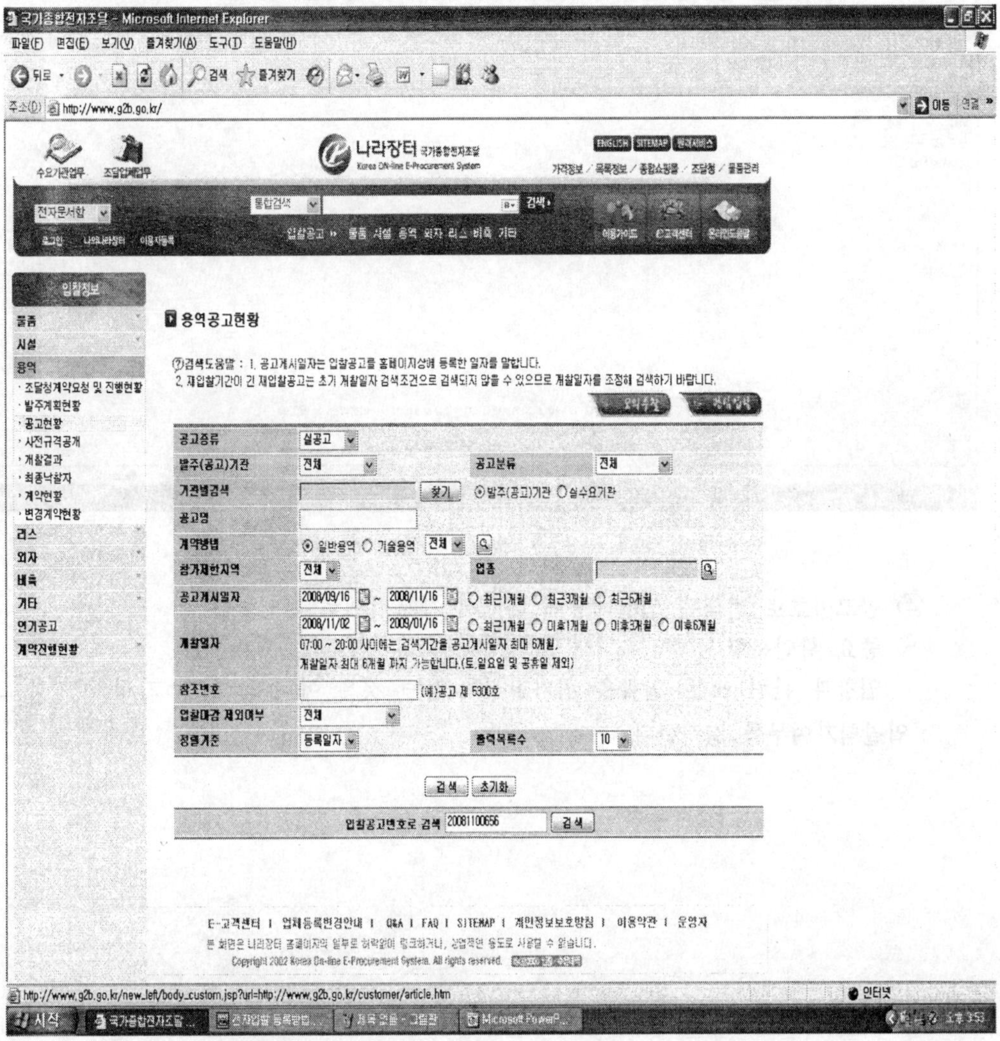

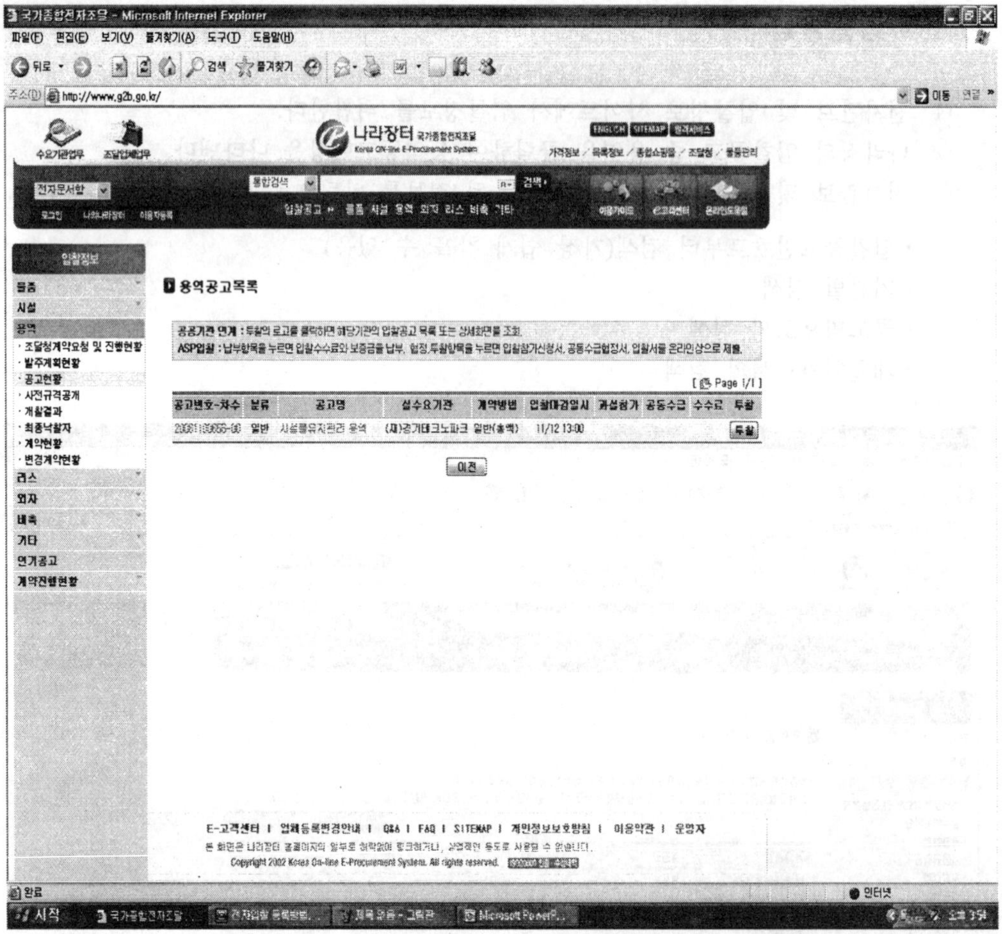

④ 공고번호로 검색된 입찰내용에 대해서 세부적으로 확인한다.

⑤ 중요 확인사항

입찰과 관련 모든 입찰을 참가할 수 있는 것은 아니다. 여러 가지 사항을 고려 입찰참가여부를 결정한다.

- 입찰 마감일시
- 입찰공고를 통한 참가 자격 여부 확인(실적, 허가사항 : 시설물 유지보수업, 경비업, 위생업 등)
- 입찰 시방서 및 예정가격 등을 분석, 실행가능여부 판단 : 인건비 및 부가적으로 발생할 수 있는 비용등을 면밀히 검토 예상 실행을 작성 참가여부를 결정한다.
- 적격심사 기준을 고려해 투찰율을 정하고 투찰(조달청 의뢰물건의 경우 조달청 적격심사기준을 적용하나, 나라장터 사이트만 사용하는 발주처의 경우 해당 적격심사 적용 함)

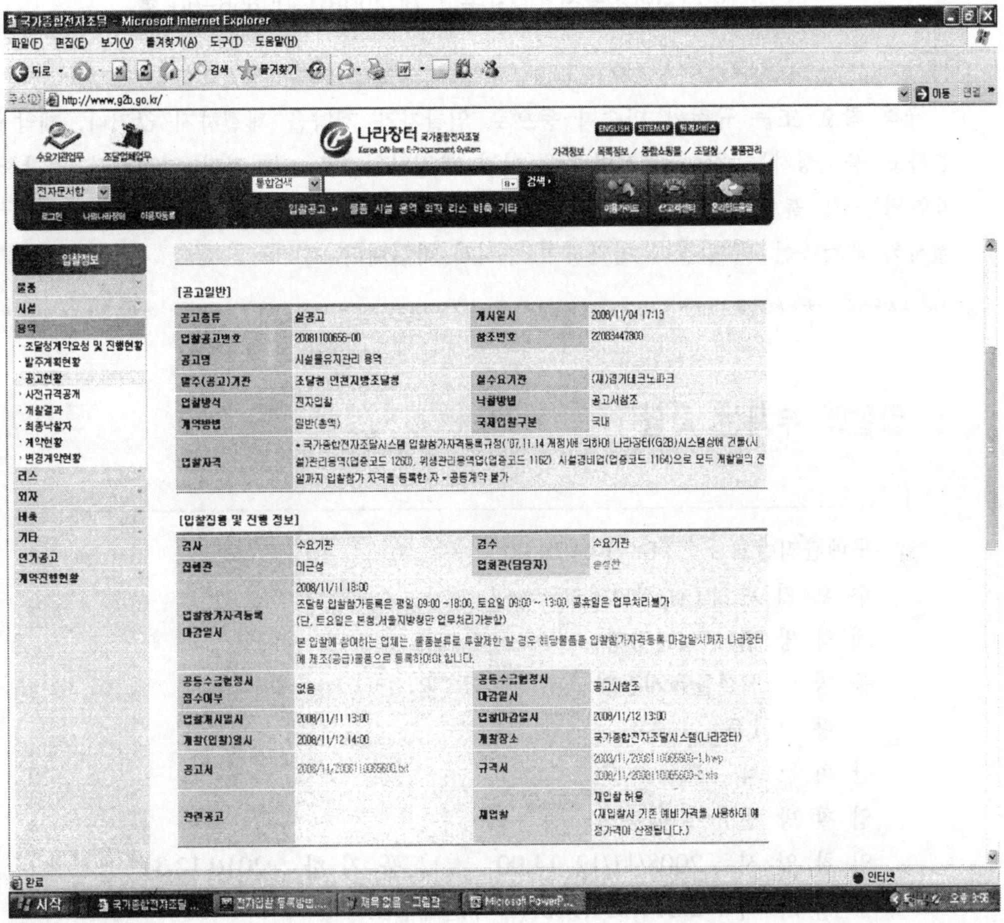

제7절 입찰공고(예시)

조달청 입찰공고의 규격과 공고내용은 다음과 같다.

조달물자(내자) 구매입찰공고

국내입찰(적격심사)

인천지방조달청 내자 공고 제 200811-00656-00 호

****

규격 착오 또는 규정의 미숙지 등으로 입찰자가 계약을 체결하지 않거나, 계약을 체결하고 불이행하는 경우 관계법령에 의거 부정당업자로 제재되어 일정기간 입찰참여가 제한되는 등 불이익을 받으실 수 있사오니, 본 입찰공고서의 규격서 및 계약관련규정을 철저히 숙지하신 후 입찰에 참가하여 주시기 바랍니다.

****

1. 입찰에 부치는 사항

구매관리번호 : 22-08-3-4478-00

수 요 기 관 : (재)경기테크노파크

계 약 방 법 : 일반경쟁

품 명 : 시설물유지관리

수 량 : 1.0

단 위 : 식

입 찰 방 법 : 일반(총액)

입 찰 일 시 : 2008/11/12 14:00 납 품 기 한 : 2010.12.31

추 정 가 격 : 2,277,614,746 (* 부가세별도)

입 찰 건 명 : 시설물유지관리 용역

입 찰 방 식 : 전자입찰

전자입찰서접수개시일자 : 2008/11/11 13:00

전자입찰서마감일시 : 2008/11/12 13:00

----

2. 입찰참가자격

(1) 자 격

국가종합전자조달시스템 입찰참가자격등록규정('07.11.14 개정)에 의하여 나라장터(G2B)시스템상에 건물(시설)관리용역(업종코드 1260), 위생관리용역업(업종코드 1162), 시설경비업(업종코드 1164)으로 모두 개찰일의 전일까지 입찰참가 자격을 등록한 자(공동계약 불가)

(2) 등록장소

조달청 고객지원센터 또는 서울지방조달청 고객지원센터 또는 각 지방조달청 경영지원팀

(3) 낙찰자 선정방법

적격심사에 의한 최저가낙찰제(낙찰하한율)

(4) 참고사항

① 입찰금액은 부가세 포함금액입니다.
② 규격은 수요기관 규격에 의합니다.
③ 낙찰하한율 : 87.745% (87.745%이상 최저가임, 87.745미만은 적격심사 대상 아님)
④ 예가범위 : ±2% (+7개, －8개로 복수예가 작성)

(5) 세부 용역명 및 수량

① 시설물관리용역 1식- 세부사항은 붙임 규격서에 의합니다.
② 총 용역기간 : 2009.01.01~2010.12.31 (2년 장기계속계약)
③ 금차용역기간 : 2009.01.01~2009.12.31(1년)
④ 총 부기금액 : 2,520,408,000원
⑤ 금차예산 : 1,260,204,000원
⑥ 세부과업내용 및 인원현황 등에 대한 문의는 수요기관으로 직접 연락바랍니다(수요기관 담당자 : 김주형 031-500-3002).

3. 개찰장소

국가종합전자조달시스템(나라장터)

4. 제출서류

① 전자입찰 : 입찰참가등록사항은 조달청에서 직접 확인하므로 별도 제출할 필요가 없습니다.
② 단, 적격심사대상자로 통보된 경우에는 적격심사서류를 제출기한까지 제출하여야 합니다.

5. 입찰보증금

① 납부면제 : 본 입찰에서 입찰보증금의 납부는 면제하되, 입찰보증금 지급각서를 제출하여야 합니다. 단, 신용정보 관리규약 제12조에 의한 채무불이행 또는 금융질서 문란자인 경우 입찰금액의 100분의 5이상을 입찰일 전일(공휴일인 경우 그전일)18:00까지 조달청 운영지원팀 또는 각 지방조달청에 납부하여야 합니다.
② 입찰보증금 지급각서 제출방법 : 전자입찰시 정해진 서식에 따라 송신한 입찰서로 갈음.
③ 국고귀속 등 : 낙찰자가 정해진 기일내에 계약을 체결하지 아니한 경우, 입찰보증금은 국가를 당사자로하는 계약에 관한 법률시행령 제38조에 의해 국고에 귀속되며, 부정당업자 제재를 받게됩니다.

6. 국가를 당사자로 하는 계약에 관한 법률(국가계약법)

국가계약법 제10조 제2항1호 및 동 시행령 제42조 제1항 및 제2항에 의거 적격심사를 거쳐 낙찰자를 결정하므로 입찰자는 적격심사기준(회계예규 2200.04-149-20, 2007. 10.12.) 및 조달청 일반용역 적격심사세부기준(조달청공고 제2008-8호, 2008.4.17.) 특수조건, 기타입찰에 필요한 모든 사항을 자세히 알고 입찰에 참가하여야 합니다.

7. 적격심사 세부기준

① 평가기준 : 조달청일반용역적격심사세부기준 제5조 제1항 제2호(별표2 : 추정가격 5억원 이상의 시설분야 용역)를 적용
② 이행실적평가기준(금액기준) : 2,277,614,746원(*부가세별도)
③ 동등이상 용역 : 최근 3년 이내 건물(시설)관리용역, 청소용역, 경비용역을 동시에 이행한 실적
④ 유사용역 : 없음
⑤ 실적증명서 발급시 반드시 해당 용역명을 개재하여 발급 받아야 하며, 해당금액부분만큼만 인정합니다.
⑥ 신인도 평가시 '여성이 대표인 기업'에 대한 가산점 적용은 중소기업청장(제주특별자치도지사, 한국여성경제인협회장 포함)이 확인 및 발급한 '여성기업확인서'를 업체가 제출하여야 하며 입찰공고일 전일 이전에 발급되고 유효기간내에 있는 경우에 한하여 인정합니다.

8. 입찰무효

국가를 당사자로 하는 계약에 관한 법률시행령 제39조 제4항, 동 시행규칙 제44조 및 용역 입찰유의서 제12조에 해당되는 입찰은 무효입니다.

9. 기타 사항

① 조달청의 경쟁입찰 참가자격등록은 수시로 가능하며, 입찰참가를 위하여는 개찰일의 전일까지 등록을 하셔야 합니다.
등록절차와 G2B(나라장터) 이용안내, 입찰 및 계약에 관한 일반사항(입찰유의서, 계약일반조건, 계약특수조건 등)은 정부 조달콜센터(☎ 지역번호없이 1588－0800 또는 나라장터 인터넷폰, FAX : 042－472－2297)로 문의하여 주시고, 본건의 규격 및 가격 관련 사항은 구매담당팀 (담당자 : 송성찬 ☎032－450－3516, FAX0505－480－1838), sljhtm@ hotmail.com으로 문의 바랍니다.
(주소 : 인천 중구 신흥동 3가 7) (우편번호 400－103)
② 본 입찰의 예정가격은 15개의 예비가격 중 4개를 추첨하여 산술평균한 가격으로 결정되며, 예비가격 산출을 위한 기초금액은 입찰일 3~1일 전에 조달청 정부조달콜센터 또는 서울지방조달청 정부조달콜센터 또는 각 지방조달청 경영관리팀 및 인터넷 홈페이지(http://www.pps.go.kr)에 공개합니다.
③ 입찰에 제출되는 서류가 사본일 경우에는 "사실과 상위없음"을 확인 · 날인하여 제

출하시기 바랍니다.

④ 입찰참가희망업체가 전산장비 준비부족 등의 사유로 전자입찰등록 및 투찰이 곤란한 경우에는 입찰마감 24시간 이전에 조달청 정부조달콜센터(1588-0800)로 장애해결을 위해 문의하시기 바라며 장애발생에도 불구하고 조달청 정부조달콜센터로 문의하지 않아 발생되는 모든 책임은 입찰참가자에 있습니다.

- 청렴계약이행준수 : 본 입찰에 참가하고자 하는 자는 청렴계약 이행을 위한 청렴계약입찰 특별유의서 및 청렴계약특수조건을 자세히 알고 입찰에 참가하여야 하며, 동 청렴계약입찰특별유의서 및 청렴계약특수조건은 조달청 인터넷 홈페이지(http://www.pps.go.kr) 또는 국가종합전자조달시스템(http://www.g2b.go.kr)에서 알아 볼 수 있습니다.

인천지방조달청 조달 물자 계약관

제8절 수주영업 관리사무

1. 영업관리

(1) 경쟁사 및 수주대상의 관리

1) 수주예정대상 정보관리

계획상 예정되어 있는 입찰정보와 과거 입찰정보기록상 계약기간 만기가 도래하는 입찰건에 대하여 확인하고 그 정보를 관리해야 한다.

2) 경쟁사 정보관리

① 경쟁사를 그룹사의 계열사 및 관계회사 그룹과 독자적인 건물관리회사 그룹으로 분리하여 정리한다.

② 4~5월경 경쟁사의 재무제표가 확정된 직후 경쟁사의 재무사항과 최근 실적 등의 내용을 정리하여 작성한다.

③ 영업팀장에게 보고하며 영업담당자가 보관한다.

3) 건물조사보고서

① 수시로 신축건물 또는 수주대상을 조사하여 건물조사보고서의 작성대상을 파악한다.
② 선정된 대상에 대하여 건물현황, 건물주 또는 담당자의 연락처, 현재 관리업체 및 관리수준, 단가, 면담내용, 수주가능성 등의 내용을 작성하여 관리한다.

(2) 자격/면허의 관리

1) 자격/면허의 취득

① 수시로 해당부서에서 취득이 필요한 자격 및 면허사항을 파악한다.
② 자격증 및 면허취득에 관한 품의서를 작성하여 해당부서의 담당팀장, 담당중역, 부사장 및 대표이사의 승인을 받는다.
③ 해당 자격 관련 정부부처 및 지자체의 홈페이지에서 필요서류를 검토한다.
④ 필요서류를 작성 및 준비하여 관련 정부부처 및 지자체에 접수한다.
⑤ 관련 정부부처 및 지자체 검토 후 서류심사 통과시 실사를 통해 제출서류의 실재성을 조사받는다.
⑥ 실사결과 자격조건에 부합하면 일정기일 후 통보를 받고 지역소재 구청에 수입인지 등의 수수료를 납부한 후 해당 관할관청에서 발급받는다.
⑦ 발급받은 자격증 및 면허증 원본을 총무담당팀에 제출한다.
⑧ 면허관리현황에 취득한 면허에 대하여 기록한다.

2) 자격의 유지/갱신

① 필요한 경우 자격/면허취득을 위해 가입한 보험 등을 갱신한다.
② 인력 및 장비에 대한 사후관리보고서를 작성 및 준비하여 제출한다.
③ 해당 자격에 관한 교육참석에 대한 공문을 수령하면 정기교육에 참석한다(공문수령_경영지원팀).
④ 자격/면허사항 중 변동사항이 있을 경우 면허관리현황에 변동사항을 기록한다.

2. 수주관리

(1) 정보수집 및 정리

① 매일 전자관보, 입찰정보지 및 입찰정보관련 인터넷 홈페이지를 검색하여 입찰정보를 파악한다.
② 신축건물에 대하여는 건설사 또는 지자체 홈페이지와 영업담당직원이 이동중 확인한 신축중인 현장에서 정보를 파악한다.
③ PM사 등으로부터 입찰참여에 대한 지명 공문을 수령한다.

(2) 입찰관리 기록부의 작성 및 보고

① 입찰가능한 입찰건에 대한 입찰관리기록부를 작성한다.
② 입찰관리기록부를 영업담당팀장에게 승인을 받는다.

(3) 입찰참가

1) 전자입찰

① 내부정보등록

가. 발주처의 전자입찰 홈페이지에 로그인하여 회사에 대한 정보를 등록한다.
나. 발주처 양식을 출력하여 발주처 고객지원실에 제출한다.
다. 발주처 전자입찰 홈페이지에 발주처의 확인을 받아 등록을 완료한다.

② 입 찰

가. 발주처 전자입찰 홈페이지에 로그인한다.
나. 입찰관련사항을 입력하고 입찰에 참가한다.

③ 입찰결과 통보

가. 발주처로부터 낙찰에 대한 공문을 수령하여 수주여부를 확인한다.
나. 공문에 기입된 자격준비서류목록 등 준비사항을 준비하여 기한내에 발주처에 제출한다.

2) 현장입찰

① 비지명입찰

가. 현장설명회에 참석하여 시방서, 적격심사요건 등 관련자료를 수령한다.
나. 입찰등록일에 입찰참가신청서 및 입찰관련서류(실적증명서, 인감증명서, 사용인감계, 등기부등본 등)를 제출한다.
다. 입찰일에 입찰서를 교부받아 회사개요 및 입찰금액을 작성하고 지참한 사용인감을 날인하여 제출한다.
라. 발주처로부터 낙찰에 대한 공문을 수령하여 수주여부를 확인한다.
마. 공문에 기입된 자격준비서류목록 등 준비사항을 준비하여 기한내에 발주처에 제출한다.

② 지명입찰

가. 발주처로부터 입찰기본계획서를 수령 후 참가의향서를 작성하여 발주처에 송부한다.
나. 현장설명회에 참석하여 현장투어를 하고 관련서류(설계도면, 설비현황 및 관련자료 등)를 수령한다.

다. 운영팀의 지원을 받아 견적을 산출하여 제안서를 작성하고 영업담당팀장, 영업담당 중역 및 운영관리본부장의 승인을 받는다.

라. 입찰기본계획서에 명시된 제안서 및 요구서류 제출일에 제안서와 발주처 요구서류를 공문에 첨부하여 제출한다.

마. 발주처의 평가 후 영업담당자는 지정된 일자에 낙찰여부를 통보받거나 확인한다.

바. 낙찰 후 필요한 서류를 준비하여 정해진 기한이내에 발주처에 제출한다.

(4) 계약의 체결

입찰결과 낙찰을 통보받은 즉 계약에 필요한 서류와 준비물을 갖추도록 하고 정확하고 신속하게 계약을 체결해야 한다.

3. 제안/견적서의 작성

① 영업담당자는 제안입찰 건을 분석하여 제안/견적서를 작성하여 영업팀장의 승인을 받는다.

② 영업팀장은 견적제출품의서와 실행예산을 작성하여 제안/견적서와 함께 내부 심의를 받는다.

③ 입찰 수행 : 영업담당자는 내부 심의에서 확정된 제안/견적서 제출을 통해 입찰을 수행하며, 그 세부내용은 다음과 같다.

가. 발주처로부터 입찰기본계획서를 수령 후 참가의향서를 작성하여 발주처에 송부한다.

나. 현장설명회에 참석하여 현장투어를 하고 관련서류(설계도면, 설비현황 및 관련자료 등)를 수령한다.

다. 견적을 산출하고 제안서를 작성하여 승인을 받는다.

라. 입찰기본계획서에 명시된 제안서 및 요구서류 제출일에 제안서와 발주처 요구서류를 공문에 첨부하여 제출한다.

마. 발주처의 평가 후 영업담당자는 지정된 일자에 낙찰여부를 통보받거나 확인한다.

바. 낙찰 후 필요한 서류를 준비하여 정해진 기한이내에 발주처에 제출한다.

4. 계약체결

① 영업담당자는 수주가 확정되면, 계약체결을 위해 계약품의서를 작성하여 대표이사의 승인을 받는다.

② 계약서의 작성은 계약품의서의 내용대로 작성한다.

5. 제안서 및 견적서 작성방법

제안서 및 견적서 작성의 업무절차와 작성방법은 다음과 같다. 다만, 하기에서 표시된 금액, 수치 및 비율은 이해의 편의를 돕기 위하여 기재한 것이며, 매년 실제 적용할 금액, 수치 및 비율은 경영지원부서의 팀장이 이를 정하여 각 부서에 공지한다.

(1) 제안서 작성

1) Company Profile / 회사 소개

① General Information : 회사연혁, 기업이념 및 실천방안, 소유형태, 조직도 및 직원수(부문별) 등의 내용을 포함한다.
② 회사의 업무 Scope 상세(FM, PM, I&R 등)사항을 기록한다.
③ 회사의 재무상태를 작성한다.(대차대조표, 손익계산서 등)
④ 기술자 보유현황
가. 회사가 보유한 기술인력 보유현황을 첨부한다(전력기술인협회, 건설기술인협회 등록인력).
나. 직원교육 실적 : 정기/부정기 교육의 실행실적 및 계획, 대외교육을 명시한다.
⑤ 지원 시스템 관리현황
가. 정보 시스템 활용 : 해당 건물시설관리시에 사용될 전산시스템의 유무 및 종류(FM빌딩관리시스템, 회계관리프로그램 등)
나. 기술인증 여부 : ISO 9001, 14001
다. 현장지원 프로그램 : 해당 빌딩의 수주시, 신규빌딩 인력투입 등으로 인한 기존 관리빌딩 인력의 교체투입이 발생시, 안정화 단계까지의 본사지원계획 등
⑥ 기타 사항 : 신용도 평가자료 첨부(신용평가회사 인증평가자료)

2) 관리실적현황

① 실적 유형별 정리(업무용, 주거용, 호텔, 판매시설 등 유형별 정리)
② 건물주로부터의 표창, 수상내역 및 그 증빙

3) 건물운영계획

① 제안 가격
가. 해당 발주처 양식 혹은 회사 고유의 양식을 이용, 상세한 제안 가격을 작성 제출
나. 제안가격은 직접인건비 부분과 간접인건비 부분으로 구분 제안가격을 작성
② 운영조직 및 인원구성
가. 운영 조직 구성 : 조직도 및 각 부문(관리, 시설, 미화, 보안 등)별 인원구성
나. 관리소장 Profile : 당해 빌딩의 운영을 담당하실 소장님의 경력사항으로서, 동

종업계 경력연수, 관리소장 경력연수, 당해 건물용도/규모 경력 유무 및 연수, 각종 자격증 보유사항 등 반드시 포함

③ 인력수급 계획

결원시 인원투입 계획 등을 포함, 제안 현장 주변 인력 투입 가능한 현장을 예시

④ 관리운영 계획

관리단, 과금 등의 운영 계획, 시설운영 계획, 미화 계획, 주차/보안운영 계획 등을 포함

⑤ 서비스 품질 계획

협력업체 관리계획(방역, 승강기, 외벽청소 등), 입주사 관리계획(건물에 처음 입주한 경우, 기존 입주사 대상 관리방안 예시), 방문고객 관리계획, 비상시 입주사 관리계획(테러발생시, 화재시, 폭풍우 발생시 등 예시)

⑥ 공사 및 안전관리 계획

공사관리 절차(인테리어 공사), 안전(방재) 수칙 등을 포함

⑦ Samle Monthly Report

업무의 이해도 및 관리의 투명성, 예산통제의 효율성, 에너지 절감 실적분석 여부 등을 평가하기 위함

⑧ 보고사항

가. 현장인사관련(교육실시사항, 입퇴사현황, 조직도 및 인원현황)
나. 월 업무실적(관리행정/시설관리/보안/주차관리 업무실적)
다. 월별 에너지 사용현황(월별 전기/가스/상수도 사용량)
라. 주차관리현황(주차차량대수 현황, 전월대비 분석)
마. 민원처리현황(입주사별/종류별 민원접수현황)
바. 하자처리현황
사. 일월업무계획(관리행정 및 시설관리 계획, 미화, 보안/주차관리 계획)

⑨ 보험가입 여부 및 가입보험 종류

이행보증보험증권, 영업배상책임보험, 4대보험 등 해당사항 기재

4) 첨 부

상기의 목록에 삽입하지 못한 내용으로서 추가적으로 제안하고자 하는 바, 혹은 상기 제안내용의 보충이 되는 바 등을 삽입

(2) 견적서 작성

견적서는 분야별(미화, 보안, 시설 등)로 종합견적서를 작성한다.

1) 작성항목

① 연월일 : 작성일자를 기입한다.

② 견적대상 : 사업장명을 기입한다.

③ 항목 : 인건비, 감가상각비, 약품 및 소모품비, 피복비, 외주비, 운영비, 장애인 고용부담금, 사업소세, 일반관리비, 기업이윤 등을 기입한다.

가. 인건비 : 각 사업장에서 근무하는 직원의 임금을 말한다. 동종 업계의 임금을 기준으로 책정하며 분야별사업장의 총 인건비를 기입한다(최저임금 이상 반영).

나. 퇴직급여충당금 : 각 사업장에서 근무하는 직원들이 퇴직하게 되는 경우 지급할 퇴직금을 충당하는 비용을 말하며, 일반적으로 인건비의 8.33%의 금액으로 산정한다.

다. 감가상각비 : 각 사업장에서 사용되는 장비의 신규구입 단가를 사용연한으로 나눈 금액으로 장비의 수명을 기준으로 하여 월별 각 장비의 감가 상각비를 계산하여 기입한다.

라. 약품 및 소모품 비: 각 사업장에서 사용되는 약품 및 소모품 비를 기입한다.

마. 피복비 : 각 사업장에서 근무하는 직원들에게 지급되는 하복/동복 각 2벌, 동잠바, 신발에 들어가는 비용을 기입한다.

바. 외주비 : 년 2회정도 사업장의 외벽을 세척하는 것을 말하며 협력업체의 협의 하에 외벽세척을 실시하는 비용을 기입한다(시설관리견적서 및 미화관리 견적서만 적용).

사. 운영비 : 각 사업장에서 근무하는 직원들의 사기진작과 사무실 운영비를 위해 제공되는 비용으로 야유회비, 명절선물비, 교육비, 장비수리비 등을 포함한 비용을 기입한다.

아. 장애인고용부담금 : 연평균 사업장근로자수가 300인 이상인 사업장의 경우 1인당 10,000원의 비용을 책정하고 각 사업장별로 그 총액을 기입한다.

자. 사업소세 : 각 사업주에게 부과하는 조세로서 50인 이상 현장의 경우 인건비합계의 0.5%의 금액으로 각 사업장별로 그 총액을 기입한다.

차. 일반관리비 : 각 사업장의 관리와 유지에 발생하는 비용으로 견적금액의 5%의 금액에 해당하는 금액의 총액을 기입한다.

카. 기업이윤 : 각 사업장에서 얻어지는 이윤을 말하며 (소계+일반관리비)*5~10%의 금액의 총액을 기입한다.

2) 항목별 작성방법

① 인건비

가. 통상임금 : 통상임금은 통상적으로 받는 임금, 예를 들어 기본급, 직책수당, 면허수당 등을 말하며 <기본급과 시간외 수당>의 합계 금액을 기입한다.

나. 퇴직급여충당금 : 일반적으로 인건비의 8.33%의 금액으로 산정한다.

다. 면허수당 : 한국산업인력관리공단에서 지급하는 자격증으로 보통 월50,000원의 자격증수당을 기입한다. (미화관리와 보안은 제외)

라. 상여금 상여금은 <통상임금 * 상여금 지급되는 개월수/12>의 금액을 기입한다.

마. 복리후생비 : 직원들의 복리후생을 위해 쓰여지는 비용을 기입한다.

바. 국민연금 : <연봉-비과세급여> * 4.5%/12로 표시한다.

사. 의료보험 : <연봉-비과세급여> * 2.643%/12로 표시한다.

아. 산재보험 : (연봉/12)*2.44%로 표시한다.

자. 고용보험 : (연봉/12)*1.3%로 표시한다.

차. 피복비 : 각 사업장에 지급되는 근로복 비용으로 각 사업장별로 가격의 차이는 있을 수 있다.

카. 식비보조 : 각 사업장 직원들의 식비보조비용을 기입한다.

② 운영비

가. 시설운영비
- 직원연수비 : 회식비 및 야유회에 들어가는 비용을 기입한다.
- 명절연수비 : 설, 추석때 직원들의 사기진작을 위해 선물 등을 구입하는데 들어가는 비용으로 보통 15,000원/인으로 책정을 한다.
- 교육비 : 본사에서 행하는 각 사업장교육에 필요한 비용을 기입한다.
- 장비수리비 : 장비공급가의 0.5%에 해당하는 금액을 기입한다.
- 기타 비용 : 각 사업장운영에 필요한 비용을 기입한다.

나. 미화운영비
- 직원연수비 : 회식비 및 야유회에 들어가는 비용을 기입한다.
- 명절연수비 : 설, 추석때 직원들의 사기진작을 위해 선물등을 구입하는데 들어가는 비용으로 보통 15,000원/인으로 책정을 한다.
- 교육비 : 본사에서 행하는 각 사업장교육에 필요한 비용을 기입한다.
- 기타 비용 : 가 사업장운영에 필요한 비용을 기입한다.

다. 보안운영비
- 직원연수비 : 회식비 및 야유회에 들어가는 비용을 기입한다.
- 명절연수비 : 설, 추석때 직원들의 사기진작을 위해 선물 등을 구입하는데 들어가는 비용으로 보통 15,000원/인으로 책정을 한다.
- 교육비 : 본사에서 행하는 각 사업장교육에 필요한 비용을 기입한다.
- 기타 비용 : 각 사업장운영에 필요한 비용을 기입한다.

③ 감가 상각비(신규 구입 단가 적용)

가. 시설 감가상각비 : 순번, 구분, 품명, 규격, 단위, 수량, 단가, 공급가격, 상각 개월, 감가상각액 등으로 구성된다.
- 순번 : 시설관리에 사용되는 공구의 순번을 적는다.
- 구분 : 시설관리에 사용되는 공구의 종류를 기입한다.
  (예, 전기공구, 방재 공구, 기계공구, 영선공구 등)
- 품명 : 시설관리에 사용되는 공구의 이름을 기입한다.
- 규격 : 시설관리에 사용되는 공구의 크기를 기입한다.
- 단위 : 시설관리에 사용되는 공구의 단위를 기입한다.

- 수량 : 시설관리에 사용되는 공구의 개수를 기입한다.
- 단가 : 시설관리에 사용되는 공구의 1개당의 가격을 기입한다.
- 공급가격 : 시설관리에 사용되는 각 공구의 합계 비용을 기입한다.
- 상각개월 : 시설관리에 사용되는 공구의 감가상각비를 계산하는데 필요한 상각개월을 말하며 통상 36개월로 표시한다.
- 감가상각액 : 시설관리에 사용되는 각 공구의 감가상각액을 표시한다.

나. 미화 감가상각비 : 순번, 품명, 단위, 수량, 공급단가, 공급가격, 상각개월, 감가상각액 등으로 구성된다.

- 순번 : 미화관리에 사용되는 공구의 순번을 기입한다.
- 품명 : 미화관리에 사용되는 공구의 이름을 기입한다.
- 단위 : 미화관리에 사용되는 공구의 단위를 기입한다.
- 수량 : 미화관리에 사용되는 공구의 개수를 기입한다.
- 공급단가 : 미화관리에 사용되는 공구의 1개당 가격을 기입한다.
- 공급가격 : 미화관리에 사용되는 공구의 각 공구의 합계 비용을 기입한다.
- 상각개월 : 미화관리에 사용되는 공구의 감가상각비를 계산하는데 필요한 상각개월을 말하며 통상 36개월로 한다.
- 감가상각액 : 미화관리에 사용되는 각 공구의 감가상각액을 나타낸다.

다. 보안 감가상각비 : 순번, 품명, 단위, 수량, 공급단가, 공급가격, 상각개월, 감가상각액 등으로 구성된다.

- 순번 : 보안관리에 사용되는 공구의 순번을 기입한다.
- 품명 : 보안관리에 사용되는 공구의 이름을 기입한다
- 단위 : 보안관리에 사용되는 공구의 단위를 기입한다.
- 수량 : 보안관리에 사용되는 공구의 개수를 기입한다.
- 공급단가 : 보안관리에 사용되는 공구의 1개당 가격을 기입한다.
- 공급가격 : 보안관리에 사용되는 공구의 각 공구의 합계 비용을 기입한다.
- 상각개월 : 보안관리에 사용되는 공구의 감가상각비를 계산하는데 필요한 상각개월을 말하며 통상 36개월로 한다.
- 감가상각액 : 보안관리에 사용되는 각 공구의 감가상각액을 나타낸다.

④ 미화소모품비

순번, 품명, 규격, 단위, 수량, 단가, 금액 등으로 구성된다(미화만 적용).

가. 순번 : 미화관리에 소모되는 품목들의 순번을 기입한다.
나. 품명 : 미화관리에 소모되는 품목들의 이름을 기입한다.
다. 규격 : 미화관리에 소모되는 품목들의 크기를 기입한다.
라. 단위 : 미화관리에 소모되는 품목들의 단위를 기입한다.
마. 수량 : 미화관리에 소모되는 품목들의 개수를 기입한다.
바. 공급단가 : 미화관리에 소모되는 품목들의 1개당 가격을 기입한다.

사. 공급금액 : 미화관리에 소모되는 품목들의 각 합계 비용을 기입한다.

(3) 견적시 검토내용

견적서 작성시 검토할 주요 내용은 다음과 같다.

① 안전제일, 고품질, 최저비용, 최적운영을 수행할 수 있는가
② 건물의 용도, 구조, 면적 기타 제반 조건의 운영원가 반영여부
③ 현장조직표상에 최적운영을 수행할 수 있는 적정인원의 배치여부
④ 제경비는 정상적으로 산정되었는가
⑤ 동종류의 타FM 운영과 대비하여 큰 차이는 없는가, 차이가 있다면 어느 항목에서 차이가 나는가
⑥ 각 품목의 단가는 최근 회사구매단가와 일치하는가, 불일치한다면 이유는
⑦ 발주처의 요구사항은 정확히 반영되었는가

제9절 조달청 일반용역 적격심사세부기준

조달청 일반용역 적격심사세부기준은 다음과 같다.

조달청일반용역적격심사세부기준

(조달청 공고 제2008-8호, 2008.4.17)
제1조(목적)이 기준은 적격심사기준(재정경제부회계예규 : 이하 "심사기준"이라 한다) 제6조에 의거 조달청에서 집행하는 일반용역 입찰의 낙찰자 결정에 적용할 적격심사 세부기준(이하 "세부기준"이라 한다)을 정함을 목적으로 한다.
제2조(정의) 이 기준에서 사용하는 용어의 정의는 다음 각호와 같다.
1. "일반용역"이라 함은 국가를당사자로하는계약에관한법률 제4조에 의한 용역중 건설기술관리법 또는 전력기술관리법에서 규정한 용역과 그에 준하는 용역을 제외

한 나머지 모든 종류의 용역(학술연구용역, 청소용역, 시설물경비용역, 시설물관리용역, 정보통신용역, 폐기물처리용역 및 육상운송용역 등)을 총칭한다.

2. "학술연구용역"이라 함은 학문분야의 기초과학과 응용과학이 광범하고 심층있게 적용되어야 할 비정형화된 연구용역 및 이에 준하는 용역으로서 정부정책이나 시책의 자문에 제공되는 용역을 말한다.

3. "시설분야용역"이라 함은 시설물청소용역, 시설물경비용역, 시설물관리용역 및 이에 준하는 용역을 말한다.

가. "청소용역"이라 함은 공공용 또는 공중이 이용하는 건축물·시설물과 옥·내외 부대시설 등의 청결유지와 실내 공기정화를 위한 청소 등을 대행하는 영업을 말한다. 다만, 개별계약이 정하는 바에 따라서는 방역, 부대소각로 운영관리 등을 포함할 수 있다.

나. "시설물경비용역"(이하 "경비용역"이라 한다)이라 함은 국가 중요시설, 산업시설, 공공시설, 사무소, 흥행장, 주택, 창고, 주차장, 행사장, 유원지, 항공기, 차량 기타 경비를 필요로 하는 시설 및 장소에서의 도난 · 화재 기타 혼잡 등으로 인한 위험발생을 방지하는 업무의 전부 또는 일부를 대행하는 영업을 말한다.

다. "시설물관리용역"이라 함은 공공용 또는 공중이 이용하는 시설물의 본체와 동 부속시설물(소방, 배전, 공조, 급 · 배수시설등)에 대한 운전, 점검 및 유지보수와 에너지의 적정공급 등 효율적 관리를 통해 시설물 이용자 및 주변 일반주민들에게 안전하며 경제적인 시설환경을 조성하는 업무의 전부 또는 일부를 대행하는 영업을 말한다.

4. "정보통신용역"이라 함은 정보의 수집 · 가공 · 저장 · 검색 · 송신 · 수신 및 그 활동과 이에 관련되는 기기·기술·역무 기타 정보화를 촉진하기 위한 일련의 수단을 도급받아 대행하는 영업을 말하며 관련 정보통신장비 및 S/W의 유지보수용역(이하 "유지보수용역" 이라 한다)과 소프트웨어사업으로 구분하며 "소프트웨어사업" 이란 소프트웨어개발, 시스템 운용환경 설계, 데이터베이스 구축, 자료입력 및 정보전략계획 수립을 말하며, 관련 정보통신장비 및 S/W의 설치업무를 포함할 수 있다.

5. "폐기물처리용역"이라 함은 쓰레기·연소재·오니 등으로서 사람의 생활이나 산업활동에 필요하지 아니하는 폐기물을 시·도지사 또는 환경부장관의 허가를 받은 폐기물처리업자가 폐기물을 수집, 처리장소로 운반하여 소각 · 파쇄 · 고형화 · 매립 등의 방법에 의하여 처리하는 영업을 말한다.

6. "육상운송용역"이라 함은 육상운송장비(궤도차량 및 고정식 장비 제외)를 이용하여 인원 또는 화물을 운송하는 업무를 도급받아 대행하는 영업으로서 운전자가 딸린 육상운송장비의 임대활동을 포함한다.

7. "동등이상용역"이라 함은 당해용역과 동일한 개념에 속하는 용역 또는 당해용역과 동일한 개념에 속하는 용역을 포함하는 용역으로서 용역의 난이도나 범위가 그 이상인 용역을 말하고 "유사용역"이란 당해용역과 유사한 개념에 속하는 용역을 말하며 각각 개별 입찰공고에서 정하는 용역을 말한다.

제3조(심사대상) 이 세부기준은 제2조의 일반용역계약 또는 그에 준하는 용역 계약에서 계약이행능력을 심사하여 낙찰자를 결정하는 입찰에 적용한다. 다만, 다른 일반용역계약은 개별 입찰공고에서 제시하는 바에 따른다.

제4조(제출서류 및 심사자료요구 등) ① 적격심사대상자로 통보 받은 입찰자는 통보서를 접수한 날부터 특별히 정한 기일이 없는 한 7일 이내에 다음 각호의 관련서류를 첨부한 적격심사신청서를 제출하여야 한다(다만, 입찰가격점수와 당해용역수행능력의 배점한도를 합산한 점수가 제10조제1항의 점수에 미달하는 입찰자에 대하여는 적격심사서류 제출을 생략할 수 있다). 제출서류중 첨부목록에 기재되어 있는 서류가 첨부되어 있지 않거나 불명확하여 인지할 수 없는 경우에는 계약담당공무원은 기한을 정하여 보완을 요구할 수 있다.

1. 적격심사신청서 1부(별지 제1호 서식)
2. 적격심사 자기평가 및 심사표 1부(별지 제2호 서식)
3. 일반용역이행실적증명서 1부(별지 제3호 서식)
4. 신용정보의 이용및보호에관한법률 제4조 제4항 제1호 또는 제4호의 업무를 영위하는 신용정보업자가 발급한 신용평가등급 확인서 1부. 다만, 조달청 신용평가등급 조회시스템에 의하여 신용평가등급 조회가 가능한 경우에는 확인서 제출을 생략한다.
5. 근로조건 이행확약서 1부(별지 제4호 서식)
6. 기타 제출서류 각 1부(별지 제5호 참조)

② 제1항의 보완요구 기한까지 보완된 서류가 제출되지 아니한 경우에는 당초 제출된 서류만으로 심사하되 당초 제출된 서류가 불명확하여 심사 하기가 곤란한 경우에는 심사에서 제외한다.

③ 제1항 내지 제2항에 따라 제출할 서류로서 입찰공고일 이후에 발생 또는 신고하였거나 수정된 자료의 제출은 인정하지 않는다.

제5조(평가기준) ①적격심사의 평가기준은 다음 각 호에 의한다.

1. 학술연구용역 평가기준 : 별표 1
2. 시설분야용역 평가기준 : 별표 2
3. 정보통신용역 평가기준 : 별표 3 또는 별표 3의 1
4. 폐기물처리용역 평가기준 : 별표 4
5. 육상운송용역 평가기준 : 별표 5

② 용역의 특성, 사용목적 및 내용 등에 따라 심사분야별(입찰가격은 제외)배점한도를 20% 범위 내에서 가·감 조정할 수 있으며, 심사항목별(신인도 제외) 세부사항을 추가하거나 제외할 수 있다. 이 경우 입찰공고 또는 입찰설명서에 조정 내용을 명시하여야 한다.

제6조(적용기준) 심사의 적용기준은 다음 각호에 의한다.

1. 기간계산 등 기준일 :

용역수행능력, 신인도 등의 적격심사에 따른 기간계산 등의 기준일은 법령 등 다른 규정에서 정한 것을 제외하고는 입찰공고일로 한다. 단, 결격사유(부실수행, 재무위험)에 대하여는 낙찰자 결정일을 기준일로 한다.

2. 외화표시 금액의 적용 :

이행실적 등의 외화표시 금액은 원화로 환산하여 적용하며, 적용환율은 입찰공고일의 외국환거래법에 의한 기준환율 또는 재정환율(매매기준율)로 적용한다. 단, 외화와 원화가 동시 표시된 경우는 원화를 적용한다.

3. 계산결과 소수점 이하의 숫자처리

비율, 평점등을 계산한 결과 소수점 이하의 숫자가 있는 경우에는 소수점 다섯째 자리에서 반올림한다.

제7조(평가방법) ①계약담당공무원은 세부기준에 따라 예정가격 이하로서 최저가로 입찰한 자 순으로 심사한다.

②이행실적 평가는 다음 각목에 의하되, 세부적용 내용은 [별표 1 내지 별표 5]에 의한다.

1. 계약담당공무원은 적격심사시 적용할 이행실적 평가기준(동등이상용역 및 유사용역, 금액 또는 면적)을 입찰공고에 명시하여야 한다.

2. 적격심사대상자의 이행실적은 계약일자와 관계없이 이행 완료된 시점이 최근 3년 이내로서 입찰공고에 명시한 동등이상용역 및 유사용역을 이행한 금액(부가가치세 제외) 또는 규모를 기준으로 평가하되, 입찰공고에 이행실적 적용기간을 달리 정한 경우에는 그 내용에 따라 평가한다. 단, 적용기간의 개시일 또는 종료일에 계속하여 진행중인 청소용역, 경비용역, 시설물관리용역, 폐기물처리용역 기타 계속하여 과업의 일부의 이행을 완료하는 용역의 경우에는 적용기간의 만료일까지 이행을 완료한 실적에 한하여 인정한다.

3. 합병의 경우 존속되거나 신설된 업체의 실적은 소멸된 자의 실적을 승계한 것으로 합산하여 평가하며, 분할의 경우에는 권리·의무를 승계 받은 업체의 실적으로 본다. 또한 사업 양수도의 경우에는 해당 업종을 양수한 자의 실적으로 평가하며 합병·분할·사업 양수도와 관련한 업체의 실적증빙서류를 제출하여야 한다. (단, 분할 및 사업양수도의 경우 실적 이행을 위하여 분할 및 사업양수도시에 권리 이외 시설, 기술자 등의 요건이 필요할 때에는 이를 갖춘 경우에만 실적으로 인정한다.)

4. 이행실적의 평가는 일반용역이행실적증명서[별지 제3호 서식]에 의하여 평가하되 공공기관 이외의 이행실적은 원본 확인된 당해 용역의 계약서, 세금계산서, 거래명세표 등의 이행실적을 증명하는 서류를 첨부한 경우에 평가하고 필요한 경우 공급받는자의 인감증명을 첨부한 거래사실확인서 기타 이행실적을 증명하는 서류를 제출하게 할 수 있으며 적격심사대상자가 입증책임을 다하지 아니하여 이행실적의 확인이 어려운 경우에는 실적을 인정하지 아니한다. 단, 국내업체가 외국에서 수행한 용역이행실적 또는 외국에 소재하는 업체가 수행한 용역이행실적으로서 공공기관에서 발주한 용역이 아닌 경우에는 이를 공증하거나 현지 상공회의소의 확인을 받아 제출하고 세금계산서 등 증빙자료를 생략할 수 있다.

③경영상태 평가는 '신용평가등급에 의한 평가방법'에 의하여 이의 세부적용내용은 [별표 6]에 정한 기준에 따라 평가한다.

1. 적격심사대상자가 적격심사서류를 제출할 때에는 적격심사신청서[별지 제1호 서식]에 의하여 제출하되 공동수급체를 구성하여 입찰에 참가할 경우에는 공동수급체의 구성원별로 관련서류를 제출하여야 한다

2. 적격심사대상자가 국가를당사자로하는계약에관한법률시행령 제26조 제1항 제3호에 해당하는 경우에는 배점한도를 적용한다

④기술능력 평가는 [별표 3] 내지 [별표 5]에 정한 기준에 따라 평가한다.

⑤신인도 평가는 [별표 7]에 정한 기준에 따라 평가하되, 신인도 평가점수와 이행실적, 경영상태 및 기술성 평가점수를 합산하여 [별표 1 내지 별표 5]에 정한 당

해 용역수행능력 배점한도를 초과하지 못한다.

⑥ 외주근로자 근로조건 이행계획의 적정성 평가는 심사대상자가 제출한 근로조건 이행확약서(별지 제4호 서식)를 [별표 2-2] 근로조건 이행계획의 적정성 평가기준에 따라 평가한다. 단, 공동수급체를 구성하여 입찰에 참가한 경우는 공동수급체 구성원 연명으로 이행계획서를 제출하여야 한다.

제8조(공동수급체 등에 대한 평가) 심사대상자가 공동수급체를 구성하고 있는 경우의 평가는 다음 각 호에 의하되, 세부 적용내용은 제7조에 의한다.

1. 이행실적 평가 공동수급체 구성원별로 각각의 이행실적에 출자비율 또는 분담비율을 곱하여 산출한 구성원 모두의 실적을 합산하여 해당되는 등급으로 평가한다.
2. 경영상태 평가 공동수급체 구성원별로 각각 산출한 평가점수에 출자비율 또는 분담비율을 곱한 후 합산하여 평가한다.
3. 기술성 평가 공동수급체 구성원별로 각각 산출한 기술성 점수에 각각의 출자비율 또는 분담 비율을 곱하여 이를 합산하여 평가한다.
4. 신인도 평가

공동수급체에 대한 신인도 평가는 전호의 기술성 평가에 준한다. 다만, 감점대상업체가 공동수급체의 구성원으로 입찰에 참가하는 경우에는 해당 감점 점수에 당해 업체의 출자비율 또는 분담비율을 곱한 점수를 감점한다.

제9조(결격사유의 심사)①심사대상자가 부도·파산상태인 경우에는 결격사유에 해당하는 것으로 평가하며, 부도·파산의 우려가 있어 계약이행이 어렵다고 판단되는 경우에는 계약심사협의회의 심사결과에 따라 결격여부를 결정한다. 이 경우 계약심사협의회는 운영규정에 따라 심사대상자에게 자료의 제출을 요구하거나 관계자 또는 전문가의 의견을 청취 또는 자문 받을 수 있다.

②공동수급체의 대표자가 부도·파산상태인 경우에는 당해 공동수급체의 결격사유로 평가하며, 대표자 이외의 구성원중 부도·파산상태인 자가 있는 경우로서 잔여구성원만으로 계약이행이 가능한 경우에는 적격심사를 할 수 있다. 이 경우 공동수급협정 내용을 변경하게 할 수 있다.

제10조(낙찰자 결정) ①최저가 입찰자에 대한 심사결과 종합평점이 85점(단, 정보통신용역의 중소기업간 경쟁대상 2개분야는 88점)이상이면 낙찰자로 결정한다.

②동일가격의 최저가 입찰자가 2인 이상으로서 적격심사를 하는 경우에는 종합평점이 85점(단, 정보통신용역의 중소기업간 경쟁대상 2개분야는 88점)이상인 자 중에서 최고점수인 자를 낙찰자로 결정한다. 이외의 경우에는 추첨에 의해 낙찰자를 결정한다.

③최저가 입찰자에 대한 심사결과 종합평점이 85점(단, 정보통신용역의 중소기업간 경쟁대상 2개 분야는 88점)미만인 경우에는 차 순위 최저가 입찰자 순으로 심사하여 낙찰자를 결정한다.

④적격심사에 소요되는 행정 소요일수를 감안, 필요하다고 인정되는 경우에는 예정가격 이내 입찰자를 대상으로 동시에 적격심사를 할 수 있다.

제11조(재심사) ① 제10조의 규정에 의하여 부적격 통보를 받은 자가 통보일로부터 3일 이내에 심사결과에 대한 재심사를 요청하였을 때에는 특별한 사유가 없는 한 재심사요청서 접수일로부터 3일 이내에 재심사를 하여야 한다.

②제1항에 의한 재심사 결과는 해당자에게 지체없이 통보하여야 한다.

③제1항의 재심사 요청서를 접수할 때에는 적격심사에 필요한 추가서류는 접수할 수 없다.

제12조(부정한 방법에 의한 심사서류 제출자 및 미제출자의 처리) 적격심사 대상자가 세부기준의 규정에 따라 제출한 서류 중 부정 또는 허위로 작성된 서류가 포함된 것으로 판명된 때와 정당한 사유 없이 심사서류의 전부 또는 일부를 제출하지 아니한 때에는 국가계약법시행령 제76조 및 회계예규 적격심사기준의 규정에 따라 처리한다.

제13조(기타사항)이 세부기준에 정하지 아니한 사항에 대하여는 적격심사기준 등 관련 회계예규와 기타 조달청 집행기준을 적용하며, 용역의 특성에 따라 이 기준을 적용하기 곤란하다고 인정되는 사항에 대하여는 입찰공고에 별도로 반영하여 집행할 수 있다.

부 칙

1. 이 세부기준은 2008년 5월 1일 이후에 입찰공고하는 적격심사 대상 용역부터 적용한다.
2. 조달청공고 제2006-46호(2006. 8.18) 조달청일반용역적격심사세부기준은 이 세부기준 시행과 동시에 폐지한다.

[별표2] (제5조 제1항 제2호 관련) 시설분야용역 적격심사 항목 및 배점한도

단위 : 점

구 분	심사분야	심 사 항 목	배점한도 추정가격 5억원이상	배점한도 추정가격 5억원미만
Ⅰ. 당해용역 수행능력	1.이행실적	당해 용역규모 대비 최근 3년간 동등이상용역 및 유사용역 이행실적비율	10	-
	2.경영상태	신용평가등급	25	25
	3.신인도		+4.25~△3.0	+4.25~△3.0
	계		35	25
Ⅱ. 근로조건 이행계획의 적정성		예정가격 산정시 적용한 노임에 낙찰율을 곱한 수준 이상의 임금지급, 퇴직금 및 4대사회보험료 등 법정부담금 지급, 포괄적인 재하청 금지, 근로기준법 및 최저임금법 준수여부	5	5
Ⅲ. 입찰가격		※ 입찰가격 평점산식 참조	60	70
합 계			100	100
Ⅳ.결격사유	재무위험	부도 또는 파산 우려가 있어 당해 계약 이행이 어렵다고 판단되는 경우 (단, 법정관리·화의인가 결정 등 법원의 정상화 판결을 받은 경우 제외)	△20	△20

① 입찰가격 평점산식

◦ $\text{평점(점)} = \text{배점한도} - 60 \times \left| \left(\frac{88}{100} - \frac{\text{입찰가격}}{\text{예정가격}} \right) \times 100 \right|$

(단, 입찰가격이 예정가격 이하로서 예정가격의 88.25%이상인 경우에는 입찰가격이 예정가격의 88.25%인 경우의 점수로 평가)

- | | 는 절대값 표시임.
- 입찰가격을 예정가격으로 나눈 결과 소숫점 이하의 숫자가 있는 경우에는 소숫점 다섯째자리에서 반올림함.
- 최저평점은 2점으로 함.

② 이행실적 평가는 [별표 2-1]의 평가기준에 의하여 평가하며, 평점의 합계는 배점한도를 초과하지 못한다. 단, 이행실적은 3개월 이상 계속 수행한 실적에 한하여 인정하며, 아파트 및 주상복합건물의 청소용역실적은 인정하지 아니함.

③ 경영상태 평가는 [별표 6]의 평가기준에 의하여 평가한다.

④ 신인도 평가는 [별표 7]의 평가기준에 의하여 평가한다.

⑤ 근로조건 이행계획의 적정성 평가는 [별표 2-2] 근로조건 이행계획의 적정성 평가기준에 의하여 평가한다.

[별표 2-1] 배점한도 세부내역(별표2 관련)

1. 이행실적

심 사 항 목		평 가 등 급	평 점		비 고
			추정가격 5억원이상	추정가격 5억원미만	
당해용역 규모 대비 최근3년간 용역이행실적비율[금액 기준 (단, 청소용역은 금액 또는 면적 기준)]	가. 동등 이상 용역	A. 100%이상 B.70%이상 ~ 100%미만 C. 40%이상 ~ 70%미만 D. 10%이상 ~ 40%미만	10 9 8 7	-	계약목적용역과 동일한 분야이거나 그 이상의 분야가 포함된 용역 이행실적
	나. 유사 용역	A. 100%이상 B.70%이상 ~ 100%미만 C. 40%이상 ~ 70%미만 D. 10%이상 ~ 40%미만	5 4.5 4 3.5	-	계약목적용역과 관련 1개 이상의 분야가 미포함된 용역 이행실적

[별표 2-2] 근로조건 이행계획의 적정성 평가기준(별표2 관련)

심사항목	평가점수(배점한도)		비 고
	제출시	미제출시	
1. 예정가격 산정시 적용한 노임에 낙찰율을 곱한 수준 이상의 임금을 지급한다는 확약서 제출	2	0	
2. 근로기준법 등 관련법규 준수여부 ① 퇴직금, 4대사회보험료 등 법정부담금을 지급한다는 확약서 제출 ② 포괄적인 재하청을 하지 않겠다는 확약서 제출 ③ 근로기준법 및 최저임금법을 위반하지 않겠다는 확약서 제출	3	0	
계	5	0	

주) 1. "예정가격 산정시 적용한 노임"은 청소·경비용역의 경우는 당해연도 중소기업협동조합중앙회에서 발표하는 제조부분 시중노임단가(보통인부, 작업반장 등)에 과업지시서상의 해당인원, 근로기간을 곱하여 계산하고, 시설물관리용역의 경우에는 해당직종의 시중노임단가 또는 (사)한국건축물유지관리협회의 당해연도 건축물유지관리비 표준단가표상의 관리소장, 분야별책임자, 기능사, 기능사보의 기본료에 과업지시서상의 해당인원, 근로기간을 곱하여 계산한다.

2. "퇴직금, 4대사회보험료"는 근로자퇴직급여보장법 등에 의한 퇴직금과 국민연금법, 국민건강보험법, 고용보험법, 산업재해보상보험법 등 각각의 관계법령에서 규정

한 법정부담금인 의료보험, 국민연금, 산재보험, 고용보험을 의미한다.

3. "근로기준법 및 최저임금법을 위반하지 않겠다는 확약사항"은 근로기준법 제107조 내지 제114조와 최저임금법 제28조의 벌칙조항을 위반하지 아니하고 동법규를 성실히 준수한다는 확약을 말한다.

[별표 6] (제7조 제3항 관련) 신용평가등급에 의한 경영상태 평가기준

회사채에 대한 신용평가등급	기업어음에대한 신용평가등급	기업신용평가 등급	평 점(점) 배점한도별		
			30점	25점	10점
AAA	-	AAA (회사채에 대한 신용평가등급 AAA에 준하는 등급)	30.0	25.0	10.0
AA+, AA0, AA-	A1	AA+, AA0, AA- (회사채에 대한 신용평가등급 AA+, AA0, AA-에 준하는 등급)	29.9	24.9	9.9
A+	A2+	A+ (회사채에 대한 신용평가등급 A+에 준하는 등급)	29.8	24.8	9.8
A0	A20	A0 (회사채에 대한 신용평가등급 A0에 준하는 등급)	29.7	24.7	9.7
A-	A2-	A− (회사채에 대한 신용평가등급 A-에 준하는 등급)	29.6	24.6	9.6
BBB+	A3+	BBB+ (회사채에 대한 신용평가등급 BBB+에 준하는 등급)	29.5	24.5	9.5
BBB0	A30	BBB0 (회사채에 대한 신용평가등급 BBB0에 준하는 등급)	29.4	24.4	9.4
BBB-	A3-	BBB− (회사채에 대한 신용평가등급 BBB-에 준하는 등급)	29.3	24.3	9.3
BB+, BB0	B+	BB+, BB0 (회사채에 대한 신용평가등급 BB+, BB0에 준하는 등급)	29.0	24.0	9.0
BB-	B0	BB− (회사채에 대한 신용평가등급 BB-에 준하는 등급)	28.7	23.7	8.7
B+, B0, B-	B-	B+, B0, B− (회사채에 대한 신용평가등급 B+, B0, B-에 준하는 등급)	28.5	23.5	8.5
CCC+ 이하	C 이하	CCC+ 이하 (회사채에 대한 신용평가등급 CCC+에 준하는 등급)	25.0	20.0	7.0

※ 주) 1. 신용평가등급은 신용정보의이용및보호에관한법률 제4조 제4항 제1호 또는 제4호의 업무를 영위하는 신용정보업자가 동 적격심사세부기준 제6조의 적용기준일

전 가장 최근에 평가한 유효기간 내 회사채(또는 기업어음)에 대한 신용평가등급 또는 기업신용평가등급(위의 신용정보업자가 신용평가등급, 등급평가일 및 등급유효기간 등을 명시하여 작성한 '신용평가등급확인서')을 기준으로 평가한다

2. 적격심사대상자의 회사채(또는 기업어음) 및 기업신용평가에 따른 평점이 다른 경우에는 높은 평점으로 평가하며, '신용평가등급확인서'를 제출하지 않은 경우에는 최저등급으로 평가한다.

3. 합병한 업체에 대하여는 합병후 새로운 신용평가등급으로 심사하여야 하며 합병후의 새로운 신용평가등급이 없는 경우에는 합병대상업체 중 가장 낮은 신용평가등급을 받은 업체의 신용평가등급으로 심사한다.

4. 점수는 〔별표 1 내지 별표 5〕에 정한 경영상태 배점한도에 따라 해당 등급의 평정점을 적용한다.

[별표 7] ([별표 1내지 별표 5] 관련) 신인도 평가기준(공통)

심 사 항 목	평점(점)
가. 여성기업지원 및 여성고용촉진	
(1) 여성이 대표인 기업('여성기업지원에관한법률'에서 정한기업)	0.5
(2) 여성고용 우수기업(시설분야용역은 제외)	
(가) 여성고용율이 10%이상이고 여성종업원이 10인 이상인 기업	1.0
(나) 여성고용율이 5%이상이고 여성종업원이 5인 이상인 기업	0.5
(3) 노동부장관에 의해 남녀고용평등 우수기업으로 지정 받은 자	0.5
나. 장애인고용 우수기업	
(1) 장애인고용율이 5%이상이고 장애인종업원이 10인 이상인 기업	1.0
(2) 장애인고용율이 2.5%이상이고 장애인종업원이 5인 이상인 기업	0.5
다. 신규채용 우수기업(시설분야용역 및 폐기물처리용역은 제외)	
(1) 전년도 매월말 평균 고용보험 피보험자 수 대비 최근 3개월 평균 신규고용보험피보험자수가 10%이상 증가하고 그 증가인원이 10인 이상인 기업	1.0
(2) 전년도 매월말 평균 고용보험피보험자수 대비 최근 3개월 평균 신규고용보험피보험자수가 5%이상 증가하고 그 증가인원이 5인 이상인 기업	0.5
라. 공동수급체 구성	
(1) 여성기업 또는 중소기업과 공동수급체(10%이상)를 구성한 경우	0.25
(2) 지역업체와 공동수급체(10%이상)를 구성한 경우	0.25
마. 노동부장관으로부터 신노사문화 우수기업으로 선정된 업체	0.5
바. 품질경영및공산품안전관리법 제6조의 규정에 의하여 산업자원부장관이 서비스품질우수기업 또는 사후봉사우수기업으로 인증한 업체	0.5
사. 중소기업청장이 기술혁신형중소기업(INNO-BIZ)으로 지정한 업체	0.5
아. 국세청장이 지정한 모범성실납세자	0.5
자. 비상기획위원장이 확인해준 '비상대비 중점관리 대상업체	0.25
차. 최근 6개월 이내에 조달청과의 계약이행과정에서 지체상금 부과를 받은 자(단, 여러 건의 지체상금이 중복 부과된 경우의 지체일수 계산은 합산한 기간으로 한다.)	
(1) 지체일수 30일 이상	△1.0
(2) 지체일수 30일 미만	△0.5
카. 최근 1년 이내에 폐기물관리법 규정에 의하여 행정처분 등을 받은 자(폐기물처리용역에 한함)	△2.0

※ 주) ① 국제입찰의 경우에는 "차"항의 평가에 한하여 적용한다.

② "가"의 (2) 및 "나"항의 여성고용 우수기업 및 장애인고용 우수기업에 대한 평가는 고용보험법에 의한 고용보험, 국민건강보험법에 의한 국민건강보험 또는 국민연금법에 의한 국민연금에 가입한 증빙서류와 여성 또는 장애인임을 증명하는 자료에 의하여 입찰공고일 전월부터 최근 3개월간의 평균 여성고용인원수 또는 평균 장애인고용인원수(3개월간 전체고용인원 대비 여성 또는 장애인 고용인원 비율)로 평가한다.

③ "다"항의 신규채용 우수기업에 대한 평가는 입찰공고일 전월을 기준으로 최근 3개월간의 평균 신규 고용보험피보험자수로서 계산(최근 3개월간의 신규고용자를 누적하여 산술평균한 월평균 고용보험피보험자 증가인원수로 계산)하며, 고용보험피보험자 수에 대해서는 노동부에서 확인해 준 자료를 제출하여야 한다.

④ ② 및 ③의 계산결과는 소수점 첫째 자리에서 올림을 하고, 전년도 또는 최근 3개월 평균자료가 없는 경우에는 평가에서 제외한다. 단, 여성고용, 장애인고용, 신규채용의 평가가 중복되는 경우(동일인물이 복수의 해당 등급요건을 충족하는 경우에만 해당)에는 그 중 한가지만 인정한다.

⑤ "라"항의 공동수급체에 대한 평가에 있어서 (1)의 평가는 공동수급체의 대표 이외의 구성원으로서 여성이 대표인 기업 또는 중소기업의 분담비율을 합산하여 10% 이상인 경우에 대하여 평가하고, (2)의 평가는 공동수급체의 대표 이외의 구성원으로서 용역수행현장 소재지 특별시·광역시·도에 본사를 둔 업체의 분담비율을 합산하여 10% 이상인 경우에 대하여 평가하되, (1)의 평가기준과 (2)의 평가기준을 동시에 충족하는 경우에는 (1) 또는 (2)중 하나에 대하여만 평가한다. 단, 단가계약(제3자단가계약 포함) 또는 용역수행현장이 3개소 이상의 특별시·광역시·도에 소재하는 계약의 경우에는 적용을 배제한다.

⑥ "가"의 (3), "마" 내지 "자"항의 평가는 주무부·처·청의 장(위임한 경우 포함)이 확인한 자료를 제출하여야 하며, 유효기간 내에 한하여 평가한다(단, 유효기간이 정해지지 아니한 경우에는 최근 2년 이내에 지정된 것에 한하여 평가한다).

⑦ "바"항의 평가는 해당 기업 전체 또는 본사(사업부문별 인증인 경우에는 당해용역 수행에 직접 관련된 분야의 전체 또는 본사의 해당분야)에 대한 인증인 경우에 한하며 개별 사업장 또는 당해용역 수행에 직접 관련되지 아니한 분야에 대한 인증인 경우는 평가하지 아니한다. 다만, 동일 기업에 대하여 서비스품질우수기업 및 사후봉사우수기업을 각각 인증한 경우에는 그중 1건에 대하여만 인정한다.

⑧ "차"항의 평가는 입찰공고일 기준으로 최근 6개월 이내에 지체상금을 부과받은 자를 감점하는 것으로, 지체일수 산정은 용품(용역)대금 지급(종결)일자를 기준으로 하되 매회 종결건별로 합산한 기간으로 한다(단가계약의 경우에는 매회 납품요구건에 대한 지체상금 부과일자를 기준으로 평가한다).

[별지 제1호] 적격심사신청서

◦ 구매관리번호 :
◦ 심사대상용역명 :
◦ 수 요 기 관 :
◦ 입 찰 일 시 :

위 건 일반용역입찰의 적격심사와 관련하여 적격심사 자기평가 및 심사표와 제 증빙자료를 신의 성실의 원칙에 입각하여 붙임과 같이 작성 제출하며, 만일 제출한 서류가 허위 또는 부정한 방법으로 작성된 사실이 확인될 경우에는 적격심사기준(회계예규) 및 국가를당사자로하는계약에관한법령 등에 따라 처리하여도 아무런 이의를 제기하지 않겠음을 확약합니다.

200 . . .

심사대상입찰자 주 소 :
회 사 명 :
대 표 자 : (인) 또는 (서명)

붙임 1. 적격심사 자기평가 및 심사표 1부
2. 항목별 평점세부내역 1부
3. 일반용역 이행실적증명서 1부
4. 신용평가등급 확인서 1부
5. 기타 첨부서류 (신인도 평가관련 증빙자료 등)

조달청장 귀하

---접 수 증

1. 구매관리번호 : 3. 수요기관 :

2. 용 역 명 : 4. 제 출 자 :

위 건 용역입찰 적격심사신청서 및 관련서류를 접수하였음을 확인합니다.

2008. . .

조달청 고객지원센터 실장 (인)

[별지 제2호] 적격심사 자기평가 및 심사표

1. 심사대상용역

관리번호	
입찰일시	
용 역 명	
용역기간	
수요기관	
입찰금액	
예정가격	
제출기한	

2. 심사대상입찰자

회 사 명	(전화)
대 표 자	
업종구분	학술연구( ), 시설관리( ), 청소( ), 경비( ), 정보통신( ), 폐기물( ), 기타( )

3. 회사를 대표하는 연락책임자 인적사항

소 속	
직 위	
성 명	
전화번호	(FAX)

4. 종합평가 (단위 : 점)

구 분			배점한도	자기평점	심사평점
당해용역 수행능력	이행실적	당해용역			
		유사용역			
	경영상태	신용평가등급			
	기술능력	기술 인력			
		기술 인증			
		장비 보유			
	신 인 도				
	소 계				
입찰 가격					
합 계					
결격 사유					
총평 정점			100		

[별지 제3호] 일반용역이행 실적증명서

<table>
<tr><td rowspan="5">신
청
인</td><td>업체명(상호)</td><td colspan="3"></td><td colspan="2">대 표 자</td><td></td></tr>
<tr><td>영업소재지</td><td colspan="3"></td><td colspan="2">전 화 번 호</td><td></td></tr>
<tr><td>사업자번호</td><td colspan="3"></td><td colspan="2">조달청등록번호</td><td></td></tr>
<tr><td>증명서용도</td><td colspan="3">일반용역 적격심사
신청용</td><td colspan="2">제 출 처</td><td>조 달 청</td></tr>
<tr><td>용역범위 및
기준
(면적, 금액 등)</td><td colspan="6"></td></tr>
<tr><td rowspan="5">용역
이행
실적
내용</td><td>용 역 명</td><td colspan="3"></td><td colspan="2">구 분</td><td>학술( ), 정보통신( )
청소( ), 시설관리( )
경비( ), 폐기물처리( ),
기타분야( ),</td></tr>
<tr><td>용역개요</td><td colspan="6"></td></tr>
<tr><td rowspan="2">계약번호</td><td rowspan="2">계약일자</td><td rowspan="2">계약기간
(이행기간)</td><td rowspan="2">계약금액
또는
계약면적</td><td colspan="2">이행실적
(금액또는면적)</td><td rowspan="2">비고</td></tr>
<tr><td>비율</td><td>실적</td></tr>
<tr><td></td><td></td><td></td><td></td><td></td><td></td><td></td></tr>
<tr><td rowspan="4">증명서
발급
기관</td><td colspan="7">위 사실을 증명함

년 월 일</td></tr>
<tr><td colspan="7">기 관 명 : (인) (전화:)</td></tr>
<tr><td colspan="7">주 소 : (FAX :)</td></tr>
<tr><td colspan="3">발급부서 :</td><td colspan="4">담당자 :</td></tr>
</table>

註)
① 민간거래실적은 세금계산서, 계약서 등 증빙자료를 첨부하여야 합니다.
② 용역이행실적은 입찰공고시에 제시한 용역범위 및 기준(면적, 금액 등) 등이 조건에 부합되는 실적에 한하며, 공동계약으로 이행하였을 경우 비율과 이행실적을 기재하여야 합니다.
④ 이행실적란은 기재후 투명 접착테이프를 붙여 증명을 받아야 합니다.

[별지 제4호] 근로조건 이행확약서

- 입찰공고번호 :
- 용역건명 :

1. 인건비는 조달청 일반용역적격심사세부기준 [별표2-2]의 기준에 따라 "예정가격 산정시 적용한 노임에 낙찰율을 곱한 수준이상의 임금"을 지급하겠습니다.

: 예 ( )
: 아니오 ( )

2. 근로기준법 등 아래의 관련법규를 준수 하겠습니다. : 예 ( )
: 아니오 ( )

① 퇴직금, 의료보험, 국민연금, 산재보험, 고용보험은 관계법령이 정한 금액을 별도 책정하여 지급하겠습니다.

② 포괄적인 재하청을 하지 않겠습니다.

③ 근로기준법(제107조 내지 제114조) 및 최저임금법(제28조)을 준수하겠습니다.

(회사명)는 본용역을 수행함에 있어 위에 언급한 내용대로 계약을 성실히 이행할 것이며, 만일 이를 이행하지 않을 경우 부정당업자로 입찰참가자격제한조치 등 불이익 처분을 받더라도 하등의 이의를 제기하지 아니할 것을 확약하고 근로조건 이행확약서를 제출합니다.

년 월 일

주 소 :
회 사 명 :

(공동구성원 모두기재) 대 표 자 : (인)

[별지 제5호] 제출서류목록표

심사분야	연번	내 용	발행기관(확인기관)	비고(서식)
총 괄	1	- 적격심사신청서	신청자	별지 제1호
	2	- 적격심사자기평가 및 심사표	신청자	별지 제2호
이행실적	3	- 일반용역이행실적증명서	납품기관(수요기관), 조달청 또는 관련협회	별지 제3호
경영상태	4	- 신용평가등급 확인서	해당 신용정보업자	
근로조건 이행계획	5	- 근로조건 이행확약서	신청자	별지 제4호
기술능력	6	- 기술인력 평가 관계 증빙자료	관계기관	
	7	- 기술인증 평가 관계 증빙자료	관계기관	
	8	- 장비보유 평가 관계 증빙자료	관계기관	
신인도	9	- 신인도 평가 관계 증빙자료	관계기관	
결격사유	10	- 부도ㆍ파산 등 재무위험 내용	관계기관	

제10절 용역대가 산정기준

1. 개 요

시설관리분야용역(시설관리, 청소관리, 경비관리)에 있어서 대가산정기준은 표준적 기준을 의미한다. 본 표준대가산정은 2006년도 조달청이 발표한 표준대가 산정기준이다.

2. 적용범위

본 표준대가 산정기준은 조달청 시설용역인 시설관리분야, 청소관리분야, 경비관리분야에 각각 적용된다.

3. 시설분야 용역대가 산정기준

(1) 근 거

① 국가계약법시행규칙 제6조 내지 제9조
② 원가계산에 의한 예정가격작성기준 제30조(회계예규 2200.04-160. 2005.12.30)
　가. 동 규칙에서는 제조, 공사, 학술연구용역에 대하여 정함
　나. 동 규칙에서 정하지 아니한 기타 용역은 다른 법령에서 그 대가기준(원가계산기준)을 규정하고 있는 경우 동 기준에 따르거나 학술연구용역 원가계산기준에 준하여 원가계산할 수 있음
③ 관련협회 공표자료

(2) 시설관리분야 용역의 원가계산

기타 용역의 원가계산은 원가계산에 의한 예정가격작성기준이 정한 방향에 따라 계상하여야 하나 경쟁입찰에 있어서 전체 업계의 현황을 파악하는 것이 곤란하므로 이 교재에는 한국위생관리협회, 한국경비협회 및 한국시설물관리협회 공표자료를 참고하여 설명하였다.

1) 인건비

투입인력, 용역기간 및 근무조건을 면밀히 검토하여 계상

2) 재료비

관업수행에 직접 소요되는 소모재료비

3) 경 비

① 산재보험료(노동부고시 제2005-41호(2005.13.30))
　- 건물 등의 종합관리사업 : 인건비(퇴직금 제외)의 2.2%
② 국민연금부담금(국민연금법 제 75조)
　- 수령금액(국민건강보험법 제67조, 국민건강보험재정건전화특별법시행령 제3조)
③ 건강보험부담금(국민건강보험법 제67조, 국민건강보험재경건전화특별시행령 제3조)
　- 수령금액(퇴직금 및 비과세 대상인 연・월차수당 제외)의 2.24%
④ 고용보험부담금(고용보험법 제56조 내지 제57조, 시행령 제69조)
　- 업체의 규모에 따라 수령금액(퇴직금 제외)의 0.7~1.3% 계상
　- 고용보험부담금 = 임금총액 × (고용안정사업 보험요율 + 직업능력개발사업 보험요율 + 실업급여 보험요율의 1/2)

- 고용안정사업의 보험요율 : 10000분의 15
- 직업능력개발사업의 보험요율
  가. 상시 150인 미만의 근로자를 사용하는 사업주의 사업 : 1000분의 1
  나. 상시 150인 이상의 근로자를 사용하는 사업주의 사업으로서 우선지원 대상기업의 범위에 해당하는 업 : 1000분의 3
  다. 상시 150인 10000인 미만의 근로자를 사용하는 사업주의 사업으로서 나목에 해당하지 아니하는 사업 : 1000분의 7
  라. 상시 1000인 이상의 근로자를 사용하는 사업주의 사업 및 국가·지방자치단체가 직접 행하는 사업 1000분의 7
- 실업급여의 보험요율 : 1000분의 9(사업주 부담 1/2)

⑤ 임금채권보장보험(임금채권보장법 제8조, 노동부고시 제 2005-36호(2005.12.26)
- 수령금액(퇴직금 제외)의 0.04%

⑥ 법인의 사업소세(종업원할)(종업원수가 50인을 초과하는 경우)
- 급여충당금을 제외한 급여총액의 0.5% 이하의 금액
- 지방세법 제245조 및 제245조의 2 및 동 시행령 제207조 내지 제209조의 규정에 의하여 비과세대상 사업자의 경우에는 사업소세를 부과하지 아니한다.

⑦ 피복비 : 종사원에게 지급하는 피복비
- (사)한국위생관리협회 공표자료
  *피복비 : 연간 동·하복 각 1착 및 방한복 1착(단, 방한복은 외곽작업요원에 한함)
  *작업화 : 연 2착

⑧ 감가상각비
직접 연구에 관련된 특수실험기구, 기계장치에 대하여 세법에서 정한 감가상각방식(장부가액에 의한 직접가액 또는 감가상각 누계액으로 계상하되 동 상가액은 건축물 외 유형고정자산의 경우 정액법 또는 정률법으로 계상하도록 규정)에 따라 계산, 단 세법에서 정한 내용연수의 적용이 불합리하다고 인정되는 경우에는 재정부장관과 합의하여 당해 계약목적물에 직접 사용되는 전용기기에 한하여 그 내용연수를 별도로 정하는 특별상각할 수 있다.

⑨ 기타 제경비
관련 협회에서는 교육비, 장애인고용분담금, 보증보험수수료 등을 제시하고 있으나 업체에 따라 복리후생비 등의 지급기준이 다르고, 사업체의 성격, 규모 등에 따라 적용대상 및 기준을 달리하므로 일률적으로 적용하는 것은 곤란하다.

4) 일반관리비

재료비, 인건비 및 경비의 합계액의 5% 이내

5) 이 윤

인건비, 경비 및 일반관리비의 합계액의 10% 이내

6) 순원가

인건비 + 재료비 + 경비 + 일반관리비 + 이윤

7) 부가가치세

순원가의 10%

8) 총원가

순원가 + 부가가치세

4. 청소용역대가 산정기준

비목			단가	산정내역	월간금액	연간금액
재료비				과업지시서 반영		
노무비	기본급		00,000원	00,000원/일×25/월		
노무비	제수당 (연월차수당)			00,000×22/년÷12개월		
노무비	상여금			기본급×400%÷12개월		
노무비	식비, 교통비, 체력단련비			수요기관 예산반영시		
노무비	퇴직급여충당금			(기본금+제수당+상여금등)÷12개월		
노무비	소 계					
경비	보험료	건강보험료		노무비(퇴직금 및 비과세 대상인연·월차수당 제외)의 2.24%		
경비	보험료	국민연금		노무비(퇴직금 및 비과세 대상인연·월차수당 제외)의 4.5%		
경비	보험료	산재보험료		노무비(퇴직금 제외)의 2.2%		
경비	보험료	고용보험료		노무비(퇴직금 제외)의 0.7%		
경비	보험료	임금채권부담금		노무비(퇴직금 제외)의 0.04%		
경비	감가상각비			필요시 별도계상		
경비	복리후생비(피복비)			별도 산정		
경비	세금과공과 (사업소세)			노무비(퇴직금 제외)의 0.5%		
경비	소 계					
소 계						
일반관리비			비율계산	'국가를당사자로하는계약에관한법률시행규칙' 제8조 용역업부문 비율 5% 적용		
이윤			비율계산	'국가를당사자로하는계약에관한법률시행규칙' 제8조 용역업부문 비율 10%		
부가세				10%		
총계						

주) 1. 연월차수당은 수요기관의 과업지시서 기준으로 산출해야 함
2. 피복비는 (사)한국위생관리협회의 건축물 위생관리(청소) 도급비 산출내역 준용

5. 경비용역대가 산정기준

<table>
<tr><th colspan="3">비 목</th><th>단 가</th><th>산정내역</th><th>월간금액</th><th>연간금액</th></tr>
<tr><td colspan="3">재료비</td><td></td><td>과업지시서 반영</td><td></td><td></td></tr>
<tr><td rowspan="9">노무비</td><td colspan="2">기본급</td><td>00,000원</td><td>00,000원/일×25/월</td><td></td><td></td></tr>
<tr><td rowspan="4">제수당</td><td>연장근무</td><td></td><td>제수당 계산방법 참조</td><td></td><td></td></tr>
<tr><td>야간근무</td><td></td><td>제수당 계산방법 참조</td><td></td><td></td></tr>
<tr><td>휴일근무</td><td></td><td>제수당 계산방법 참조</td><td></td><td></td></tr>
<tr><td>연월차</td><td></td><td>00,000원×22일/년÷12개월</td><td></td><td></td></tr>
<tr><td colspan="2">상여금</td><td></td><td>기본급×400%÷12개월</td><td></td><td></td></tr>
<tr><td colspan="2">식비, 교통비, 체력단련비</td><td></td><td>수요기관 예산반영시</td><td></td><td></td></tr>
<tr><td colspan="2">퇴직급여충당금</td><td></td><td>(기본금+제수당+상여금등)÷12개월</td><td></td><td></td></tr>
<tr><td colspan="2">소계</td><td></td><td></td><td></td><td></td></tr>
<tr><td rowspan="10">경비</td><td rowspan="6">보험료</td><td>건강보험료</td><td></td><td>노무비(퇴직금 및 비과세 대상인연・월차수당 제외)의 2.24%</td><td></td><td></td></tr>
<tr><td>국민연금</td><td></td><td>노무비(퇴직금 및 비과세 대상인연・월차수당 제외)의 4.5%</td><td></td><td></td></tr>
<tr><td>산재보험료</td><td></td><td>노무비(퇴직금 제외)의 2.2%</td><td></td><td></td></tr>
<tr><td>고용보험료</td><td></td><td>노무비(퇴직금 제외)의 0.7%</td><td></td><td></td></tr>
<tr><td>위험부담금</td><td></td><td>손해배상책임공제보험 <도급액에 따라 별도 산정></td><td></td><td></td></tr>
<tr><td>임금채권부담금</td><td></td><td>노무비(퇴직금 제외)의 0.04%</td><td></td><td></td></tr>
<tr><td colspan="2">감가상각비</td><td></td><td>필요시 별도계상</td><td></td><td></td></tr>
<tr><td colspan="2">복리후생비(피복비)</td><td></td><td>별도 산정</td><td></td><td></td></tr>
<tr><td colspan="2">세금과공과 (사업소세)</td><td></td><td>노무비(퇴직금 제외)의 0.5%</td><td></td><td></td></tr>
<tr><td colspan="2">소세</td><td></td><td></td><td></td><td></td></tr>
<tr><td colspan="3">소계</td><td></td><td></td><td></td><td></td></tr>
<tr><td colspan="3">일반관리비</td><td>비율계산</td><td>「국가를당사자로하는계약에관한법률시행규칙」 제8조 용역업부문 비율 5% 적용</td><td></td><td></td></tr>
<tr><td colspan="3">이윤</td><td>비율계산</td><td>「국가를당사자로하는계약에관한법률시행규칙」 제8조 용역업부문 비율 10%</td><td></td><td></td></tr>
<tr><td colspan="3">부가세</td><td></td><td>10%</td><td></td><td></td></tr>
<tr><td colspan="3">총계</td><td></td><td></td><td></td><td></td></tr>
</table>

주) 1. 연월차수당은 수요기관의 과업지시서 기준으로 산출해야 함
2. 피복비는 (사)한국위생관리협회의 건축물 위생관리(청소) 도급비 산출내역 준용

제12장 건물자산관리 전산행정

제1절 전산행정의 개요

1. 전산행정의 의의

건물자산관리를 함에 있어서 전산행정이라 함은 인사관리, 노무관리, 구매관리, 회계관리, 세무관리, 임대관리, 입찰관리, 정비, 보수공사관리, 정보분석, 자동제어 등 기술관리와 행정관리 전반에 컴퓨터 중심의 관리사무를 의미한다.

최근의 건물들은 대부분 첨단화, 고층화, 대형화, 자동화 등의 특성을 가지고 있어 정보기술(Information Technology)를 활용하지 않고는 전문적이고 체계적인 관리가 불가능하게 되었다. 따라서 규모 있는 건물자산의 경우에는 전산기기(주로 컴퓨터)를 활용한 사무자동화로 건물자산관리의 효율성 증대와 경제성을 제고하고 있다.

2. 건물자산관리와 전산행정의 상호관계

전술한 바와 같이 최근에 신축되고 있는 현대 건물들은 고층화, 대형화, 첨단화, 자동화의 특성으로 고도의 전문적 관리를 요구하고 있으며 관리업무 또한 방대하고 복잡하여 컴퓨터(전산기기)의 활용 없이는 불가능하게 되었다.

따라서 투자관리, 예산관리, 작업관리, 공기구관리, 자재관리, 고정자산관리, 설비정보관리, 통계분석 등이 전산행정처리 없이는 관리가 불가능하므로 1차적으로 건물자산관리와 전산행정은 불가분의 관계를 가지고 있다. 또한 현대건물의 특성상 전산 시스템 중심의 통합 보전전략과 정보공유가 불가피하므로 전산시스템의 구축과 활용은 현대건물관리에 있어서 없어서는 안될 필수적 도구가 되고 있다. 따라서 건물자산관리와 전산행정은 불가분의 상호관계를 가지고 있다.

3. 전산행정의 효과

전산 시스템을 활용한 전산행정은 다음과 같은 효과를 제공하게 된다.

① 경영정보제공효과
② 정비작업계획 및 효율적 일정 관리효과
③ 경제적 효율적 관리효과
④ 정보공유 및 현황분석과 대응효과

⑤ 설비의 자동감시 기능과 통제효과
⑥ 건축물 및 설비기기의 이력 관리효과
⑦ Data 피드백을 통한 Data update 효과
⑧ 비효율적 요소 원인 사전제거 및 개선효과
⑨ 통합관리효과
⑩ 관리비용, 시간 노력 등의 효율화 효과
⑪ 인적, 물적자원과 재무적자원의 낭비방지효과
⑫ RCM분석기반 제공효과
⑬ 의사결정과 수행속도 신속효과

4. 전산행정의 특성

전산 시스템을 활용한 전산행정은 다음과 같은 특성을 가진다.

① 경제성
② 생산성
③ 쾌적성
④ 공간유연성

5. 전산 시스템 건물의 기능

전산 시스템이 활용되는 건물의 경우 다음과 같은 빌딩의 기능이 나타난다.

① 쾌적한 환경조성기능
② 정보통신 기반 서비스 기능
③ 기본통신 서비스 기능
④ 고도통신 서비스 기능
⑤ 사무자동화 서비스 기능
⑥ 빌딩자동화 서비스 기능

제2절 건물전산행정업무

1. 전산행정업무의 내용

건물관리에 있어서 컴퓨터를 활용하여 전산 시스템으로 전산행정처리할 수 있는 전산행정업무의 내용은 대체로 다음과 같다. 또한 설비의 자동제어, 운전, 수도, 가스, 전기 등의 에너지 사용상태기록, 자동방범통합감시 그리고 임대료, 관리비 등의 전산업무처리는 주요 전산행정업무라 할 수 있다.

설비와 시설의 현황과 도면 및 정보 등을 전사화하고 Data Base화하여 시설과 설비의 정비점검과 예방점검 및 고장발생시 고장위치와 고장원인 등을 이력화하고 고장경향성을 분석하여 집중관리하므로서 유지관리 비용의 경제화와 필요한 고장수리 자재장비의 효율적 관리가 신속하게 이루어지게 되어 정비시간의 최소화가 달성될 수 있다.

2. 전산행정업무 프로그램의 구축과 활용

전산시스템 하드웨어에 다음과 같은 전산행정업무를 위한 소프트웨어 프로그램을 구축하여 전산행정의 경제화와 신속화 및 효율화, 능률적 생산화를 도모하도록 전산 프로그램을 효율적으로 활용하는 것이 매우 바람직하다. 주요 행정업무 프로그램은 다음과 같다.

① 인력관리 프로그램
② 급료관리 프로그램
③ 임대료와 관리비 프로그램
④ 문서관리 프로그램
⑤ 자재관리 프로그램
⑥ 공구관리 프로그램
⑦ 설비고장정비 이력관리 프로그램
⑧ 정비작업관리 프로그램
⑨ 정비실적관리 프로그램
⑩ 통합관제 프로그램
⑪ 방재관리 프로그램
⑫ 협력업체관리 프로그램
⑬ 경향성 분석 프로그램
⑭ 예방점검 및 정기점검 프로그램

참고문헌

- 김범석 · 유한수, 부동산금융의 이해, 청목출판사, 2004
- 김식현, 인사관리론, 무역경영사, 1979
- 김일효, 건물자산관리학총론, 남두도서, 2007
- 김일효, 건물자산법률관리론, 남두도서, 2007
- 김일효 외, 건물자산경영관리론, 남두도서, 2007
- 남승운 · 조광치 · 민강호, 건설공사관리요령, 건설연구사, 2005
- 민진, 조직관리론, 대영문화사, 1996
- 박경원 · 김희선 · 조직이론강의, 대영문화사, 2001
- 박정식 · 박종원 · 조재호, 현대재무관리, 다산출판사, 2008
- 건축인허가실무노트, 주택문화사, 2004
- 신창득 · 김규진 · 이용만 · 서후석(역), 자산관리, 부연사, 2005
- 전군오 · 유한수, 금융시장입문, 대경, 2004
- 한국생산성본부, 기업부동산자산관리실무, 2006
- 김일효, 건물자산관리제도 개선방안에 관한 연구, 2007
- 정해근, 건물자산시스템의 활용방안에 과한 연구, 2005

찾아보기

||| 저자 소개 |||

■ 김 일 효

<학력 및 경력>

- 건국대학교 법정대학 법학과(법학사/법학전공)
- 건국대학교 행정대학원 부동산학과(행정학 석사/부동산경영 전공)
- 극동대학교 대학원(경영학 박사/빌딩경영 전공)
- 풍림산업(주) 사우디안부 모빌홈 건축현장소장 및
  마카타이프 담수처리공장 신축공사현장소장 역임
- 풍림산업(주) 사옥관리부장 역임
- 건국대학교 기성회장 역임
- 한국생산성본부 건물자산관리실무 강사 역임
- 전북과학대학 건물관리과 겸임교수 역임
- 한국표준협회 시설관리서비스 KS인증 강사(현)
- 지식경제부 기술표준원 시설관리서비스 KS인증심사원(현)
- 사단법인 한국건물관리학회 회장(현)
- 동원대학 부동산컨설팅과 건물자산관리학 교수(현)

<저서 및 논문>

- 《건물자산관리학총론》(남두도서, 2006)
- 《건물자산경영관리론》(남두도서, 2006)
- 《건물자산법률관리론》(남두도서, 2006)
- 《건물자산위험관리론》(남두도서, 2006)
- 《건물관리실무용어》(남두도서, 2004)
- 《건물자산임대관리론》(남두도서, 2005)
- 《교회건물관리론》(남두도서, 2007)
- 《건물자산관리학개론》(남두도서, 2007)
- 《건물자산경제관리론》(남두도서, 2009)
- 〈부동산 거래사고 예방대책에 관한 연구〉(1979)
- 〈집합건물관리기본법의 문제점과 개선대책에 관한 연구〉(2006)
- 〈건물자산관리제도 개선방안에 관한 연구〉(2007)
- 〈FM 직종별 적정인원 산정방안에 관한 연구〉(2008)
- 〈건물유지관리 통합매뉴얼 개발 연구〉(2008)

건물자산행정관리론

1판 1쇄 발행 2009년 9월 10일

저 자 김 일 효
발행인 남 승 우

발행처 **남두도서**

서울특별시 동작구 사당3동 220-43
TEL : (02) 595-1692~4
FAX : (02) 595-1394
E-mail : namdoo6@unitel.co.kr
신고 : 5-76호 (1998. 11. 4)

정가 26,000 원

ISBN 978-89-5780-114-7 13320